住院小动物营养管理

Nutritional Management of Hospitalized Small Animals

[英] Daniel L. Chan 主编

夏兆飞　张海霞 主译

中国农业大学出版社
·北京·

内容简介

本书综述了住院小动物营养评估、患病小动物的能量需求评估、营养支持通路以及不同的饲管及饲管放置方法、日粮选择、肠外营养、食欲刺激剂的使用、食物不良反应以及临床常见的一些疾病类型如何进行营养支持。每个章节的末尾还给出了小结和要点,帮助读者更快抓住章节的核心内容。

本书是适合临床兽医、兽医专业学生和技术员使用的综合参考书,内容涵盖住院小动物营养支持的基本原则和新的实践方法。本书汇集了领域内众多专家和从业者的经验,为动物医院成功应用营养支持提供了易得的资源,并可直观地帮助临床兽医解决实际问题。

图书在版编目(CIP)数据

住院小动物营养管理/(英)丹尼尔•L.陈(Daniel L. Chan)主编;夏兆飞,张海霞 主译 .——北京:中国农业大学出版社,2019.4

书名原文:Nutritional Management of Hospitalized Small Animals

ISBN:978-7-5655-2150-8

Ⅰ.①住… Ⅱ.①丹… ②夏… ③张… Ⅲ.①动物营养–营养学 Ⅳ.① S816

中国版本图书馆 CIP 数据核字(2018)第 281218 号

书　　名	住院小动物营养管理
作　　者	[英] Daniel L. Chan 主编　　夏兆飞 张海霞 主译

策划编辑	林孝栋	责任编辑	王艳欣
封面设计	王浩亮		
出版发行	中国农业大学出版社		
社　　址	北京市海淀区学清路甲 38 号金码大厦 A 座	邮政编码	100193
电　　话	发行部 010-62818525,8625	读者服务部	010-62732336
	编辑部 010-62732617,2618	出 版 部	010-62733440
网　　址	http://www.caupress.cn	E-mail	cbsszs@cau.edu.cn
经　　销	新华书店		
印　　刷	河北华商印刷有限公司		
版　　次	2019 年 4 月第 1 版　　2019 年 4 月第 1 次印刷		
规　　格	787×1092　16 开本　17 印张　290 千字		
定　　价	255.00 元		

图书如有质量问题本社发行部负责调换

本书简体中文版本翻译自 [英] Daniel L. Chan 主编的 "Nutritional Management of Hospitalized Small Animals"。

©2015 by John Wiley & Sons Limited.

All Rights Reserved. Authorized translation from the English language edition published by John Wiley & Sons Limited. Responsibility for the accuracy of the translation rests solely with China Agricultural University Press Ltd. and is not the responsibility of John Wiley & Sons Limited.

No part of this book may be reproduced in any form without the prior written permission of the original copyright holder, John Wiley & Sons Limited.

Copies of this book sold without a Wiley sticker on the cover are unauthorized and illegal.

中文简体版本由 John Wiley & Sons Limited 授权出版，中国农业大学出版社组织从原始英文版本翻译出版。对于翻译版本的精确性，中国农业大学出版社单独负责，John Wiley & Sons Limited 不承担责任。

本书任何部分之文字及图片，如未获得原始版权方 John Wiley & Sons Limited 的书面同意不得以任何方式抄袭、节录或翻译。

本书封底贴有 Wiley 防伪标签，无标签者不得销售。

著作权合同登记图字：01-2016-7442

译者名单

主　　译：夏兆飞　张海霞
副 主 译：朱心怡　陈江楠　薛水玲
译校人员：邱志钊　刘　芳　陈姗姗　耿文静
　　　　　杨紫嫣　罗丽萍　迟万怡　黄　欣
　　　　　王依荻　马超贤　张　润　施　尧
　　　　　黄丽卿　肖　园　许　佳　丁丽敏
　　　　　王建梅　薛水玲　陈江楠　朱心怡
　　　　　张海霞　夏兆飞

主译简介

夏兆飞

中国农业大学动物医学院教授，博士生导师。

现任中国农业大学动物医学院临床兽医系主任、教学动物医院院长，北京小动物诊疗行业协会理事长，中国饲料工业协会宠物食品专业委员会副主任委员，亚洲兽医内科协会副会长，《中国兽医杂志》副主编。

长期在中国农业大学动物医学院从事教学、科研和兽医临床工作。主编／主译《兽医临床病理学》《犬猫营养需要(NRC)》《小动物内科学》和《动物医院管理流程手册》等20余部著作，在国内外发表论文近100篇。

主要研究领域包括：犬猫内科疾病，宠物营养需要与食品生产，动物医院经营管理等。

主译简介

张海霞

中国农业大学动物医学院在读博士。

曾任中国农业大学动物医院住院部主管和内科主治医生。在国内核心期刊发表多篇文章，参与翻译和校对《小动物内科学》《兽医临床实验室检验手册》等外文专业书籍，参与编写《兽医临床病理学》等多部教材。

北京市宠物医师大会讲师和北京执业兽医继续教育讲师。曾到韩国、欧洲多国参观学习。

主要兴趣方向：犬猫内科学、血液学和内分泌学。

编者

Sophie Adamantos, BVSc, DACVECC, DECVECC, MRCVS, FHEA
英国布里斯托尔大学兰福德兽医服务部

Karin Allenspach, Dr. med. vet., FVH, DECVIM-CA, PhD, FHEA, MRCVS
英国伦敦大学皇家兽医学院临床科学和服务系内科教授

Robert C. Backus, MS, DVM, PhD, DACVN
美国密苏里大学兽医学院动物医学和外科系助理教授

Matthew W. Beal, DVM Diplomate ACVECC
美国密歇根州立大学兽医学院介入放射学服务部主任以及急救和重症医学助理教授

Iveta Becvarova, DVM, MS, Diplomate ACVN
捷克共和国希尔斯宠物营养制造公司学术交流部主任

Ross Bond, BVMS, PhD, DVD, DECVD, MRCVS
英国伦敦大学皇家兽医学院临床科学和服务系皮肤病学教授

Jeleen A. Briscoe, VMD, DABVP(Avian)
美国马里兰州利弗代尔美国农业动物和植物健康服务部动物护理项目

Daniel L. Chan, DVM, DACVECC, DECVECC, DACVN, FHEA, MRCVS
英国伦敦大学皇家兽医学院动物临床科学和服务系临床营养学家以及动物急救和重症监护教授

Laura Eirmann, DVM, DACVN
美国新泽西州灵伍德雀巢普瑞纳宠物护理和奥拉德尔动物医院

Denise A. Elliott, BVSc(Hons) PhD, DACVIM, DACVN
英国莱斯特郡威豪宠物营养中心研究主管

Lisa M. Freeman, PhD, DVM, DACVN
美国马萨诸塞州北格拉夫顿塔夫兹兽医学校临床科学系营养学教授

Jason W. Gagne, DVM, DACVN
美国密苏里州圣路易斯雀巢普瑞纳集团公司

Isuru Gajanayake, BVSc, CertSAM, DACVIM, MRCVS
英国西米德兰兹郡索利哈尔雪莉威洛斯兽医转诊服务中心

Cailin R. Heinze, VMD, MS, DACVN
美国马萨诸塞州北格拉夫顿塔夫兹兽医学校临床科学系助理教授

Marta Hervera, BVSc, PhD, DECVCN
西班牙贝拉特拉巴塞罗那自治大学 Fundació 动物医院营养服务中心

Kristine B. Jensen, DVM, MVetMed, DACVIM, MRCVS
瑞典马尔默动物医院

La' Toya Latney, DVM
美国宾夕法尼亚州费城宾夕法尼亚大学兽医学校异宠医学和外科

F. A. (Tony) Mann, DVM, MS, DACVS, DACVECC
美国密苏里州哥伦比亚密苏里大学兽医学院动物医学教学医院教授

Kathryn E. Michel, DVM, MS, DACVN
美国宾夕法尼亚州费城宾夕法尼亚大学兽医学校临床研究系教授

Sally Perea, DVM, MS, DACVN
美国俄亥俄州梅森玛氏宠物护理

Renee M. Streeter, DVM
美国纽约利物浦

Cecilia Villaverde, BVSc, PhD, DACVN, DECVCN
西班牙贝拉特拉巴塞罗那自治大学 Fundació 动物医院营养服务中心

Andrea V. Volk, DVM, Dr med. vet, MVetMed, DipECVD, MRCVS
英国伦敦大学皇家兽医学院临床科学和服务系皮肤病服务部

Joseph J. Wakshlag, DVM, PhD, DACVN, DACVSMR
美国纽约伊萨卡岛康奈尔大学兽医学院

Lisa P. Weeth, DVM, DACVN
英国苏格兰爱丁堡 Weeth 营养服务部

译者序

我们都知道营养对疾病的恢复是十分重要的，但到底有多重要呢？2013—2014 年对中国农业大学动物医院 240 只住院患犬的调查研究显示，42.08% 的住院患犬存在高度营养风险；患犬入院时的体况评分、住院期间营养支持方式及能量摄入都会影响疾病恢复和预后。这项研究足以说明营养管理在疾病治疗中的重要性。动物所患疾病越严重，机体代谢应激越强烈，越容易出现营养不良，从而产生营养性并发症，如免疫抑制、组织修复缓慢等，对疾病预后造成了不良影响。

国内有关小动物营养学方面的研究较少，与小动物营养学相关的书籍也很匮乏，而营养在疾病治疗中的重要性则不言而喻。为了让国内兽医了解更多营养管理知识，中国农业大学出版社独具慧眼引进了 *Nutritional Management of Hospitalized Small Animals*，我们也有幸将之翻译为中文版，供大家学习参考。

本书涵盖内容广泛，包括小动物的营养评估、患病小动物的能量需求评估、营养支持通路以及不同的饲管及饲管放置方法、日粮选择、肠外营养、食欲刺激剂的使用、食物不良反应以及临床常见的一些疾病类型如何进行营养支持，如肾脏疾病、肝脏疾病、败血症和胰腺炎；在本书的最后一章，还介绍了异宠的营养支持。每个章节的末尾还给出了小结和要点，帮助读者更快抓住章节的核心内容。这些内容都可直观地帮助临床兽医解决临床问题。

本书是一本临床疾病与营养学结合的宝典，除了常见病的营养管理，还提出了败血症和机械通气患病动物的营养管理，而这些都是重症监护中非常棘手的问题，这得益于本书主编 Daniel L. Chan 不仅是营养学专家，同时还是急重症专家。

本书译者均具有硕士或硕士以上学历，绝大多数为从事临床诊疗工作多年的兽医师，且一半左右的兽医师在中国农业大学动物医院住院部工作多年，接触了大量的住院病例，并很早就将营养疗法纳入临床疾病的治疗中。还有一部分译者从事小动物营养或宠物食品相关工作。

本书适用于广大临床兽医、助理、兽医专业及动物营养专业的师生。在本书的翻译过程中，我们几经校稿，力求准确呈现原文内容，但是瑕疵在所难免，恳请读者不吝赐教，以便日后改进。

夏兆飞　张海霞
2018 年 12 月于中国农业大学

前言

许多动物医院曾认为营养支持的效果是"无足轻重而又姗姗来迟",但如今我们不得不承认在疾病恢复过程中,营养支持发挥着重要作用。在过去几年,小动物营养支持的技术、方案和应用发生了诸多改变,高效的营养支持已成为高质量治疗的标志。营养支持是营养学和治疗学的融合,在传承营养学科学技术的基础上,伴随着治疗学的发展,而不断进行革新。这使得营养支持成为临床治疗中令人兴奋而又极具挑战的领域。为患病动物提供最佳营养支持时,临床兽医面临着诸多挑战。为了给患病动物制定最佳营养支持方案,临床兽医不仅要准确掌握营养原则、技术和方法,也需具备生理学、病理学和治疗学的坚实基础。

需要强调的是,适用于所有患病动物的通用营养方案是不存在的。动物医院的病例量和设备不同,包括营养疗法在内的药物治疗和干预也大相径庭。动物患有疾病时,生理和代谢通路可能会发生明显改变,进而影响营养支持计划的制订。本书的目的是综合性阐述住院小动物营养支持的原则和实践,以供参考。本书的阅读对象包括一般宠物医师、主任医师、专家、护士、技师、管理者以及本领域的研究人员。

本书的第一部分介绍了住院小动物营养状态和能量需求的评估技术、营养支持的通路、饲管的选择、置管技术以及肠外营养的配方和使用技术。第二部分提供了住院小动物在不同条件下的营养支持技术。部分章节讨论了营养不良的病理生理学,食欲刺激剂的合理使用,需要特殊营养支持的常见情况(如肾脏疾病、肝衰竭和急性胰腺炎)以及一些较少见的情况(如败血症、短肠综合征、呼吸衰竭、再饲喂综合征和胃肠道动力紊乱),对于后者的营养建议较少且大多数未经证实。最后一章介绍住院小型异宠的营养支持。在临床诊疗中小型异宠越来越常见,这也为营养支持带来了独特的挑战。

本书各章均由优秀的临床兽医编写。他们对自己的职业充满兴趣，编写的内容与现在的职业实践相吻合。这使他们可能对住院小动物营养支持实践提供更具洞察力的建议。希望本书能成为小动物临床兽医不可或缺的营养学资料，在为住院小动物实施营养支持时，提供有用的指导。

本书的另一个目的是介绍大多数动物医院都可实施的临床技术。本书简要探讨了这些技术的科学依据，感兴趣的读者可进一步阅读参考文献。本书的大部分编者是为患病动物提供临床营养方案的临床营养学家，其他编者是领域内的专家，他们向我们展示了如何高效使用营养支持，来解决临床治疗过程中遇到的问题。总之，动物临床营养支持的持续发展是振奋人心的，这也是本书记录的内容。

无论是在小的兽医诊所，还是在大的多科室转诊中心，我们都由衷地希望本书能够成为有价值的资源，也希望每个患病动物都能受益于最佳的营养支持方案。

Daniel L. Chan
DVM, DACVECC, DECVECC, DACVN, MRCVS

致谢

毋庸置疑，本书并不是一项简单的工程。完成本书需要大量的工作、付出和毅力，最重要的是要极大的耐心。在此，我想先感谢 Wiley 出版社的团队，感谢他们全力支持本书，特别感谢他们的耐心。我也想感谢为我提供无价指导的人们，他们成就了今天的我——没人能单独取得这个成就。我很幸运遇到了一群良师益友。Lisa Freeman、John Rush 和 Liz Rozanski 对我的职业生涯产生了巨大影响，我希望我能将他们的智慧传达给我的住院医师、实习生和学生们。许多人可教导别人，但很少有人能启示别人。最后，我要特别感谢我的妻子 Liz 和我的家庭，感谢他们这么多年的爱和支持、牺牲、无尽的耐心、理解和启发。

目 录

第1章 小动物的营养评估 1
　　Kathryn E. Michel

第2章 患病小动物的能量需求评估 7
　　Daniel L. Chan

第3章 小动物的营养支持通路 14
　　Sally Perea

第4章 犬猫鼻饲管 21
　　Isuru Gajanayake

第5章 犬猫食道造口饲管 29
　　Laura Eirmann

第6章 犬猫胃造口饲管 41
　　Isuru Gajanayake 和 Daniel L. Chan

第7章 犬猫空肠造口饲管 54
　　F.A.（Tony）Mann 和 Robert C. Backus

第8章 幽门后饲管的微创留置技术 65
　　Matthew W. Beal

第9章 小动物饲管饲喂：日粮的选择和准备 80
　　Iveta Becvarova

第10章 小动物肠外营养的静脉通路 92
　　Sophie Adamantos

第11章 小动物肠外营养 100
　　Daniel L. Chan 和 Lisa M. Freeman

第12章 犬猫营养不良的病理生理学和临床方针 117
　　Jason W. Gagne 和 Joseph J. Wakshlag

第13章 犬猫的食欲刺激剂 128
　　Lisa P. Weeth

第14章 小动物的食物不良反应 136
    Cecilia Villaverde 和 Marta Hervera
第15章 犬猫短肠综合征的营养管理 152
    Daniel L. Chan
第16章 小动物的再饲喂综合征 159
    Daniel L. Chan
第17章 胃肠道动力紊乱患病小动物的饲喂 165
    Karin Allenspach 和 Daniel L. Chan
第18章 小动物的免疫调节性营养素 172
    Daniel L. Chan
第19章 犬表皮坏死性皮炎的营养管理 183
    Andrea V. Volk 和 Ross Bond
第20章 犬猫急性肾损伤的营养支持 193
    Denise A. Elliott
第21章 犬猫肝衰竭的营养支持 199
    Renee M. Streeter 和 Joseph J. Wakshlag
第22章 败血症的营养管理 210
    Daniel L. Chan
第23章 急性胰腺炎的营养支持 219
    Kristine B. Jensen 和 Daniel L. Chan
第24章 机械通气患病小动物的营养支持 228
    Daniel L. Chan
第25章 异宠的营养支持 234
    Jeleen A. Briscoe、La' Toya Latney 和 Cailin R. Heinze
索引 247

第 1 章
小动物的营养评估

Kathryn E. Michel

Department of Clinical Studies, School of Veterinary Medicine, University of Pennsylvania, Philadelphia, PA, USA

简介

人们普遍认为营养不良的住院患者有较高的发病率和死亡率。人类医学领域有丰富的证据支持这个观点，虽然目前尚不明确患病小动物的营养不良和发病率、死亡率的关系，但是已知住院动物的能量摄入与出院概率呈正相关（Mullen 等，1979；Brunetto 等，2010）。虽然无证据证明住院小动物营养不良和预后不良之间有直接的因果关系，目前仍假定预防或纠正营养不良可以减少或消除营养相关的发病率和死亡率。

在小动物临床食物摄入不足十分常见，只有少数犬猫在住院期间能够自主采食足够的食物（Remillard 等，2001）。识别和定义患病动物的营养不良程度，以及是否需要采取措施来处理营养不良过程，是受多种因素干扰的。首先，动物能量和营养素摄入不足的程度、患病动物的疾病和其他生理需求会极大影响营养不良程度，并且会影响患病动物的体况、代谢和功能状况（见第 11 章）。此外，由于动物疾病和受伤情况会大幅影响用于评估患病动物营养状况的多种参数，因此即使有可能，也很难在排除潜在疾病影响的条件下，衡量营养不良对给定参数的影响程度。在人类患者和患病动物中，均已研究过的营养状况指标包括内脏蛋白（如白蛋白、转铁蛋白）、免疫功能指标（如淋巴细胞计数、皮试）和体况（如体重减轻、皮褶厚度、体况评分）的改变情况（Mullen 等，1979；Otto 等，1992；Michel，1993）。除此之外，在人类患者中研究过的功能性测试包括握力测试、呼气流量峰值、利用双 X 线吸光测定法进行的精密机体成分分析、生物电阻抗和其他方法（Hill，1992）。但是，至今仍没有被普遍接受的营养不良"金标准"，因此无法比较这些方法的效果，也不知道这些方法的诊断准确度。

真正的营养不良"诊断性测试"可能还不会出现，这一想法导致人们对营养评估的视角发生转变。现已发现许多用于评估营养不良的参数与临床预后有关。虽然这些参数可能不是评估营养状况的特异性指标（许多这类指标受非营养不良性因素干扰），但是可作为预后指标。因此营养评估现在已不是诊断工具，而是发展为判定预后的手段之一。用以评估营养状况的技术与评估营养不良的指标相关，已证明可用这些技术来预测哪些患病动物更有可能发生并发症。选择可使用营养支持疗法的患病动物的标准并不仅仅是动物是否发生营养不良，还包括营养支持疗法是否会影响预后。据此可以推论出，考虑到固有风险和成本因素，给某些营养不良患病动物提供营养支持可能并不一定对患病动物有益。

营养评估的适应症

在小动物医学，营养评估越来越受到重视（Freeman 等，2011）。应将营养评估作为所有住院动物入院时准备工作的一部分。考虑到大多数患病动物在住院期间并不能自主采食足够食物，进行营养评估可以尽早找出真正病情严重的动物，从而可以优先安排时间和资源来满足这类患病动物的需求。在为患病动物选择合适的日粮，决定是否需要使用辅助饲喂措施，以及决定患病动物的最适辅助饲喂途径时，营养评估过程也可以帮助进行决策。此外，一个恰当的营养评估还可以帮助临床兽医预测可能发生的并发症，设计可以监控并最小化并发症风险的饲喂方案。

营养评估的方法

现如今，关于患病小动物的营养预后指标的研究很有限。已证实危重患犬入院时的血清白蛋白浓度和死亡率相关（Michel，1993）。这些危重患犬的体况评分和淋巴细胞数量与预后并不相关。皮试是评价猫的细胞介导性免疫力的一种可行性方法，但是目前仍未研究皮试和猫的营养状况的相关性，或者用于预测预后的可能性（Otto 等，1992）。在患猫群体内也发现血清肌酸激酶活性升高和厌食存在相关性，当患猫开始进食后，该酶活性即恢复正常（Fascetti、Mauldin 和 Mauldin，1997）。

主观全面评估（subjective global assessment，SGA）是用于人类患者

的一种快速、简单的"床侧"营养预后评估方法，此方法的应用已有30多年的历史(Baker等，1982)。SGA利用可获得的病史和体格检查参数，来鉴别并发症风险高和能够受益于营养性介入的营养不良患者。评估内容包括判定摄食减少、消化不良或吸收不良是否已限制营养素同化；营养不良是否显著影响器官功能和机体成分；患者的疾病是否影响机体的营养需求。根据病史和体格检查的结果，可以将患者分为三类：A类，营养状况良好；B类，轻微营养不良或者有发生营养不良的风险；C类，严重营养不良。已证明在不同患者群体内，SGA能协助判定患者是否有发生并发症的风险，且观察者间有很好的一致性。与传统的营养状况指标相比，SGA的预测准确性较高(Keith，2008)。

　　SGA也适用于评估患病动物。通过评估患病动物的病史，来确认是否存在暗示营养不良的指标，这些指标包括体重减轻的迹象及发生的时间节点，日粮摄入量是否足够(包括日粮营养是否充足)，持续的胃肠道症状，功能性能力情况(如无力、运动不耐受)和潜在疾病的代谢需要。体格检查应注重机体成分的变化，是否出现水肿或腹水，以及患病动物的被毛情况。给处于分解代谢应激状态的患病动物评估机体成分变化情况时，如果患病动物的体脂含量正常或过多(图1.1)，使用标准体况评分系统时，可能无法发现存在肌肉分解的情况。肌肉组织的分解代谢不利于临床预后，因此在评估体脂的同时，也应评估肌肉组织的状况(Freeman等，2011)。表1.1列出了已用于犬猫的肌肉组织评分系统(Michel、Sorenmo和Shofer，2004；Michel等，2011)。

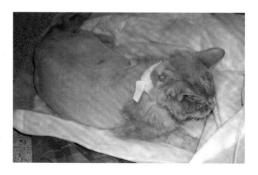

图1.1 图中患病动物的体脂过多，但身体轴线上的肌肉组织流失严重。

表 1.1 犬猫肌肉组织评分系统的说明

评分	肌肉组织
0	触诊脊柱周围，肌肉组织严重流失
1	触诊脊柱周围，肌肉组织中度流失
2	触诊脊柱周围，肌肉组织轻度流失
3	触诊脊柱周围，肌肉组织正常

营养评估的下一步是确定患病动物自主采食的食物量是否足够。为达到上述目的，必须为患病动物设定一个能量目标、选择合适的食物和制定饲喂推荐方案。这样便可准确计算应饲喂给患病动物的食物量，并根据动物的摄食量，来判断患病动物的摄食量是否充足。制定住院犬猫的起始能量目标时，可参考静息能量需求量的估算值（见第 2 章）。

如在初诊时，患病动物就表现出明显的严重营养不良（图 1.2），则需要为其提供营养支持。但是，考虑到危重疾病常伴发分解代谢应激，因此需要特别注意那些已出现或预期会出现长达 3 天以上的食物摄入大量减少的患病动物（图 1.3）。此外，住院动物的临床状况可能发生快速变化，因此应该持续进行营养评估，以便及时调整饲喂方案。

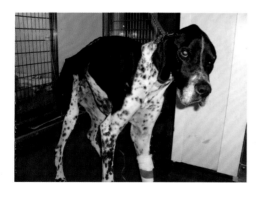

图 1.2 一只需要营养支持的极度营养不良患犬。

如果患病动物需要进行辅助饲喂，那么营养评估还需要包括其他几个步骤。如果计划使用肠内饲喂，必须评估动物的胃肠道功能（如是否存在呕吐、肠梗阻或局部缺血），以及患病动物对饲管饲喂和饲管放置的耐受能力（如能否耐受所需的麻醉，是否存在止血异常）。评估患病动物的意识水平和呕吐反射是一个关键步骤。肠内饲喂最严重的并发症之

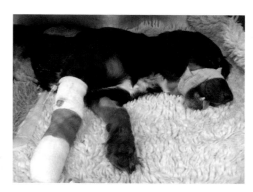

图 1.3 如不对图中口鼻部严重受伤的犬实施营养支持疗法，会极易发生营养不良。

一是吸入性肺炎，这对危重患病动物来说是一种致死的并发症。如果考虑使用肠外营养，则需要评估动物的液体耐受情况、确定专用静脉通路是否可行，以及确定选择使用中心静脉还是外周静脉。此外，应密切监控接受肠外营养的患病动物是否发生技术性和代谢性并发症，应由能进行 24 h 护理和定点血清生化检测的机构照顾这类动物。

小结

总而言之，对患病动物进行营养评估是一个主观的过程，兽医不仅应鉴别出营养不良的患病动物，也应鉴别出有患营养不良相关并发症风险的患病动物。临床兽医应该对所有的住院动物进行营养评估，以鉴别出通过营养介入能够改善预后的患病动物。此外，在选择合适的日粮、决定是否需要辅助饲喂、需要辅助饲喂的时机和确定辅助饲喂的最佳途径时，营养评估可以帮助进行决策。营养评估也可以帮助优化饲喂方案，从而最大化患病动物的利益，同时最小化并发症风险。

要点

- 临床兽医应该对所有的住院动物进行营养评估，以鉴别出营养介入能够改善预后的患病动物。
- 通过主观评估病史和体格检查数据，可以判定患病动物的营养不良程度和是否需要营养介入。
- 营养评估还可以帮助制定饲喂方案，包括确定辅助饲喂方式、选择日粮和优化方案，以最小化并发症风险。
- 应将营养评估看作一个进行性的过程，以便根据患病动物的情况及时调整饲喂方案。

参考文献

Baker, J.P., Detsky, A.S., Wesson, D.E. et al. (1982) Nutritional assessment: A comparison of clinical judgment and objective measurements. *New England Journal of Medicine*, **306**, 969-972.

Brunetto, M.A., Gomes, M.O.S., Andre, M.R. et al. (2010) Effects of nutritional support on hospital outcome in dogs and cats. *Journal of Veterinary Emergency and Critical Care*, **20**, 224-231.

Fascetti, A.J., Mauldin, G.E. and Mauldin, G.N. (1997) Correlation between serum creatinine kinase activities and anorexia in cats. *Journal of Veterinary Internal Medicine*, **11**, 9-13.

Freeman, L., Becvarova, I., Cave, N. et al. (2011) WSAVA Nutritional Assessment Guidelines. *Journal of Small Animal Practice*, **52**, 385-396.

Hill, G.L. (1992) Body composition research: Implications for the practice of clinical nutrition. *JPEN: Journal of Parenteral and Enteral Nutrition*, **16**, 197-218.

Keith, J.N. (2008) Bedside nutrition assessment past, present, and future: A review of the subjective global assessment. *Nutrition in Clinical Practice*, **23**, 410-116.

Michel, K.E. (1993) Prognostic value of clinical nutritional assessment in canine patients. *Journal of Veterinary Emergency and Critical Care*, **3**, 96-104.

Michel, K.E., Sorenmo, K. and Shofer, F.S. (2004) Evaluation of body condition and weight loss in dogs presenting to a veterinary oncology service. *Journal of Veterinary Internal Medicine*, **18**, 692-695.

Michel, K. E., Anderson, W., Cupp, C. et al. (2011) Correlation of a feline muscle mass score with body composition determined by DXA. *British Journal of Nutrition*, **106**, S57-S59.

Mullen, J.L., Gertner, M.H., Buzby, G. P. et al. (1979) Implications of malnutrition in the surgical patient. *Archives of Surgery*, **114**, 121-125.

Otto, C. M., Brown, K. A., Lindl, P. A. et al. (1992) Clinical evaluation of cell-mediated immunity in the cat. Proceedings of the International Veterinary Emergency and Critical Care Symposium September 20-23, San Antonio, USA, p. 838.

Remillard, R.L., Darden, D.E., Michel, K.E. et al. (2001) An investigation of the relationship between caloric intake and outcome in hospitalized dogs. *Veterinary Therapeutics*, **2**, 301-310.

第2章
患病小动物的能量需求评估

Daniel L. Chan

Department of Veterinary Clinical Sciences and Services, The Royal Veterinary College, University of London, UK

简介

  对住院动物进行营养支持的主要目的之一是使分解代谢最小化，以便维持肌肉量，同时避免过多的营养物质给患病动物的代谢系统带来压力。理论上来说，营养支持必须提供糖异生、合成蛋白质所需的充足底物和足够的能量，以维持内环境的稳定。在临床工作中，评估住院动物的能量需求是一项相当大的挑战。为了确保提供充足的能量，维持体内重要的生理活动正常运转，需要评估每一个住院动物的能量消耗。但是，临床兽医很少会为收治的患病动物进行精准的能量消耗评估。虽然目前针对特定的患病动物群体，已有一些进行能量消耗计算的手段，但在临床实践中，该手段所需的技术、设备和专业技能并不具备。因此，使用数学公式进行能量评估是唯一可行的方式。但同时需要注意，评估能量需求的数学公式有局限性，因此在临床实践中，很难精准评估能量需求。本章内容包括评估动物的能量消耗、使用数学公式计算动物能量需求，以及制定合适营养支持方案的推荐流程。

评估能量需求

  一般来说，在住院动物的管理中，营养支持起着关键作用。营养不良将会导致肌肉流失、伤口愈合缓慢、免疫抑制、器官功能减退、发病率和死亡率升高(Barton，1994；Biolo等，1997；Biffl等，2002)。但物极必反，和能量不足一样，提供过多能量也会对动物的预后产生负面影响(Krishnan等，2003；Stappleton、Jones和Hayland，2007；Dickerson，2011；Heyland等，2014)。尽管在危重患病动物中，已证实在增加能量供给与疾病预后良好之间存在相关性（Brunetto 等，2010），但是过度饲喂会增加其他并发症，如高血糖、容量过载、产生过量的含氮废物（例如血液中尿素氮含量升高）、呕吐与反流（Chan，2014）。但是，兽医领域和人类医学一样，一直存在的挑战是预估能量消耗与实际的能量需求之间存在误差（Walton 等，1996；Krishman 等，2003；O'Toole 等，2004；Stappleton 等，2007；Dickerson，2011）。因此，对重症动物和住院动物进行营养支持时，应当尽量准确地评估能量需求，避免过度饲喂，这是极其必要的。

确定能量需求的方法

直接测热法是评估能量消耗的方法之一，通过评估动物产生的热量来推测能量消耗量。主要依据为假设在维持阶段，动物的总能量消耗仅以热量的形式散失（无机体净能量增加），并且动物自身不存在能量储存或热量储存。直接测热法通常采取在测热舱内精确评估热量的方式。这种测热系统是比较精确的，但对临床患病动物并不可行。

间接测热法是应用于动物的一种更加可控的评估能量消耗的方法，在犬和猫中都有应用。这种评估能量消耗的方法又叫作"呼吸间接测热法"，需要精确测量氧气（O_2）消耗量和二氧化碳（CO_2）产生量（图2.1）。这种评估方法通常需要给测量对象装备面具、面罩、遮蓬、头盔，或在一个舱内进行该种评估方法。这种方法最大的问题是在给犬和猫使用面具、面罩或者头盔时，它们会发生极大的应激。如此一来，评估的结果可能会比真实的能量消耗量偏高。为了最小化这种应激影响，必须让动物适应设备的环境。但是，这种适应过程一般要花费数周，而有的研究仅给动物 15 min 的适应时间，由此给实验结果带来了负面影响（Hill，2006；Ramsey，2012）。通过测量氧气消耗量和二氧化碳产生量来计算能量的理论依据为，在氧化反应中热量的散失是恒定的。同一时间内，二氧化碳产生量和氧气消耗量的比值（CO_2/O_2）称为呼吸商（respiratory quotient，RQ），可以提示氧化的主要底物。例如，RQ 为 0.7 提示氧化底物为脂肪，RQ 为 0.8 提示氧化底物为蛋白质，RQ 为 1.0 提示主要的产能物质是碳水化合物（Blaxter，1989）。通过每消耗 1 L 氧气和产生 1 L 二氧化碳释放的热量可推算出 RQ。如果合理推算出了一只动物的 RQ 值（如 RQ=0.8），那么就可以通过 O_2 的消耗量和 CO_2 的产生量计算

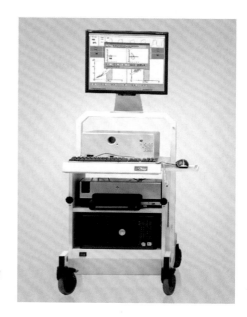

图 2.1 一台能够评估动物能量消耗量的现代化间接测热仪。

出能量消耗量。如果能获知尿液的氮含量，就可利用 Weir 公式计算能量消耗量（Weir，1949）：

$$能量消耗（kcal） = 3.94（L\,O_2） + 1.11（L\,CO_2） - 2.17（g\,尿素氮）$$

尽管已提高间接测热法的可信度，也在简化测量的设备（Sion-Sarid 等，2013），但是无论在动物医院还是人的医院，间接测热法还是无法成为常规的临床操作。然而，对评估预测能量公式的可用性来说，间接测热法的研究是非常重要的。（O'Toole 等，2001；Walton 等，1996）

能量需求的预测公式

在临床患病动物中使用间接测热法并不实际，因此最可行的方法是应用数学预测公式来评估它们的能量需求（Walker 和 Heuberger，2009）。通过测量体重数值（作者使用住院动物最近的体重而不是理想体重）和一系列既定的公式，就可以预测能量消耗量。Kleiber（1961）提出了最常用的评估动物能量消耗的公式，可用于评估犬和猫的静息能量需求（resting energy requirement，RER）。RER 的定义是一只动物在热中性的环境中，食物均被消化吸收后，在非运动状态下保持内环境稳态需要消耗的能量

(Gross 等，2010)。可以按照下列公式计算得出 RER：

$$RER = 70 \times [\text{当前体重 (kg)}]^{0.75}$$

对于体重为 2～30 kg 的动物，可以使用下列线性公式来合理估算 RER 数值：

$$RER = 30 \times \text{当前体重 (kg)} + 70$$

但是，应注意是以对健康动物的研究为基础而得出的这些公式。疾病会大幅改变机体的能量需求。例如，在大面积烧伤这种情况下，机体的能量需求可能增至2倍以上(Chan 和 Chan，2009)。近期，在估算因不同疾病和损伤引发的代谢变化的能量需求时，建议可以将 RER 乘以相应疾病因素系数(1.1～2.3)(Donoghue，1989)。但是，现在在临床实践中，并未过多关注这个建议和与之相关的推断因素。最新的推荐方法是使用更加保守的能量评估值，也就是说以动物的 RER 作为起始能量需求的基准，避免过度饲喂。过度饲喂会导致代谢性和胃肠道并发症、肝脏功能紊乱和二氧化碳产出增多(Ramsey，2012)。尽管存在争议，但是对犬进行间接测热法得到的结果支持近期的趋势，即在制定营养支持方案时，需以满足 RER 需求为先，而不是根据疾病能量需求给予更多的能量。尽管动物生病时的病理过程(如发热、炎症和氧化应激)会增加能量消耗(图2.2)，但是患病动物的整体能量需求还是接近 RER 的原因是，疾病、住院和镇静药物的使用减少了动物的运动量，这将抵消上述增加的能量消耗量。

图2.2 使用间接测热法的研究发现重症动物的能量需求更加接近静息能量需求，并不需要考虑疾病因素。这是因为住院动物的运动量下降，会抵消病理过程中增加的能量需求。

尽管 Walton 等（1996）和 O'Toole 等（2004）的研究存在一些方法学的问题，这些研究结果仍然认为通过间接测热法评估出的患犬的能量需求值更加接近经计算所得的 RER 数值（不应用疾病因素系数）。在评估接受肠外营养支持的动物时，研究发现与相对保守的能量评估所得值相比，使用加入疾病因素值的能量评估值会提高并发症的发生率（Lippert、Fulton 和 Parr，1993；Reuter 等，1998；Chan 等，2002；Pyle 等，2004；Crabb 等，2006）。当过度饲喂患病动物时，并发症的发病率会升高。没有证据支持饲喂患病动物超过能量需求的食物是有益的，计算患病犬猫能量需求的推荐方法是以 RER 为起始点，仅根据动物的耐受度和对摄取食物的反应，来增加或减少食物的饲喂量（Hill，2006；Chan，2014）。然而患病犬猫能量需求的确定仍需深入研究。

小结

尽管关于重症犬猫能量需求的资料有限，但仍需注意对重症动物进行营养支持的关键点。营养支持最主要的目标就是保持去脂体重不变，密切监视患病动物的体重、体液分布、对饲喂的反应和耐受度，根据真实的改变情况决定是否增加营养支持方案中的能量值。简单来说，一只动物在接受一种营养支持方案时，如果体重持续减轻，那么需要增加 25% 的能量提供量，并且应在几天内再次评估这个营养支持方案。为了满足变化的患病动物的需求，营养支持方案应具有足够的调整空间。因此，要成功对危重患病动物进行营养管理，定期再评估是非常重要的。除非有新研究成果能够更好地确定住院动物的营养和能量需求，否则仍必须依据全面的临床判断和对患病动物进行不断地再评估，来指导提供营养支持。

> **要点**
> - 对于临床实践来说，评估住院动物的能量需求仍然是一项相当大的挑战。
> - 在临床实践中，很少精确评估患病动物的能量消耗（如通过间接测热法）。
> - 在临床中，并不具备给患病动物进行间接测热法所需的临床技术、设备和专业技能。
> - 评估患病动物能量需求的唯一实际可行的方法是使用数学公式。
> - 使用公式 RER（kcal/天）=70×[当前体重(kg)]$^{0.75}$ 来预测住院犬猫的静息能量需求，如果动物的体重为 2~30 kg，可以使用公式 RER（kcal/天）=30×[当前体重(kg)]+70。
> - 在评估住院动物的能量需求时，不建议在 RER 的基础上乘以疾病因素系数。

参考文献

Barton, R.G. Nutrition support in critical illness. (1994) *Nutrition Clinical Practice*, **9**,127-139.
Biffl, W.L., Moore, E.E., Haenel, J.B. et al. (2002) Nutritional support of the trauma patient. *Nutrition*, **18**,960-965.
Biolo G., Toigo G., Ciocchi B. et al. (1997) Metabolic response to injury and sepsis: Changes in protein metabolism. *Nutrition*, **13**,52S-57S.
Blaxter, K. (1989) *Energy Metabolism in Animals and Man*, Cambridge University Press, Cambridge.
Brunetto, M.A., Gomes, M.O.S., Andre, M.R. et al. (2010) Effects of nutritional support on hospital outcome in dogs and cats. *Journal of Veterinary Emergency and Critical Care*, **20**, 224-231.
Chan, D.L. (2014) Nutrition in critical care, in Kirk's Current Veterinary Therapy XV, (eds J.D. Bonagura and D.C. Twedt), Elsevier Saunders, St Louis, pp. 38-43.
Chan, D.L., Freeman, L.M., Labato, M.A. et al. (2002) Retrospective evaluation of partial parenteral nutrition in dogs and cats. *Journal of Veterinary Internal Medicine*, **16**, 440-445.
Chan, M.M. and Chan, G.M. (2009) Nutritional therapy for burns in children and adults. *Nutrition*, **25**, 261-269.
Crabb, S.E., Chan, D.L., Freeman, L.M. et al. (2006) Retrospective evaluation of total parenteral nutrition in cats: 40 cases (1991-2003). *Journal of Veterinary Emergency and Critical Care*, **16**, S21-26.
Dickerson, R.N. (2011) Optimal caloric intake for critically ill patients: First, do no harm. *Nutrition in Clinical Practice*, **26**, 48-54.
Donoghue, S. (1989) Nutritional support of hospitalized patients. *Veterinary Clinics of North America: Small Animal Practice*, **19**, 475-95.
Gross, K.L., Yamka, R. M., Khoo, C. et al. (2010) Macronutrients, in *Small Animal Clinical Nutrition*, 5th edn (eds M.S. Hand, C.D. Thatcher, R.L. Remillard, P. Roudebush, and B.J. Novotny) Mark Morris Institute, Topeka, KS, pp. 49-105.
Heyland, D.K., Dhaliwal, R., Wang, M. et al. (2014) The prevalence of iatrogenic underfeeding in the nutritionally 'at-risk' critically ill patient: Results of an international, multicenter, prospective study. *Clinical Nutrition*, doi: 10.1016/j.clnu.2014.07.008.
Hill, R.C. (2006) Challenges in measuring energy expenditure in companion animals: A clinician's perspective. *Journal of Nutrition*, **136**, 1967S-1972S.
Kleiber, M. (1961) The Fire of Life, John Wiley & Sons, Inc., New York.
Krishnan, J.A., Parce, P.B., Martinez, A. et al. (2003) Caloric intake in medical intensive care unit patients: Consistency of care with guidelines and relationship to clinical outcomes. *Chest*, **124**, 297-305.
Lippert, A.C., Fulton, R.B. and Parr, A.M. (1993) A retrospective study of the use of total parenteral nutrition in dogs and cats. *Journal of Veterinary Internal Medicine*, **7**, 52-64.
O'Toole, E., Miller, C.W., Wilson, B.A. et al. (2004) Comparison of the standard predictive equation for calculation of resting energy expenditure with indirect calorimetry in hospitalized and healthy dogs. *Journal of American Veterinary Medical Association*, **225**, 58-64.
O'Toole, E., McDonell, W.N., Wilson, B.A. et al. (2001) Evaluation of accuracy and reliability of indirect calorimetry for the measurement of resting energy expenditure in healthy dogs. *American Journal of Veterinary Research*, **62**, 1761-67.
Pyle, S.C., Marks, S.L., Kass, P.H. et al. (2004) Evaluation of complication and prognostic factors associated with administration of parenteral nutrition in cats: 75 cases (1994-2001). *Journal of the American Veterinary Medical Association*, **225**, 242-250.
Ramsey, J.J. (2012) Determining energy requirements, in *Applied Veterinary Clinical Nutrition*, 1st edn (eds A.J. Fascetti and S. J. Delaney) Wiley-Blackwell Chichester, pp. 23-45.
Reuter, J.D., Marks, S.L., Rogers, Q. R. et al. (1998) Use of total parenteral nutrition in dogs: 209 cases (1988-1995) *Journal of Veterinary Emergency and Critical Care*, **8**, 201-213.
Sion-Sarid, R., Cohen, J., Houri, Z. et al. (2013) Indirect calorimetry: a guide for optimizing nutrition support in the critically ill child. *Nutrition*, **29**, 1094-1099.

Stappleton, R.D., Jones, N. and Heyland, D.K. (2007) Feeding critically ill patients: What is the optimal amount of energy? *Critical Care Medicine*, **35**, S535-540.

Walker, R.N. and Heuberger, R.A. (2009) Predictive equations for energy needs for the critically ill. *Respiratory Care*, **54**, 509-520.

Walton, R.S., Wingfield, W.E., Ogilvie, G.K. et al. (1996) Energy expenditure in 104 postoperative and traumatically injured dogs with indirect calorimetry. *Journal of Veterinary Emergency and Critical Care*, **6**, 71-79.

Weir, J.B. de V. (1949) New methods of calculating metabolic rate with special reference to protein metabolism. *Journal of Physiology*, **109**, 1-9.

第 3 章
小动物的营养支持通路

Sally Perea

Mars Pet Care, Mason, OH, USA

简介

选择营养支持通路对评估和管理危重患病动物至关重要。营养支持通路可大致分为肠内营养通路和肠外营养通路。肠内营养通路包括鼻饲管、食道造口饲管、胃造口饲管和空肠造口饲管；肠外营养通路包括外周静脉导管和中心静脉导管。兽医在选择营养支持通路时，可根据患病动物的体况、营养状况、预期接受营养支持的时长、特定营养需求与饮食限制及各种通路的优缺点，选择一种或多种通路。

肠内营养通路

鼻饲管通路

鼻饲管的使用相对容易且便利，适用于需要短期（≤ 5 天）营养支持的患病动物和/或不耐受全身麻醉的患病动物（见第 4 章）。鼻饲管的使用优势为易于放置且价格便宜，但易引起患病动物误吸，因而不能用于存在呕吐或缺乏呕吐反射的动物。此外，鼻饲管的主要缺点为直径较小（猫的鼻饲管通常为 3.5 ~ 5 Fr，犬的鼻饲管通常为 6 ~ 8 Fr），只能通过鼻饲管饲喂流食。可通过鼻饲管连续给予或间歇性一次给予大量食物的方式饲喂流食。虽然连续饲喂有助于不能耐受大量流食的动物，但最近的研究表明这两种饲喂方法对患病动物的胃残余量和临床转归无显著影响（Holahan 等，2010）。

使用鼻饲管的常见并发症包括鼻出血、鼻炎和饲管插入气管造成肺炎（Marks，1998）。尽管给猫佩戴了伊丽莎白圈，喷嚏、咳嗽或呕吐导致的饲管移位（图 3.1）仍是通过鼻饲管饲喂的常见并发症（Abood 和 Buffington，1992）。在饲喂前推荐使用 X 线检查确认鼻饲管是否放置正

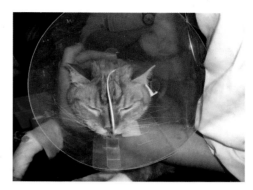

图 3.1 佩戴伊丽莎白圈可有效防止鼻饲管的移位和脱落。

确，降低饲管放置不当带来的风险。

食道造口饲管通路

虽然需在全身麻醉状态下放置食道造口饲管，但这仍是一种相对快捷且简便的方法（见第 5 章）。与鼻饲管相比，食道造口饲管的放置时长更久，可超过 23 天（时长范围为 1～557 天）(Crowe 和 Devey，1997a；Levine、Smallwood 和 Buback，1997)。该通路的其他优点包括患病动物舒适度提高和管径增加（12～14 Fr），管径增加可拓宽经管饲喂食物的选择范围。留置食道造口饲管的常见并发症主要为饲管造口处的伤口感染(Crowe 和 Deveya，1997；Devitt 和 Seim，1997)。预防感染的有效方法是日常护理和清洁伤口。其他并发症包括饲管弯折或堵塞、饲管误入气管、呕吐、饲管移位和头部肿胀(Crowe 和 Devey，1997a；Devitt 和 Seim，1997)。一般而言，相对于胃造口饲管，食道造口饲管引起的并发症更少、更轻微，且食道造口饲管引起的并发症更容易控制(Ireland 等，2003)。

胃造口饲管通路

需在全身麻醉的状态下，通过开腹手术或经皮穿刺术放置胃造口饲管（图 3.2）（见第 6 章）。虽然需要较长时间的麻醉和操作，但该通路能为患食道疾病的动物提供食道旁路。放置步骤与鼻饲管和食道造口饲管类似，但胃造口饲管可放置更长时间，对于一些需要长期进行辅助饲喂的动物，这是有益的。

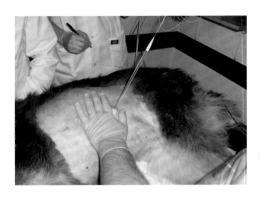

图 3.2 在经皮内窥镜的引导下为一只犬放置胃造口饲管。

一项回顾性研究比较了猫的食道造口饲管和胃造口饲管，发现后者可放置更长时间且不发生移位，平均放置时长为 43 天，而前者仅为 26 天（Ireland 等，2003）。由于放置饲管的解剖位置，胃造口饲管不易发生移位，也不易发生患病动物抓挠伤口引起的继发感染（图 3.3）。如上文所述，食道造口饲管的临床放置时间可超过 1 年。因此这两种通路都适用于需长期进行营养支持的动物。胃造口饲管的另一个优点是管径更大（18～20 Fr），可进一步拓宽经管饲喂食物的选择范围。大的管径可降低稀释罐装食物所需的用水量，从而提高糊状食物的能量密度。

图 3.3 一只放置了胃造口饲管的犬。

胃造口饲管引起的并发症包括造口处蜂窝织炎、胃壁压迫性坏死、饲管移位、幽门梗阻、饲管意外脱出、造口处食糜外漏（图 3.4）和呕吐及其引起的继发性吸入性肺炎（Levine 等，1997；Glaus 等，1998；Marks，1998）。虽然饲管移位或意外脱出并不常见，但如果在造口完全愈合前发生这些并发症（<14 天），会进一步引发严重的并发症，如威胁生命的腹膜炎。

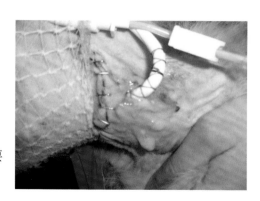

图 3.4 给一只犬放置胃造口饲管后，继发造口处组织感染和食糜外漏，需要移除饲管并进行手术修复。

空肠造口饲管通路

放置空肠造口饲管需要全身麻醉，一般通过手术进行放置（Crowe 和 Devey，1997b；Daye、Huber 和 Henderson，1999）（见第 7 章）。随着内窥镜技术的发展，已有在内窥镜引导下成功放置犬猫鼻-空肠饲管和胃-空肠造口饲管的病例（Jennings 等，2001；Jergens 等，2007；Pápa 等，2009）（见第 8 章）。还可在透视技术引导下，为犬放置鼻-空肠饲管（Wohl，2006；Beal 和 Brown，2011）。空肠造口饲管适用于患有胃流出道梗阻、反复误吸、胃轻瘫和胰腺炎的动物（Marks，1998）。空肠造口饲管一般适合短期使用，使用时长要比食道造口饲管和胃造口饲管的短。据报道，空肠造口饲管的使用时长为 9～14 天（Daye 等，1999；Swann、Sweet 和 Michel，2002）。

空肠造口饲管引起的并发症包括造口处组织发生蜂窝织炎、造口处食糜外漏、造口处开裂、饲管移位、呕吐、腹泻、腹部不适、饲管外脱、饲管阻塞和饲管意外脱落及其后继发的腹膜炎（Daye 等，1999；Swann 等，2002）。

肠外营养通路

可为不能耐受肠内营养通路的动物选择使用肠外营养通路（图 3.5）（见第 11 章）。肠外营养通路的适应症包括顽固性呕吐或腹泻，麻醉或缺乏咽反射，处于大面积胃切除术或肠管切除术后的恢复期，体况不适合全身麻醉放置饲管，或单独使用肠内营养通路不能满足机体能量需要的情况。肠外营养通路常用于患有胰腺炎的动物。然而，一项初步研究表明，给 10 只胰腺炎患犬采用食道造口饲管进行早期营养支持时，动物对饲管的耐受性更好，产生的并发症比肠外营养通路的少（Mansfield 等，2011）。

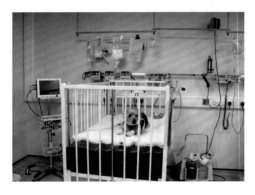

图3.5 一只胃肠道功能严重障碍的犬正在接受肠外营养支持。

通过在中心静脉或外周静脉放置导管，来进行肠外营养支持，完成营养供给（见第10章）。尽管较易在外周静脉放置导管，但要防止发生血栓性静脉炎，必须使用低渗性（<750 mOsm/L）营养溶液。使用中心静脉通路时，几乎不需限制营养液成分，易满足患病动物的全部营养需要，同时还能降低血栓性静脉炎的发生率，因此可使用中心静脉通路时，常优先选择中心静脉营养（central parenteral nutrition，CPN）。然而，已经有成功给予犬猫外周静脉营养（peripheral parenteral nutrition，PPN）的报道，这对不能熟练放置中心静脉导管的从业者是一种颇为实用的方法（Zsombor-Murray 和 Freeman，1999；Chan 等，2002）。在短期使用的肠外营养液中加入含脂添加剂，有助于降低血栓性静脉炎的发生率（Chandler、Guilford 和 Payne-James，2000；Griffiths 和 Bongers，2005）。

肠外营养支持疗法的并发症包括导管变位、血栓性静脉炎、导管堵塞、导管被啃咬和导管扭结（Chan 等，2002；Pyle、Marks 和 Kass，2004）。将在后续章节详细讨论肠外营养通路和肠内营养通路的代谢性并发症（见第9章和第10章）。

肠内营养通路和肠外营养通路的联合应用

尽管在治疗初期采用肠外营养的大多数动物不适合使用肠内营养，但一些动物可逐渐耐受肠内营养，或者它们的部分能量和营养需求需要同时通过肠内营养通路提供（图3.6）（Griffiths 和 Bongers，2005）。有研究表明，给采用PPN的住院犬猫联合使用肠内营养支持疗法，可有效延长生存时间（Chan 等，2002）。配合使用肠内营养和肠外营养有助于

图 3.6 同时接受肠内营养和肠外营养的患猫。

维持肠道完整性、免疫功能和肠道屏障功能（Heidegger 等，2007）。

小结

实施营养支持疗法是成功治愈住院犬猫的关键。选择使用多种营养支持通路可满足患病动物的特殊营养需求和营养限制。后续章节将会进一步介绍各种营养支持通路的选择、适应症、放置技术和监护方法。

要点

- 进行危重病例的评估和护理时，正确选择营养支持通路至关重要。
- 可使用的肠内营养通路包括鼻饲管、食道造口饲管、胃造口饲管和空肠造口饲管。
- 当患病动物无法耐受肠内营养通路时，可选择肠外营养通路进行营养支持。
- 肠外营养通路的适应症包括顽固性呕吐或腹泻，缺乏咽反射，处于大面积胃切除术或肠管切除术后的恢复期，体况不适合全身麻醉放置饲管，或单独使用肠内营养通路不能满足机体能量需要量。
- 为满足患病动物的特殊营养需求和营养限制，可选择使用多种营养支持通路。

参考文献

Abood, S.K. and Buffington, C.A.T. (1992) Enteral feeding of dogs and cats: 51 cases (1989-1991). *Journal of the American Veterinary Medical Association*, **4**, 619-622.

Beal, M.W. and Brown, A. J. (2011) Clinical experience utilizing a novel fluoroscopic technique for wire-guided nasojejunal tube placement in the dog: 26 cases (2006-2010). *Journal of Veterinary Emergency and Critical Care*, **21**,151-157.

Chan, D.L., Freeman, L.M., Labato, M.A. et al. (2002) Retrospective evaluation of partial parenteral nutrition in dogs and cats. *Journal of Veterinary Internal Medicine*, **16**, 440-445.

Chandler, M.L. Guilford, W.G. and Payne-James, J. (2000) Use of peripheral parenteral nutritional support in dogs and cats. *Journal of the American Veterinary Medical Association*, **216**(5), 669-673.

Chandler, M.L. and Payne-James, J. (2006) Prospective evaluation of a peripherally administered three-in-one parenteral nutrition product in dogs. *Journal of Small Animal Practice*, **47**, 518-523.

Crowe, D.T. and Devey, J.J. (1997a) Esophagostomy tubes for feeding and decompression: Clinical experience in 29 small animal patients. *Journal of the American Animal Hospital Association*, **33**, 393-403.

Crowe, D.T. and Devey, J.J. (1997b) Clinical experience with jejunostomy feeding tubes in 47 small animal patients. *Journal of Veterinary Emergency and Critical Care*, **7**, 7-19.

Daye, R.M., Huber, M.L. and Henderson, R.A. (1999) Interlocking box jejunostomy: A new technique for enteral feeding. *Journal of the American Animal Hospital Association*, **35**, 129-134.

Devitt, C.M. and Seim, H.B. (1997) Clinical evaluation of tube esophagostomy in small animals. *Journal of the American Veterinary Medical Association*, **33**, 55-60.

Glaus, T.M., Cornelius, L.M., Bartges, J.W. et al. (1998) Complications with non-endoscopic percutaneous gastrostomy in 31 cats and 10 dogs: a retrospective study. *Journal of Small Animal Practice*, **39**, 218-222.

Griffiths, R.D. and Bongers, T. (2005) Nutrition support for patients in the intensive care unit. *Postgraduate Medical Journal*, **81**(960), 629-636.

Heidegger, C.P., Romand, J.A., Treggiari, M.M. et al. (2007) Is it now time to promote mixed enteral and parenteral nutrition for the critically ill patient? *Intensive Care Medicine*, **33**, 963-969.

Holahan, M., Abood, S., Hautman, J. et al. (2010) Intermittent and continues enteral nutrition in critically ill dogs: A prospective randomized trial. *Journal of Veterinary Internal Medicine*, **24**, 520-536.

Ireland, L.A., Hohenhaus, A.E., Broussard, J.D. et al. (2003) A comparison of owner management and complications with 67 cats with esophagostomy and percutaneous endoscopic gastrostomy feeding tubes. *Journal of the American Animal Hospital Association*, **39**, 241-246.

Jergens, A.E., Morrison, J.A., Miles, K.G. et al. (2007) Percutaneous endoscopic gastrojejunostomy tube placement in healthy dogs and cats. *Journal of Veterinary Internal Medicine*, **21**, 18-24.

Jennings M., Center S.A., Barr S.C. et al. (2001) Successful treatment of feline pancreatitis using an endoscopically placed gastrojejunostomy tube. *Journal of the American Animal Hospital Association*, **37**, 145-152.

Levine, P.B., Smallwood, L.J. and Buback, J.L. (1997) Esophagostomy tubes as a method of nutritional management in cats: A retrospective study. *Journal of the American Animal Hospital Association*, **33**, 405-410.

Marks, S.L. (1998) The principles and practical application of enteral nutrition. *Veterinary Clinics of North America (Small Animal)*, **28**, 677-708.

Mansfield, C.S., James, F.E., Steiner, J.M. et al. (2011) A pilot study to assess tolerability of early enteral nutrition via esophagostomy tube feeding in dogs with severe acute pancreatitis. *Journal of Veterinary Internal Medicine*, **25**, 419-425.

Pápa, K., Psáder, R., Sterczer, A. et al. (2009) Endoscopically guided nasojejunal tube placement in dogs for short-term postduodenal feeding. *Journal of Veterinary Emergency and Critical Care*, **19**(6), 554-563.

Pyle, S.C., Marks, S.L. and Kass, P.H. (2004) Evaluation of complications and prognostic factors associated with administration of total parenteral nutrition in cats: 75 cases (1994-2001). *Journal of the American Veterinary Medical Association*, **225**(2), 242-250.

Swann, H.M., Sweet, D.C. and Michel. K. (2002) Complications associated with use of jejunostomy tubes in dogs and cats: 40 cases (1989-1994). *Journal of the American Veterinary Medical Association*, **12**, 1764-1767.

Wohl, J.S. (2006) Nasojejunal feeding tube placement using fluoroscopic guidance: technique and clinical experience in dogs. *Journal of Veterinary Emergency and Critical Care*, **16**, S27-S33.

Zsombor-Murray, E. and Freeman, L.M. (1999) Peripheral Parenteral Nutrition. *Compendium on Continual Education for the Practicing Veterinarian*, **21**(6), 1-11.

第4章
犬猫鼻饲管

Isuru Gajanayake
Willows Veterinary Centre and Referral Service, Shirley, Solihull, West Midlands, UK

简介

适应症、禁忌症和患病动物的选择

鼻饲管是通过鼻孔放置在远端食道的饲管，对需进行短时营养介入（如3～5天）的病例（图4.1）是一种非常有效的饲喂技术。因为不需要任何特殊设备或技术来放置这种饲管，因此适用于普通门诊的病例。另外，鼻饲管的放置不需要全身麻醉（或深度镇静），可暂时作为无法进行麻醉病患的营养介入方法。

图4.1　一只放置了鼻饲管的犬。

患病动物很难耐受长时间放置的鼻饲管，因此不适合长时间使用或在家使用。另外，患鼻腔疾病（如鼻炎、肿瘤、上颌骨折）或食道疾病（如食道炎或巨食道症）的动物也很难耐受鼻饲管，这会使它们感觉不舒服或病情加重。这种饲喂方式对咽反射减弱、延迟性呕吐或意识水平下降的动物有很高的误吸风险，应避免使用。另外，无论是进行饲喂还是维护饲管，都需要保定动物的头部，所以也不适合给攻击性过强的动物用鼻饲管。最后，可以通过鼻饲管的日粮种类非常有限，这类日粮通常有一定的局限性（如为高脂肪和高蛋白），因此不适用于患有某些疾病的病患。

放置鼻饲管的操作流程及确认位置正确

鼻饲管放置时所需材料如下：
1. 大小合适的鼻饲管。
2. 镇静剂（如布托啡诺）可能有用，但不一定需要。
3. 表面局麻药物（如丙美卡因、丙氧间卡因）。
4. 胶带。
5. 润滑剂（含或不含局部麻醉剂）。
6. 缝合材料（不可吸收线）或组织胶。
7. 注射器和生理盐水。
8. X线拍摄、X线透视或终末二氧化碳监测。

鼻饲管类型和大小的选择

鼻饲管的材料类型有多种，包括聚氨酯、聚氯乙烯、硅胶和红色橡胶。聚氨酯最结实，硅胶的生物相容性最好。长时间使用聚氯乙烯会刺激黏膜，但鼻饲管的使用时间都很短，因此无须考虑太多此类问题。鼻饲管的外径范围为 4 Fr（1.3 mm）至 10 Fr（3.3 mm）。应根据动物的体型大小选择饲管（鼻孔的大小是主要限制因素）。一般来说，直径为 3.5～5 Fr 的鼻饲管适用于大部分猫，大于 6 Fr 的鼻饲管适用于中到大型犬。由于短头颅犬猫的鼻孔较小，因此需要用更小的饲管。

饲管放置技术

1. 在清醒的或镇静的状态下保持俯卧位。
2. 往一个鼻孔内滴入 1～2 滴局麻药（如丙美卡因），将头抬高，这样药物就会向后流入鼻腔（图4.2）。
3. 在等局麻药起效的时间内（通常是 1 min 或 2 min），测量饲管插入长度，即从鼻孔开始到第 7 或 8 肋间，用胶带进行标记。
4. 给饲管涂上润滑剂。
5. 将头部保持一个正常的角度，向鼻腔腹内侧插入鼻饲管（即朝向对侧耳朵的方向）使其穿过鼻腹道（图 4.3）；在犬，则需要先向鼻背侧插入鼻饲管（约 1 cm），使其穿过腹脊后，再向腹内侧方向插入，操作过程中需要将鼻孔外侧推向背侧（Abood 和 Buffington，1991）。

6 在插入鼻饲管时，应感受不到阻力。当饲管穿过口咽时，动物会发生吞咽（图 4.4）。

7 如果感受到阻力，撤回饲管，重复 4～6 的步骤。

8 一旦鼻饲管到达胶带预先标记的位置，应使用一个结节缝合或组织胶将鼻饲管固定在皮肤或被毛上，该固定位置越靠近鼻孔越好。

9 在饲管上再缠绕一个标记胶带，利用缝线或组织胶将胶带固定在头部的皮肤或被毛上，位置在两眼中间（小心不要让饲管接触猫咪的胡须）。

10 佩戴伊丽莎白圈，防止患病动物意外移除饲管（图 4.5）。

图 4.2 一只将要被放置鼻饲管的猫，先向猫的左侧鼻孔滴入局麻药物（如丙美卡因）。

图 4.3 正在从猫的鼻孔插入鼻饲管。

确保鼻饲管放置位置正确

有多种方法可以确定鼻饲管放置的位置是否正确：

1 用 5 mL 或 10 mL 的注射器抽吸，如果没有呈负压状态，则饲管可能位于呼吸道内（或胃内）。

2 注入 5～10 mL 的空气，前腹部听诊是否有腹鸣音。

3 注入 3~5 mL 无菌盐水观察是否咳嗽（如果咳嗽提示误入呼吸道）。
4 将饲管与二氧化碳浓度监测仪相连接（图 4.6），如果监测仪探测到二氧化碳，则提示饲管可能在呼吸道内（Chau 等，2011）。
5 可通过胸部 X 线检查确定鼻饲管放置在远端食道，并且确认没有发生折转。

图 4.4　鼻饲管从鼻腔进入口咽部，最后进入食道，整个过程不应存在阻力。

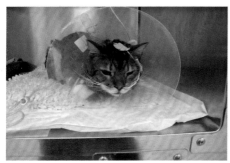

图 4.5　为了防止猫移除鼻饲管，给猫佩戴伊丽莎白圈。

图 4.6　如果用二氧化碳浓度监测仪探测不到二氧化碳，则确定鼻饲管未进入呼吸道。

监测和持续护理

需要每日检查 1~2 次饲管出入的鼻孔，确认是否有分泌物或出血。如果结硬皮，需要用湿润的脱脂棉球擦拭干净。需要检查饲管的通畅度。

日粮和饲管饲喂

由于鼻饲管的内径较小，除了纯液体的日粮，其他都很难通过鼻饲管，这就使得可用鼻饲管饲喂的日粮类型存在局限性。可用的日粮通常具有一定的能量密度(如 1 kcal/mL)，蛋白质和盐分的密度也很高。因此，使用这种日粮进行的鼻饲不适用于无法承受高蛋白(如肝衰竭或肾衰竭)和高钠(如心力衰竭)的患病动物。这些病患适用含有较低量的蛋白质和盐的日粮。另外，也可以用水稀释日粮，但这就需要相对大量的流食，才能满足病患机体的能量需求。

可一次性大量通过鼻饲管饲喂日粮，也可以恒速输注给予。如果采用一次性大量给予方法，可将整日的日粮分成 3～6 份，在可操作性和个性化之间平衡确定每顿的日粮需要量。总的来说，每次的饲喂量(包括冲管的液体量)不应超过 10～12 mL/kg。恒速输注液体日粮的方法相对简单，可以使用注射泵或输液泵(图 4.7)。需要注意的是，一定要在肠内营养袋、注射器和输液管上标注为肠内营养所用，防止被错误连接到静脉导管上(图 4.8)。

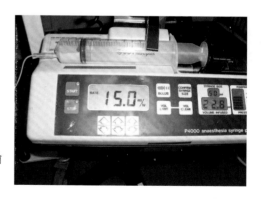

图 4.7 鼻饲的食物可通过注射泵或输液泵恒速输注给予。

在每次一次性大量饲喂食物之前，需要使用少量(如 3～5 mL)的无菌用水或盐水冲刷管道，检查通畅度以及位置是否正确。冲洗后如果有阻力或出现咳嗽，需停止饲喂，采取措施检查并解决问题。采取的措施包括拍摄胸部 X 线片(或使用二氧化碳浓度监测仪)，来确定位置是否正确，以及疏通管道阻塞(见常见问题)。饲喂结束后，向饲管内注入少量盐水(5 mL)防止阻塞。如果使用恒速输注饲喂方法，为了防止饲管从食道变位到气管而误入呼吸道，应让患病动物住院，并在专门区域接受持续的监测，例如重症监护病房(intensive care unit，ICU)。

图 4.8　肠内营养饲喂袋上清晰标记"严禁静脉注入"。

并发症及常见问题

相对于疾病本身，鼻饲管的并发症较轻甚至可以忽略，几乎不会导致死亡或严重危害。一项研究表明，37%应用鼻饲管的病患可能会发生并发症，常见的并发症包括呕吐、腹泻以及饲管移位（Abood 和 Buffington，1992）。在放置饲管时或者留置饲管后，会发生其他较轻的并发症（例如鼻道刺激、打喷嚏）。最近的研究表明鼻-食道饲管和鼻-胃饲管的并发症发生率并无显著差异（Yu 等，2013）。为了防止鼻饲管被用作饲喂以外的其他用途，应该清楚地在鼻饲管上贴上标记。使用特制且安全的肠内饲喂专用注射器及转接头，也可以防止将日粮意外注入静脉导管（例如颈静脉导管）（Guenter 等，2008）。

插入气管

放置鼻饲管最严重的并发症是饲管误插入气管。细心地操作并确认饲管位于食道内，可避免该并发症的发生。但正确放入饲管后，呕吐也可能导致饲管移位至气管。因此，在每次饲喂前，确认饲管是否在正确的位置十分重要。如果担心插入了气管，应通过胸部影像学检查判断饲管位置是否正确。

呕吐

鼻饲管可能导致患病动物发生呕吐，但发生率比食道造口饲管的低。在给病患放置饲管之前，若存在频繁的呕吐，可能就需要使用其他饲喂技术或放置前使用止吐药物控制住呕吐。尽管存在这些担忧，近期并无报道证明鼻饲会使呕吐发生率上升（Mohr 等，2003；Campbell 等，2010；Holahan 等，2010）。

饲管堵塞

由于鼻饲管的内径狭窄，所以特别容易发生堵塞。预防饲管堵塞的最好方法是使用纯流质日粮，并且每次饲喂后用小剂量（例如 5 mL）的清水冲洗管道。如果发生堵塞，可利用温水抽吸冲开堵塞，也可将胰酶和碳酸氢钠的混合水溶液注入堵管中，等待几分钟再用清水进行冲洗（Parker 和 Freeman，2013）。还可以尝试用碳酸饮料等其他化合物进行冲洗，但是体外试验证明用水冲洗的效果更好（Parker 和 Freeman，2013）。

鼻炎、鼻出血和泪囊炎

鼻饲管可能会对鼻腔和泪管产生局部刺激。这些部位存在病变或者长时间使用鼻饲管的病患尤其易发生此类并发症。如果这些并发症非常严重，就有必要移除饲管。

反流性食道炎

如果因不规范放置饲管，导致饲管插入胃中（穿过了食道下端括约肌），可能会引发反流和反流性食道炎。相比于孔径较小的鼻饲管，孔径较大的食道饲管更易发生这类并发症。

拆除鼻饲管和向经口采食过渡

在鼻饲期间，仍然可以给患病动物提供日粮，因为鼻饲管的存在不会妨碍病患的食欲或吞咽。研究表明，使用鼻-胃饲管的患病动物中，有一半在住院期间就可自主进食（Abood 和 Buffington，1992）。

在病患的体况稳定，需要进行其他治疗时，可同时使用鼻饲管来满足病患的营养需求。一旦病患病情稳定（如果仍然无食欲），则需要放置长期饲管（如食道造口饲管或胃造口饲管）。

> **要点**
> - 在临床中，鼻饲管是一种使用周期相对较短，但非常实用的营养介入技术。
> - 在普通门诊中，鼻饲管是一种非常实用的技术，因为不需要任何特殊的设备和极其专业的放置技能。
> - 动物无法耐受鼻饲管很长时间，一般不适合长期使用或在家使用。
> - 一般情况下，应根据病患的大小来选择饲管，猫用鼻饲管的直径应在 3.5～5 Fr，犬用鼻饲管的直径应 >6 Fr。
> - 由于饲管不会妨碍病患自主采食，所以仍然可以给患病动物提供日粮。

参考文献

Abood, S.K. and Buffington, C.A. (1991) Improved nasogastric intubation technique for administration of nutritional support in dogs. *Journal of the American Veterinary Medical Association*, **199** (5), 577-579.

Abood, S.K. and Buffington, C.A. (1992) Enteral feeding of dogs and cats: 51 cases (1989-1991). *Journal of the American Veterinary Medical Association*, **201** (4), 619-622.

Campbell, J.A., Jutkowitz, L.A., Santoro, K. A. et al. (2010) Continuous versus intermittent delivery of nutrition via nasoenteric feeding tubes in hospitalized canine and feline patients: 91 patients (2002-2007). *Journal of Veterinary Emergency and Critical Care*, **20** (2), 232-236.

Chau, J.P., Lo, S.H., Thompson, D.R. et al (2011) Use of end-total carbon dioxide detection to determine correct placement of nasogastric tube: a meta-analysis. *International Journal of Nursing Studies*, **48** (4), 513-521.

Guenter, P., Hicks, R.W., Simmons, D. et al. (2008) Enteral feeding misconnections: A Consortium Position Statement. *The Joint Commission Journal on Quality and Patient Safety*, **34** (5), 285-292.

Holahan, M., Abood, S., Hauptman, J. et al. (2010) Intermittent and continuous enteral nutrition in critically ill dogs: a prospective randomized trial. *Journal of Veterinary Internal Medicine*, **24** (3), 520-526.

Mohr, A.J., Leisewitz, A. L., Jacobson, L. S. et al. (2003) Effect of early enteral nutrition on intestinal permeability, intestinal protein loss, and outcome in dogs with severe parvoviral enteritis. *Journal of Veterinary Internal Medicine*, **17** (6), 791-798.

Parker, V. J. and Freeman, L. M. (2013) Comparison of various solutions to dissolve critical care diet clots. *Journal of Veterinary Emergency and Critical Care*, **23** (3), 344-347.

Yu, M. K., Freeman, L. M., Heinze, C. R. et al. (2013) Comparison of complications in dogs with nasoesophageal versus nasogastric tubes. *Journal of Veterinary Emergency and Critical Care*, **23** (3), 300-304.

第 5 章
犬猫食道造口饲管

Laura Eirmann

Oradell Anminal Hospital; Nestle Purina PetCare, Ringwood, NJ, USA

简介

在 1951 年，人类医学首次出现为前段食道癌患者使用食道造口饲管提供营养支持的报道（Klopp，1951）。在 20 世纪 80 年代中期，Crowe 给患病动物应用了相似的技术（Crowe，1990）。食道造口饲管是一种能够为适合的患病动物提供肠内营养的安全有效的方式。这种营养支持形式的放置方法要求也相对简单，创伤微小，动物耐受良好。食道造口饲管留置于颈中部区域，与咽造口饲管相比，能避免出现反流或部分气道阻塞等并发症（Crowe，1990）。食道造口饲管可为无食欲，或无法经口进食的动物提供数周至数月的营养支持，而且方便在家操作。食道造口饲管的直径比鼻饲管或空肠造口饲管的大，因此可选择使用更多的食物种类，如匀浆状的处方类宠物食品。

食道造口饲管留置的适应症及禁忌症

肠内营养比肠外营养更契合生理学功能，花费更少，并且更为安全（Prittie 和 Barton，2004）。肠内营养的生理学意义包括维持肠道黏膜完整和保留胃肠道免疫功能。肠内营养禁忌症包括无法控制的呕吐、胃肠道梗阻、严重的消化不良或吸收不良，以及对呼吸道无自我保护能力的情况。

动物因不能摄食、咀嚼或吞咽食物而无法摄入足够的日粮时，食道造口饲管能够为动物提供营养，也可帮助满足无食欲动物的营养需求，如患有脂肪肝的猫。同时也适用于患有鼻腔、口腔或咽部疾病的动物，因为留置部位为颈中部，可避开这些解剖部位。食道造口饲管留置的适应症还包括口咽部肿瘤、上下颌损伤、口鼻瘘和吞咽困难。

由于留置食道造口饲管需要进行全身麻醉，因此需要考虑麻醉风险。

不推荐仅在镇静的条件下留置食道造口饲管，因为单纯镇静不能抑制咽反射，会增加留置的难度。禁止给患有凝血障碍的动物留置食道造口饲管，因为可能会引起无法控制的出血。要让这种营养提供方式有效的前提是食道和远端消化道的功能必须是正常的。不适合给患有巨食道症、食道炎或食道狭窄的动物使用食道造口饲管，但可选择胃造口饲管等远端饲管饲喂形式。如果动物有呕吐风险，则须保证不影响呼吸道。关于食道造口饲管的适应症、禁忌症和优缺点分析，详见表 5.1 和表 5.2。

表 5.1　食道造口饲管的适应症和禁忌症

适应症	禁忌症
长期营养摄入不足 预期营养支持 > 7 天 鼻部、口腔或咽部疾病 / 手术	全身麻醉或凝血障碍风险高 食道疾病或严重的胃肠道功能紊乱，无法使用肠内营养支持 无法保护呼吸道（精神状态差，无咽反射）

表 5.2　食道造口饲管的优点与缺点

优点	缺点
留置相对简单快速 花费较少 不需要特殊器械 动物耐受良好 如果留置大口径饲管，可选择的食物种类多 留置后即可使用，不需要时即可拆除 可以长期使用、在家使用	需要全身麻醉 留置部位可能出现蜂窝织炎或感染 食道和远端消化道的功能必须正常 若动物呕吐可能导致饲管脱出 如果位置异常可能刺激食道或引发反流

食道造口饲管留置和饲喂指南

目前可以使用多种食道造口饲管留置方法，包括使用弯止血钳、细针导管和饲管留置装置经皮留置（Crowe，1990；Rawlings，1993；Crowe 和 Devey，1997；Devitt 和 Seim，1997；Levine、Smallwood 和 Buback，1997；Von Werthern 和 Wess，2001）。最近有前瞻性研究比较了在犬猫留置食道造口饲管过程中使用的止血钳技术（本章后面部分将详细讨论）和 Von Werthern 留置装置，发现二者所需的放置时间相当，但某些病例出现了严重的并发症（Hohensinn 等，2012）。作者推荐使用的留置技术如图 5.1 至图 5.11 所示，详述如下：

1. 给动物进行全身麻醉和气管插管，保持右侧卧（图 5.1），使用开口器打开口腔。
2. 消毒处理手术区域，注意消毒范围起自下颌支到胸腔入口处，向下延伸至腹中线，向上延伸至背侧中线部位。由于食道的生理解剖位置位于左侧颈部，因此在此处留置食道造口饲管。
3. 需要提前测量饲管的长度并进行标记，饲管起自喉部后方的颈中部食道至第 7 或第 8 肋间，这样能让饲管末端位于食道远端。饲管末端应止于食道远端而非胃部，这样能有效减少胃反流的可能性（Balkany 等，1997）。留置饲管后，应在皮肤外留有数厘米的长度。饲管尺寸的选择与动物大小相关，猫常用规格为 12～14 Fr，犬用最大尺寸为 20 Fr。饲管材质可以使用红色橡胶、聚氨酯或硅胶（Marks，2010）。根据操作者对于饲管坚硬度、弯曲度和内径的要求来选择饲管材料（DeLegge 和 DeLegge，2005）。
4. 可根据选择的不同饲管，切除远端盲端，或扩大侧孔，方便食物通过（图 5.2）。
5. 从口部探入弯止血钳（如 Kelly、Carmalt、Mixter 或 Schnidt 钳，根据动物体型选择钳种类），向前插入直到达到舌骨器后方的颈中部食道。动物侧卧时将弯止血钳的尖端向背侧推挤撑起皮肤，从皮肤表面感受弯钳尖端（图 5.3）。确认颈静脉沟的位置以避开大血管和神经。
6. 在弯钳尖端撑起的食道壁和皮肤处作一小切口（图 5.4）。
7. 钝性分离组织并切开食道黏膜暴露弯钳尖端（图 5.5）。

图 5.1 动物麻醉后保持右侧卧，以进行食道造口饲管留置。

图5.2 使用刀片扩大饲管远端的侧孔开口,方便食物通过。

图5.3 通过口腔伸入Carmalt弯钳,从颈中部感知弯钳尖端,确定切口部位。

图5.4 在弯钳尖端部位切开皮肤和食道壁。

图5.5 弯钳尖端从手术切口伸出。

8 使用弯钳从切口部位将饲管夹入食道，并从口腔拉出（图 5.6 和图 5.7）。可同时牵拉舌部以方便饲管的牵拉。
9 润滑饲管末端，折转后经口腔放入食道，可缓慢撤回数厘米饲管近端部位（图 5.8 和图 5.9）。
10 饲管伸直后，调整合适的方向，饲管近端会向头侧旋转（图 5.10）。应当可以轻易地前后滑动饲管数毫米，最后伸入到标记好的深度。

图 5.6 钳夹饲管末端。

图 5.7 从口腔牵拉出食道造口饲管。

图 5.8 将饲管末端折转并重新插入食道。

图 5.9 饲管折转后推入食道中，轻柔牵拉饲管近端直到饲管变为适当方向。

图 5.10 继续向前推进饲管，直至末端进入食道后侧，之后进行缝合。

11 检查咽部，确保饲管已进入食道。
12 重新消毒切口后，使用聚丙烯缝线进行荷包缝合和指套缝合来固定饲管(图 5.11)。
13 可以使用多项检查手段确保留置饲管位置正确，包括使用二氧化碳浓度监测仪(图 5.12)；但更推荐使用影像检查确认(图 5.13)。
14 给手术部位涂抹抗生素软膏并使用非黏附性材料覆盖，简单包扎即可。
15 标记饲管突出皮肤部分，以监测饲管是否存在移位。使用无菌生理盐水冲洗饲管，并观察是否引起咳嗽，同时在饲管内留存部分水柱。未使用饲管时，需盖好饲管帽。
16 为避免将静脉导管误当作饲管而往里注入食物(称为"enteral misconnection")，需要清楚标明所有饲管的用途(图 5.14)。

　　为避免发生因失误而将食物注射入静脉留置导管的意外，需采取一定的措施，包括使用肠内饲管安全装置。[1,2] 每个饲管使用特殊的非直口接口转换器作为饲管帽，这样就只能连接特殊颜色标记的肠内饲管安

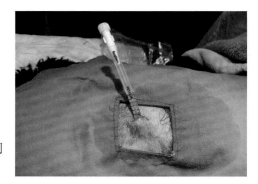

图 5.11 使用荷包缝合和指套缝合将饲管固定在皮肤上。

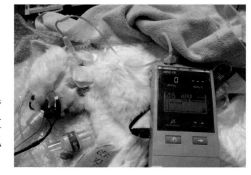

图 5.12 将二氧化碳浓度监测仪与饲管相连接，确定饲管是否正确留置在食道中，因为食道内不会产生可识别的二氧化碳波形。

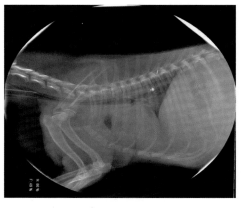

图 5.13 确认食道造口饲管留置在正确位置的最好方法是透视检查或X线检查。

图 5.14 需要清楚标记食道造口饲管，降低误将食物推注入静脉导管的风险。

全注射器或饲管(图 5.15 至图 5.17)。这些方法的成本相对低,但能有效防止发生与饲喂相关的严重的甚或引起动物死亡的医疗事故(Guenter 等,2008)。尽管还未在人类医学上普遍采用这些措施,但要求强制实施这些措施的压力正逐渐增加(Guenter 等,2008)。

图 5.15 右侧为非直口接口的特殊肠内营养安全注射器,左侧为标准直口接口注射器,注意二者的接口部位不同。

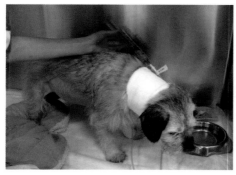

图 5.16 正通过配有安全肠内饲喂系统的食道造口饲管饲喂图中所示犬。安全饲喂系统包括连接于饲管的非直口接口转接头(紫色转接头)和用于注入食物的特殊的肠内饲喂注射器。

图 5.17 以恒速输注的方式通过食道造口饲管饲喂图中所示的猫。注意将特殊的肠内输注装置与一个非直口接口安全饲喂转换器相连接。

一旦动物苏醒即可通过食道造口饲管给予食物。将在后续的章节讨论如何选择和准备食物(第 9 章)。可选动物专用液体流食或匀浆状的食物进行饲喂。每天多次饲喂或以恒定速度饲喂的方法均可。上述饲喂方法也可选择在家进行。计算每天需要的食物总量，随后根据饲喂次数（初期通常每天饲喂 4~6 次）决定每次饲喂量。临床兽医评估动物营养状况后，第一天的饲喂量可以是每天饲喂量的 1/3~1/2（通常相当于静息能量需求量），每次饲喂量不超过 5 mL/kg（Delaney、Fascetti 和 Elliott，2006）。根据动物的耐受情况调整能量摄入，在之后的数天内达到计算所得的饲喂量。多数病例每餐的饲喂量可达到 15 mL/kg，饲喂次数可减少到每天 3~4 次，以方便动物主人的日程安排。饲喂前需要注意饲管的位置是否发生改变，并使用温热的水冲洗饲管。如果发现咳嗽，可能是有饲管移位。此时需要暂停饲喂，直到确认饲管位置正确。饲喂时能让动物感到较为舒服的体位是站立位或趴卧位。需要加热匀浆状的流食到接近体温的温度，推注时间应持续 10~15 min，之后使用温热的水冲洗饲管（Vannatta 和 Bartges，2004）。如果出现恶心、呕吐、咳嗽或对饲喂不耐受的情况，需要停止饲喂，重新评估动物和饲管部位。

监测

在饲管留置的第 1 周，需要每天检查插入饲管的皮肤创口，确认是否存在感染或食物泄漏，并使用抗菌溶液清洁皮肤（Marks，2010）。每日营养评估包括动物当日体重、体格检查、计算之前 24 h 的能量摄入，并根据潜在病因确认摄入量是否足够。如果出现自主采食，则需要提供经口进食的食物。可根据自主采食数量减少饲管饲喂量或停止饲管饲喂。患有慢性疾病的动物可能需要长期使用饲管饲喂。应当在动物体重稳定，稳定自主进食足够食物至少 1~2 周时，再考虑拆除饲管。不使用饲管时，则每天需要使用温水冲洗饲管 2 次。如需要拆除饲管，则剪断线结，封闭饲管，之后轻柔地拉出饲管。需要保持皮肤切口部位洁净，在拆除饲管后的 24 h 内，可简单包扎该处，或包扎直到创口愈合。创口行二期愈合即可，无须缝合。

并发症

食道造口饲管的并发症相对少见，通常表现为轻微至中度症状（Crowe 和 Devey，1997；Levine 等，1997）。在一项回顾性调查中，发现食道造口饲管和经皮内窥镜放置的胃造口饲管的并发症发生率及严重程度并无明显差异（Ireland 等，2003）。通过改进留置技术和影像检查确认饲管位置等措施，可避免发生特别严重的并发症，如错误地插入气道或纵隔，或是损伤大血管及神经等情况。在颈中部留置饲管能够减少反流或部分气道阻塞的发生(Crowe，1990)。确保饲管末端位于食道中部至末端而非胃内，避免继发食道炎或食道狭窄而引发的反流(Balkany等，1997)。合适的饲管尺寸和饲管材料能够有效减少饲管对食道的刺激。评估和确保在呕吐时动物的呼吸道有足够的自我保护能力，可降低吸入性肺炎的发生率。如果动物出现呕吐，需要确认饲管是否留置在正确的位置。

  饲管留置创口或机械性因素都可能引起相应的并发症。可能出现创口处蜂窝织炎、感染或脓肿(Crowe和Devey，1997；Devitt和Seim，1997；Levine等，1997；Ireland等，2003)。最常见的并发症是创口边缘的炎性反应(Levine等，1997)。通过清创及局部涂抹抗生素软膏可以控制轻度炎性反应(Levine等，1997)，若出现更为严重的蜂窝织炎甚或脓肿时，则需要使用全身性抗生素，并移除饲管(Michel，2004)。若能保证饲管固定良好且皮肤创口处洁净，发生炎症反应的概率则很低(Michel，2004)。引起并发症的机械性因素包括饲管意外脱出、饲管扭结或饲管堵塞。为避免饲管意外脱出，需要选择合适的饲管尺寸，保证动物无不适感。确保饲管缝合确实，同时应当进行舒适柔软的外包扎。某些病例可能需要使用伊丽莎白圈。在留置饲管时，可能发生饲管扭结，也可能在动物呕吐之后发生，可以通过X线检查确认。每次饲喂后，用水彻底冲洗饲管能够有效减少发生饲管堵塞的概率。饲喂的流食黏稠度应适中。当需要通过饲管给药时，一定注意药物是否可以通过饲管(Michel，2004)。如果饲管堵塞，可以使用温水加压冲洗和抽吸，或者使用碳酸饮料、含胰酶和碳酸氢钠的溶液冲洗(Ireland等，2003；Michel，2004；Parker和Freeman，2013)。

  与其他肠内营养支持方式相似，通过食道造口饲管饲喂也可能出现与胃肠道和代谢相关的并发症。需要对每只留置食道造口饲管的动物进行营养评估、监测，并适当调整治疗方案。给予流食时，如果食物未达到合适的温度，或是推注的速度过快，都可能导致呕吐。对存在呕吐或腹泻的动物，可适当减少每次的推注量，增加饲喂次数；也可以使用止吐药或胃肠促动力药。有的食物成分或药物可能引起胃肠道副作用，应根据情况进行调整。

小结

对动物而言，食道造口饲管是一种安全有效的肠内营养提供方式，并且大部分动物耐受良好。需要注意的是，选择适合的动物、正确的留置和饲喂方式，才能达到饲管留置旳最佳效果。与其他营养支持方式一样，此方式也需要密切监测动物反应，并做好客户教育。多项研究显示，动物主人对这种营养支持方式较为满意(Devitt 和 Seim，1997；Ireland 等，2003)。

要点

- 食道造口饲管能够为适合的患病动物提供安全有效的肠内营养支持。
- 准备进行食道造口饲管的动物必须有功能正常的远端食道和胃肠道，能够耐受短时间的全身麻醉，并且不存在凝血障碍。
- 适当的饲管留置技术、饲管管理以及饲喂流程能够最大限度地降低并发症的风险。
- 可由动物主人长期管理食道造口饲管，并可给予多种食物。
- 潜在的并发症包括饲管留置不当或饲管移位、机械性或感染性因素导致的并发症，以及胃肠道并发症。
- 营养学评估和监测营养状态对良好的预后至关重要。

注释

1 Safety syringe(安全注射器). Medicina. Blackrod, Bolton, UK.
2 BD Enteral syringe(BD 肠内注射器). UniVia. BD, Franklin Lakes, NJ, USA.

参考文献

Balkany, T.J., Baker, B.B., Bloustein, P.A. et al. (1997) Cervical esophagostomy in dogs: endoscopic, radiographic, and histopathologic evaluation of esophagitis induced by feeding tubes. *Annals of Otology, Rhinology and Laryngology*, **86**, 588–593.

Crowe, D.T. (1990) Nutritional support for the hospitalized patient: An introduction to tube feeding. *Compendium for Continuing Education for the Practicing Veterinarian*, **12**(12), 1711–1721.

Crowe, D.T. and Devey J.J. (1997) Esophagostomy tubes for feeding and decompression: clinical experience in 29 small animal patients. *Journal of the American Animal Hospital Association*, **33**, 393–403.

Delaney, S.J., Fascetti, A.J. and Elliott, D.A. (2006) Critical care nutrition of dogs, in *Encyclopedia of Canine Clinical Nutrition* (eds P. Pibot, V. Biourge and D Elliott) Aniwa SAS, Aimrgues, France, pp. 426–450.

DeLegge, R.L. and DeLegge, M.H. (2005) Percutaneous endoscopic gastrostomy evaluation of device material: are we "failsafe"? *Nutrition in Clinical Practice*, **20**, 613–617.

Devitt, C.M. and Seim, H.B. (1997) Clinical evaluation of tube esophagostomy in small animals. *Journal of the American Animal Hospital Association*, **33**, 55-60.

Guenter, P., Hicks, R.W., Simmons, D. et al. (2008) Enteral feeding misconnections: A Consortium Position Statement. *The Joint Commission Journal on Quality and Patient Safety*, **34** (5), 285-292.

Hohensinn, N., Doerfelt, R., Doerner, J. et al. (2012) Comparison of two techniques for oesophageal feeding tube placement (Abstract). *Journal of Veterinary Emergency and Critical Care*, **22** (S2), S21.

Ireland, L.M., Hohenhaus, A.E., Broussard, J.D. et al. (2003) A comparison of owner management and complications in 67 cats with esophagostomy and percutaneous endoscopic gastrostomy feeding tubes. *Journal of the American Animal Hospital Association*, **39**, 241-246.

Klopp, C.T. (1951) Cervical esophagostomy. *Journal of Thoracic Surgery*, **21**, 490-491.

Levine, P.B., Smallwood, L.J. and Buback, J.L. (1997) Esophagostomy tubes as a method of nutritional management in cats: a retrospective study. *Journal of the American Animal Hospital Association*, **33**, 405-410.

Marks, S.L. (2010) Nasoesophageal, esophagostomy, gastrostomy, and jejunal tube placement techniques, in *Textbook of Veterinary Internal Medicine*, 7th edn (eds S.J. Ettinger and E.C. Feldman) Saunders Elsevier, St. Louis. pp. 333-340.

Michel, K.E. (2004) Preventing and managing complications of enteral nutritional support. *Clinical Techniques in Small Animal Practice*, **19** (1), 49-53.

Parker, V.J. and Freeman, L.M. (2013) Comparison of various solutions to dissolve critical care diets. *Journal of Veterinary Emergency and Critical Care*, **23** (3), 344-347.

Prittie, J. and Barton, L. (2004) Route of nutrient delivery. *Clinical Techniques in Small Animal Practice*, **1** (1), 6-8.

Rawlings, C.A. (1993) Percutaneous placement of a midcervical esophagostomy tube: new technique and representative cases. *Journal of the American Animal Hospital Association*, **29**, 526-530.

Vannatta, M. and Bartges, J. (2004) Esophagostomy feeding tubes. *Veterinary Medicine*, **99**, 596-600.

Von Werthern, C.J. and Wess, G. (2001) A new technique for insertion of esophagostomy tubes in cats. *Journal of the American Animal Hospital Association*, **37**, 140-144.

第6章
犬猫胃造口饲管

Isuru Gajanayake[1] 和 Daniel L. Chan[2]

1 Willows Veterinary Centre and Referral Service, Shirley, Solihull, West Midlands, UK
2 Department of Veterinary Clinical Sciences and Services, The Royal Veterinary College, University of London, UK

简介

小动物医疗出现胃造口饲管(gastrostomy tubes，G-tubes)之后，为患有各种各样疾病动物的饲喂提供了极大的便利。胃造口饲管包括多种类型的饲管，饲管组成和留置方式也不同，但都能为患有口腔、咽部或食道疾病的动物提供肠内营养。动物对胃造口饲管通常耐受良好(Seaman 和 Legendre，1998；Yoshimoto 等，2006)，可以使用侵入性较小的方式留置饲管(如使用内窥镜经皮留置)，并能够有效提供营养支持(Smith 等，1998；McCrakin 等，1993)。通过饲管可以每天多次推注食物，也便于长期在家给患病动物提供营养支持。

胃造口饲管的经皮留置通常有两种形式：使用特殊的饲管留置装置(如 ELD 装置)[1]盲法留置或使用内窥镜辅助留置 [如经皮内窥镜引导胃造口(percutaneous endoscopic-guided gastrostomy，PEG)饲管留置]。也可以通过手术开腹后留置胃造口饲管，这种方式适用于已经开腹进行其他手术的病例(如胃肠道手术、活检等)。胃造口饲管也可以直接通至空肠，无须进行空肠切开，即可完全避开上消化道(Cavanaugh 等，2008；Jergens 等，2007)。除此之外，如需长期使用，则可用低位(low-profile)胃造口饲管代替胃造口饲管(图 6.1)(Bright、DeNovo 和 Jones，1995)。

图 6.1 低位胃造口饲管和引导工具。后者能协助饲管通过留置孔。这种留置方法对需要进行长期辅助饲喂的动物非常有效。

胃造口饲管留置的适应症及禁忌症

胃造口饲管主要有三大优势：(1)能够避开咽部和食道；(2)饲管径较粗，基本可以通过所有类型的食物；(3)可以长期使用(表 6.1)。如果发病位置是咽部和食道(尤其是食道疾病，如巨食道症或食道炎)，则饲喂时需要避开此部位。对于有特殊营养需求的动物(如患有胰腺炎、存在食物不良反应等情况)，使用大孔径的胃造口饲管能够饲喂多种形式的处方食品。有的动物需要长期的营养支持(如肿瘤、肾衰、巨食道症患病动物)，此时使用胃造口饲管非常有用。

表 6.1 留置胃造口饲管的优点与缺点

优点	缺点
留置方法相对快速方便	需要全身麻醉
有商品化的留置套装	留置孔可能发生蜂窝织炎或感染
动物耐受良好	可能由于渗漏而出现腹膜炎
可选用多种食物——将食物制成流食即可	需要特殊的器械
可以在家长期使用	必须在留置 14 天后，才能安全拆除
可通过胃造口饲管留置空肠饲管	通过内窥镜留置的操作对胃蠕动性的影响可长达 72 h
留置低位胃造口饲管后，可以使用更长时间	

尽管胃造口饲管存在多方面的优势，但不适用于以下情况，如存在胃肠饲喂禁忌症的动物(如严重呕吐、肠梗阻)，因心血管系统状态不稳定而不适合麻醉的动物，或是不适宜手术的动物(患有凝血障碍、严重的可能影响愈合的低蛋白血症等)(表 6.2)。当存在严重的胃部病变(如胃淋巴瘤)时，也可能影响这种营养供给方式的效果。

表 6.2　胃造口饲管的适应症和禁忌症

适应症	禁忌症
长时间摄入食物不足	全身麻醉风险高或凝血障碍
需要营养支持＞7 天	胃肠道功能紊乱
鼻部、口腔、咽部、食道疾病或手术	不适用肠内营养通路的疾病

胃造口饲管留置

可以在进行其他腹部手术（如肿瘤切除或活检）时，同时进行手术留置胃造口饲管。如果使用手术方法留置，则需要缝合饲管至腹壁，并且使用网膜覆盖术部，以尽量减少露出内容物的风险。当使用这种技术时，不能留置带水囊的导尿管（Foley 导尿管），因为容易出现水囊破裂、饲管移位等问题，增加发生腹膜腔污染和败血性腹膜炎的风险。

盲法留置胃造口饲管的技术（Glaus 等，1998；Fulton 和 Dennis，1992），导致脾脏撕裂或穿透的风险要比经内窥镜留置的高（Marks，2010）。

PEG 饲管留置要求

改良的蕈状末端导管（图 6.2）可用作胃造口饲管，然后在内窥镜引导下进行留置。商品化的 PEG 套装包含合适的饲管及留置饲管所需的器械（如大孔径的套管针、缝线和组件）（图 6.3）。饲管的一端为蕈状（置入胃内的饲管末端），另一端渐尖，其上固定有一环形缝线（在胃外的饲管末端）。配套的 PEG 套装中有详细的说明书，提示如何正确留置饲管。

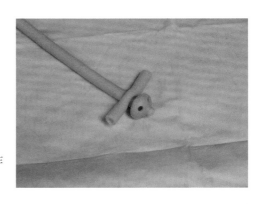

图 6.2　改良的蕈状末端导管，可用作胃造口饲管。

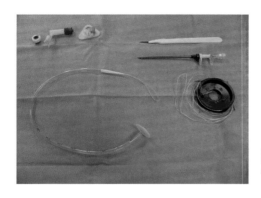

图 6.3 商品化的经皮内窥镜引导胃造口饲管留置套装中包含所有必需的组件。

在不同的套装中，饲管的大小有所不同。一般来说，猫和小型犬可留置 15 Fr 的饲管，中型犬可留置 20～24 Fr 的饲管。需要软性可视内窥镜辅助留置 PEG 饲管（Armstrong 和 Hardie，1990）。

PEG 饲管留置技术

下面将详述 PEG 饲管留置技术：

1. 动物麻醉后，保持右侧卧。
2. 左侧肋腹部皮肤剃毛，进行术前消毒。备皮区域为头侧至肋弓，尾侧至腹中部，背侧至腰椎横突，腹侧至最后肋骨腹侧（图 6.4）。

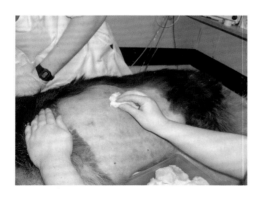

图 6.4 经皮内窥镜引导胃造口饲管留置前的准备工作包括动物麻醉，采用右侧卧，皮肤大范围剃毛消毒。

3. 将内窥镜送入胃内并使胃充气（图 6.5）。
4. 内镜医生在胃体部找到一个适合放置饲管的位置（应当远离幽门）——通过胃镜头部带有的照明装置，该位置可在体壁外观察到。
5. 确认该位置后，助手用手指按压腹壁的同时，内镜医生通过内窥镜可观察到胃内同部位出现小凹陷。这一步骤同时可以确保胃壁和腹壁之间没有其他器官（图 6.6）。
6 使用刀片在此处作一小切口。
7 之后将大孔径套管针经切口处插入充气的胃内（图 6.7）（内窥镜下可观察到套管针进入胃内）。

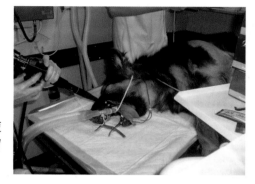

图 6.5 将内窥镜经食道送入胃内，使胃充气后才能在可视条件下进行经皮留置胃造口饲管。

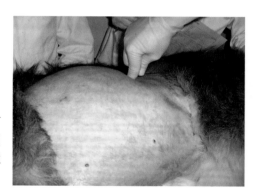

图 6.6 为了确保腹壁和胃壁之间没有脏器，助手必须用手指按压体壁，同时在经皮将穿刺导管插入胃前，内镜医生应确定在胃壁上看到凹陷。

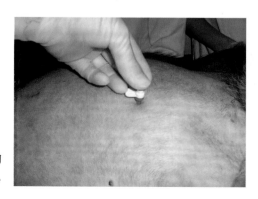

图 6.7 将大孔径套管针经皮插入充气的胃内。通过内窥镜确认套管针插入胃内。

8 助手将长线圈通过套管针插入胃内,勿松开末端(图6.8)。
9 使用内窥镜钳夹拉出胃内的缝线(图6.9),拉至口腔处(图6.10)。此时这条缝线途经口腔、食道至胃内,并通过胃壁和腹壁上切口通至体外。
10 将缝线的口腔端做一个圈,并与饲管末端的缝线打结(图6.11)。
11 饲管涂抹润滑剂,方便饲管通过食道和胃部。

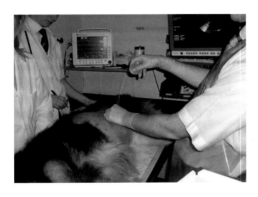

图6.8 在内窥镜可视状态下将末端带有线圈的缝线通过套管针插入胃内。

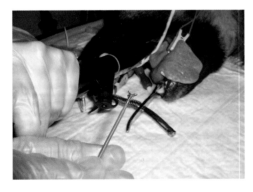

图6.9 用内窥镜钳从胃内钳夹缝线。

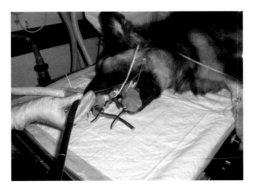

图6.10 将钳夹的缝线轻柔地从口中牵拉出来。

12 助手帮助牵拉缝线，将饲管从食道牵拉至胃部(图 6.12)。
13 通过持续施加压力可将饲管拉出腹壁，不过可能需要稍稍扩大皮肤切口，使饲管更容易通过(图 6.13)。
14 一旦感到蕈状端饲管末端紧贴在腹壁上，则可以借助内窥镜从内部检查确认蕈状端位置。

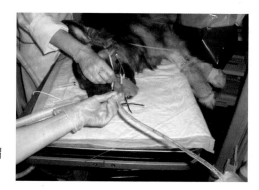

图 6.11 在用缝线将胃造口饲管拉入胃内前，将饲管与缝线进行固定。

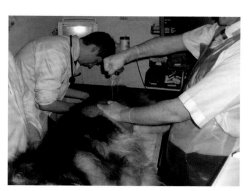

图 6.12 轻柔地牵拉缝线，将胃造口饲管牵拉至胃内，然后通过体壁牵拉出体外。

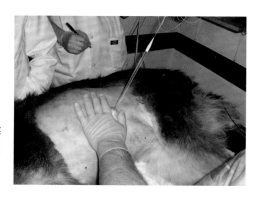

图 6.13 牵拉连接在胃造口饲管上的缝线，直到蕈状端紧贴胃壁，可以借助内窥镜确认。

15 使用套装中的组件将饲管固定在腹壁上——注意可能需要额外使用指套缝合,才能避免饲管移行(图6.14)。

16 固定好饲管后,撤出内窥镜,根据情况修剪腹壁外留的饲管长度以便安装饲管转换器(图6.15)。

17 最后使用无菌敷料覆盖创部,使用绷带或弹力绷带包扎其余暴露的饲管部分,这样动物无法轻易将饲管拉出(也可使用伊丽莎白圈)。

图6.14 一旦确认饲管留置位置正确,可以将饲管固定到腹壁外侧,以防止饲管移位。

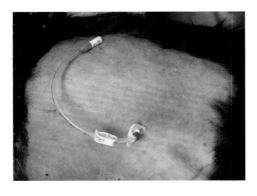

图6.15 图中所示为固定好的胃造口饲管,饲管上配有闭夹和转换器。

使用胃造口饲管进行饲喂

可以使用胃造口饲管饲喂流食、半固体食物和粥样食物。由于饲管孔径大,因此只要使用正确的饲喂流程(如饲喂食物前后冲洗饲管),通常不会导致饲管阻塞。通常认为在经皮内窥镜引导下留置胃造口饲管后,应当禁食24 h,保证在胃部留置孔上形成纤维包裹,但最近关于经皮留置胃造口饲管后不再延迟饲喂的建议越来越多。人类医学上,可给门诊病例留置PEG饲管,留置当日即可开始应用(Stein等,2002)。

目前对经皮留置胃造口饲管是否会影响胃动力仍存争议。Smith 和其他学者(1998)认为给健康猫留置 PEG 饲管不会延迟胃排空(通过核闪烁扫描观察放射性元素标记的食物)。但随后有研究认为留置饲管后，出现胃排空延迟的情况可长达 5 天(Foster、Hoskinson 和 Moore，1999)。因此在给动物留置饲管后，需缓慢增加饲喂量，在 72 h 后，方可让饲喂量达到每日能量需求量。一旦饲管留置成功，需留置 10~14 天后，才能拆除饲管。对一些特殊病例，如低白蛋白血症或免疫抑制疾病导致创口延迟愈合的病例，则饲管应留置更长时间，方可拆除。

胃造口饲管的维护、过渡为经口进食以及饲管移除

在留置后的第 1 周内，应每天检查留置孔的情况，确认是否存在感染或食物泄漏，然后使用抗菌液进行清洁(Marks，2010)。也应每天监测动物的体征(尤其是体温)、体重、能量摄入情况和饲喂的耐受度。如果动物能够经口进食，则可以给予食物，并记录进食量。根据自主进食的量决定是否减少饲管饲喂量或停止饲管饲喂。患有慢性疾病的动物可能需要长期使用饲管喂食。应当在动物的体重稳定，稳定自主进食足量食物至少 1~2 周后，再考虑拆除胃造口饲管。如果不使用饲管喂食，则每天需要使用温水冲洗饲管两次。

饲管移除

如果动物能够自主地经口进食适量食物(如食物量能提供 75% 的静息能)，即可移除胃造口饲管。如果是中体型或大体型犬，只需切断蕈状连接处即可，蕈状头可随粪便排出体外。剪开缝合的缝线，紧贴皮肤将饲管剪断并将剩余部分推入(图 6.16)。但在小体型犬或猫，饲管的蕈状头可能会成为肠道阻塞的病因。因此，对于这类动物需使用内窥镜辅助取出蕈状头(图 6.17)。移除之后的前 24 h 或至创口愈合前需使用敷料包扎留置孔，以保持洁净。该创口最终二期愈合。

并发症

胃造口饲管主要的并发症是在经皮留置时可能出现内脏损伤，或是由于饲管移位、留置孔撕裂导致胃内容物泄漏而引起腹膜炎(Armstrong

图6.16 胃造口饲管移除步骤示意图。对大体型犬,只需紧贴皮肤处剪断饲管,并将剩余部分推入胃内。

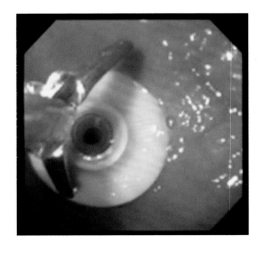

图6.17 对小体型动物,需要使用内窥镜钳夹住在胃内部的蕈状结构后,再切断。

和Hardie,1990;Fulton和Dennis,1992;Glaus等,1998)。与其他手术留置的饲管相似,胃造口饲管也可能出现留置孔部位的蜂窝织炎或感染。如果胃造口饲管留置不当,可能引起胃流出道阻塞。如果饲管留置时牵拉过紧,可能导致胃壁出现压力性坏死,最终导致饲管移位(Elliott、Riel和Rodgers,2000)。

如果仔细评估动物状态、选择适合留置胃造口饲管的动物、选择合适的饲管、进行正确的留置、遵守良好的饲喂流程以及对动物进行监测,则能避免发生大部分胃造口饲管相关的并发症。一般肠内营养并发症的后果不严重,但出现误吸、饲管移位以及代谢紊乱等并发症可能引起死亡。肠内营养不耐受一般表现为呕吐、腹泻、腹部疼痛以及肠梗阻。一旦出现胃肠道症状,就需要减少饲喂量或停止饲喂,但这样就无法达到营养支持的目标。胃肠道活动性减弱或胃肠道灌注损伤时,也会出现肠内营养不耐受的症状。饲喂前加热食物(复温到体温)可避免发生肠梗阻。使用胃肠促动力药治疗也能帮助减少肠梗阻的发生(见第 17 章)。

在营养评估和制订最初饲喂计划(如是否需要超过动物的静息能量需求)时,应预先评估可能出现的不耐受情况,以降低动物出现代谢性并发症的风险。再饲喂综合征(见第 16 章)是指在长期厌食或已经存在某些代谢异常的情况下,再次饲喂时可能发生死亡的一种代谢性并发症。简而言之,这种并发症就是再饲喂以后,一些重要的细胞内离子(如钾、磷和镁)快速从血管进入细胞内,从而引起代谢紊乱。

误吸是潜在的可能威胁生命的并发症,可以通过严格筛选动物和持续监测,避免发生这类并发症。一旦动物出现呕吐、反流、发热、呼吸急促或呼吸困难,就需要立即对动物进行评估。留置孔部位可能出现感染,感染部位可能是筋膜层,也可能位于腹膜腔内。一项研究显示约有 46% 留置饲管的动物会发生留置孔的并发症,但该研究中所有的犬均患有慢性肾病,这可能会引起免疫抑制及愈合延迟(Elliot 等,2000)。如果饲管留置合适并严密监测饲管留置部位的情况(如每天检查留置孔和敷料),能够有效减少发生感染性并发症的风险。不推荐使用全身性抗生素来预防留置孔感染,但如果发生感染,就需要立即使用抗生素。

机械性并发症包括饲管堵塞或饲管移行。如果怀疑出现饲管移行,可以进行 X 线造影检查,确定饲管位置。将少量含碘造影剂注入饲管,如果饲管留置在胃内的正确位置上,则能在胃部皱襞中看到造影剂(图 6.18)。正确的饲管管理能够有效预防饲管堵塞,比如在饲喂前后使用温水冲洗饲管。尽量不使用饲管饲喂药物尤其是硫糖铝或氢氧化铝,因为可能引起饲管阻塞。饲喂前再加工食物(如进行搅拌)也能降低发生饲管堵塞的风险。如果饲喂的食物是流食,则需要保证流食顺滑,使用注

图 6.18 若需要确认胃造口饲管是否在胃内,可以将含碘造影剂注入胃造口饲管,然后进行腹部 X 线检查。

射器推注时的阻力应较小。如果饲管堵塞，可以使用温水加压冲饲管。据报道，可使用碳酸饮料、含有胰酶和小苏打的溶液成功冲开堵塞的饲管（Ireland 等，2003；Michel，2004；Parker 和 Freeman，2013）。

小结

胃造口饲管是小动物临床上提供肠内营养最有效的方法之一，有多种饲管类型和留置方法可供选择，因此临床兽医可以根据动物的具体情况选择最合适的技术。选择合适的动物、正确的留置方式及饲喂技术对胃造口饲管留置非常重要。同其他营养支持方式一样，留置胃造口饲管后，需要严密地监测动物情况，并且进行客户教育。

要点

- 对于某些患病动物而言，胃造口饲管是提供肠内营养支持最有效的方式之一。
- 准备留置胃造口饲管的动物，胃部及之后的消化道功能应正常，能够耐受短时间的全身麻醉，并且不存在可能引起出血的凝血障碍。
- 适当的留置技术、饲管管理以及饲喂流程能够最大限度地降低并发症的风险。
- 胃造口饲管留置技术包括经皮留置（分为内窥镜引导或直接留置）及手术开腹留置。
- 使用低位胃造口饲管可延长胃管使用时间。
- 可由主人长期管理胃造口饲管，并可给予多种食物。
- 潜在的并发症包括饲管留置不当或饲管移位，机械性或感染性因素导致的并发症，以及胃肠道并发症。
- 营养学评估和监测营养状态对于预后良好至关重要。

注释

1 ELD gastrostomy tube applicator（ELD 胃造口饲管转换器）. Jorgensen Labs Inc.，Loveland，CO.

参考文献

Armstrong, P.J. and Hardie, E.M. (1990) Percutaneous endoscopic gastrostomy. A retrospective study of 54 clinical cases in dogs and cats. *Journal of Veterinary Internal Medicine*, **4**, 202–206.

Bright, R.M., DeNovo, R.C. and Jones, J.B. (1995) Use of a low-profile gastrostomy device for administrating nutrients in two dogs. *Journal of the American Veterinary Medical Association*, **207** (9), 1184–1186.

Cavanaugh, R.P., Kovak, J.R., Fischetti, A.J. et al. (2008) Evaluation of surgically placed gastrojejunostomy feeding tubes in critically ill dogs. *Journal of the American Veterinary Medical Association*, **232**(3), 380-388.

DeLegge, R.L. and DeLegge, M.H. (2005) Percutaneous endoscopic gastrostomy evaluation of device material: are we "failsafe"? *Nutrition in Clinical Practice*, **20**, 613-617.

Elliot, D.A., Riel, D.L. and Rodgers, Q.R. (2000) Complications and outcomes associated with the use of gastrostomy tubes for nutritional treatment of dogs with renal failure. *Journal of the American Veterinary Medical Association*, **217**, 1337-1342.

Foster, L.A., Hoskinson, J.J. and Moore, T.L. (1999) Effect of implanting a gastrostomy tube on gastric emptying in cats. (Abstract) Proceedings of the Purina Forum, St. Louis, MO.

Fulton R.B. and Dennis, J.S. (1992) Blind percutaneous placement of a gastrostomy tube for nutritional support in dogs and cats. *Journal of the American Veterinary Medical Association*, **201**, 697-700.

Glaus, T.M., Cornelius, L.M., Bartges, J.W. et al. (1998) Complications with non-endoscopic percutaneous gastrostomy in 31 cats and 10 dogs: a retrospective study. *Journal of Small Animal Practice*, **39**, 218-222.

Ireland, L.M., Hohenhaus, A.E., Broussard, J.D. et al. (2003) A comparison of owner management and complications in 67 cats with esophagostomy and percutaneous endoscopic gastrostomy feeding tubes. *Journal of the American Animal Hospital Association*, **39**, 241-246.

Jergens, A.E., Morrison, J.A., Miles, K.G. et al. (2007) Percutaneous endoscopic gastrojejunostomy tube placement in healthy dogs and cats. *Journal of Veterinary Internal Medicine*, **21**, 18-24.

McCrakin, M.A., DeNovo, R.C., Bright, R.M. et al. (1993) Endoscopic placement of a percutaneous gastroduodenostomy feeding tube in dogs. *Journal of the American Veterinary Medical Association*, **203**, 792-797.

Marks, S.L. (2010) Nasoesophageal, esophagostomy, gastrostomy, and jejunal tube placement techniques. in *Textbook of Veterinary Internal Medicine*. 7th edn (eds S.J. Ettinger and E.C. Feldman) Saunders Elsevier, St. Louis. pp. 333-340.

Michel, K.E. (2004) Preventing and managing complications of enteral nutritional support. *Clinical Techniques in Small Animal Practice*, **19**(1), 49-53.

Parker, V. J. and Freeman, L. M. (2013) Comparison of various solutions to dissolve critical care diet clots. *Journal of Veterinary Emergency and Critical Care*, **23**(3), 344-347.

Seaman, R. and Legendre, A.M. (1998) Owner experience with home use of gastrostomy tubes in their dogs or cat. *Journal of the American Veterinary Medical Association*, **212**, 1576-1578.

Smith, S.A., Ludlow, C.L., Hoskinson, J.J. et al. (1998) Effect of percutaneous endoscopic gastrostomy on gastric emptying in clinically normal cats. *American Journal of Veterinary Research*, **59**(11), 1414-1416.

Stein, J., Schulte-Bockholt, A., Sabin, M. et al. (2002) A randomized trial of immediate vs. next-day feeding after percutaneous endoscopic gastrostomy in intensive care patients. *Intensive Care Medicine*, **28**, 1656-1660.

Yoshimoto, S.K., Marks, S.L., Struble, A.L. et al. (2006) Owner experience and complications with home use of a replacement low profile gastrostomy device for long-term enteral feeding in dogs. *Canadian Veterinary Journal*, **47**, 144-150.

第 7 章
犬猫空肠造口饲管

F. A. (Tony) Man[1] 和 Robert C. Backus[2]

[1] Veterinary Medical Teaching Hospital, College of Veterinary Medicine, University of Missouri, Columbia, MO, USA
[2] Department of Veterinary Medicine and Surgery, College of Veterinary Medicine, University of Missouri, USA

简介

　　创伤的良好愈合需要充足的营养。但进行腹腔手术的患病动物通常会因为多种因素影响营养素摄入。潜在的病因或创伤可能导致厌食或代谢需求增加，也可能引起呕吐和腹泻，从而导致营养不良。腹部手术本身造成的组织创伤和对腹腔器官的操作也可能导致术后出现恶心和呕吐等症状。毫无疑问，营养支持有利于进行腹腔手术患病动物的预后，但同时具有一定的挑战性（尤其是存在呕吐症状时）。可以使用肠外营养，但相比较而言，更推荐使用肠内营养，因为从生理角度看后者更安全，发生感染性和代谢性并发症的可能性更低，通常来说也更便宜（Hegazi 等，2011）。

空肠造口饲管的适应症

　　当临床症状包含持续性呕吐时，更高效提供营养的饲管通常应位于胃的远端。鼻－空肠饲管就属于其中一种，适用于非腹腔手术的患病动物（Wohl，2006；Beal 和 Brown，2011），但这一技术的使用受到限制。若有必要且给患病动物进行了开腹手术，则应当考虑留置空肠造口饲管。仅为留置空肠造口饲管而进行腹腔手术的侵入性过高，但对已经安排腹腔手术的患病动物来说，手术期间留置空肠造口饲管既快捷又简便，仅需要额外占用最多 10 min 的手术时间。笔者认为空肠造口饲管适用于任何临床症状伴有呕吐或术后并发症可能出现呕吐的进行腹腔手术的动物。在笔者所在的机构遵循了第 2 条适应症，给大多数进行腹腔手术的动物留置了空肠造口饲管。由于这是预先的留置，因此给某些动物留置饲管可能是非必需的。但通过本章介绍的连锁盒式缝合技术，可在术后任何时间按需拆除留置的饲管。拆除一个非必需的饲管是一个很简单的操作；但要为一个术后持续呕吐的患病动物提供营养支持却可能很困难，可能只能提供肠外营养。根据笔者的经验，因为使用了止疼药物和镇静药物，经历了腹腔手术的患病动物的精神状态会受到影响，还可能引发术后早期的恶心和厌食；因此，空肠造口饲管在大多数病例的术后都能派上用场。使用空肠造口饲管能够进行早期的肠内营养供应，即使是对意识不清的动物也不例外。

空肠造口饲管留置技术

1. 通常选取直径较小(5 Fr、8 Fr、10 Fr)的空肠造口饲管，最常使用的是 8 Fr 管。有多种材质供选择。常见的有红色橡胶[1]、聚氨酯[2]、聚氯乙烯[3] 和硅胶[4] 管。相对于其他材料而言，硅胶(图 7.1)引起的组织反应最小，因此推荐使用硅胶管(Apalakis, 1976)。如果硅胶管未损坏，经清洗、蒸汽消毒后可重复使用。

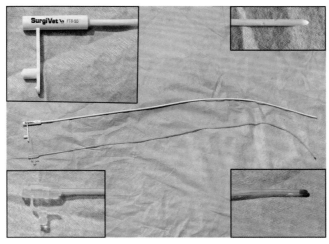

图 7.1 作为空肠造口饲管使用的硅胶鼻饲管。图示白色硅胶管已于 2009 年停产，但为便于演示，在此章中仍使用该管。图示透明管与白色管相比，质地更软，弹性更好，有一定折叠性。(Mann 等，2011。经 Wiley & Sons 授权使用)

2. 进行开腹、完成手术后，术者应当在腹壁上选取饲管的留置位置。应让饲管的出口端位于中腹部的右侧腹壁，常规胃固定术操作部位的后方(图 7.2)。尽管选择左侧腹壁也可以，但笔者更推荐使用右侧腹壁，因为这对惯用右手的术者来说更好操作，在解剖学上也更利于在小肠放置饲管。

3 将用于留置空肠造口饲管的肠袢隔离，并留置牵引线来保持方向(图 7.3)。同实际进食情况一样，饲管应从近端侧进入空肠。饲管可

图 7.2 自右侧进入腹中部的空肠造口饲管开口位置(图右侧为头侧，该图为一位面向惯用右手的术者的助手的视角)。注意空肠造口饲管预计穿出处头侧是胃固定术切口的位置。11 号刀片刀尖所示处是饲管穿出的位置。(Mann 等，2011。经 Wiley & Sons 授权使用)

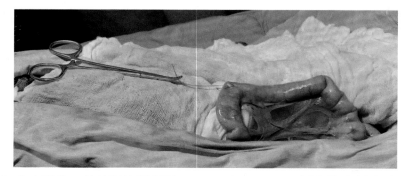

图 7.3 在空肠造口处的紧头侧留置 3-0 poliglecaprone 25 固定线(图左侧为头侧，该图为一位惯用右手的术者视角)。将缝线全层穿过肠壁后，使用蚊式止血钳牵引固定线，将空肠段移至动物左侧。在插入饲管时，使用牵引线保持方向。(Mann 等，2011。经 Wiley & Sons 授权使用)

穿过肠切开术或肠吻合术的术部，但应避免将饲管末端留置于上述术部的切口处。

4 首先，将饲管拉入腹腔，随后留置于空肠内（图7.4）。在腹腔内，选择腹中部的常规胃固定术紧后方，距腹中线切口约4 cm处，使用11号刀片在腹横肌上作一小切口。

5 将蚊式止血钳穿过切口，并向头外侧推出，直至可在乳腺的乳头外侧触摸到止血钳的尖端为止。

6 在皮肤触及止血钳尖端的位置作一小切口，切口足够止血钳尖端穿出即可，不要过大。

7 使用止血钳尖端夹持饲管一端，将饲管拉入腹腔内。

8 饲管进入腹腔后，留置于空肠内（图7.5）。

9 用3-0可吸收单丝缝合材料（如poliglecaprone 25或glycomer 631）在之前隔离的空肠前部的肠系膜对侧作一个荷包缝合（或水平褥式缝合，取决于操作者的喜好）。

10 在水平褥式缝合的中心，使用11号刀片作一个刚好可允许饲管进入的小切口，随后将饲管穿过切口，向尾侧顺延一段距离（对于一端较长的肠袢而言，顺延长度至少应跨越三个肠系膜血管分支）。

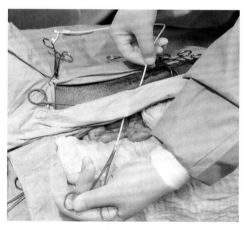

图7.4 将空肠造口饲管拉入腹腔（图右侧为头侧，该图为一位面向惯用右手的术者的助手的视角）。使用11号刀片在腹横肌上作小切口后，将蚊式止血钳穿过切口，向头外侧方向推出，直至止血钳尖端抵至乳头连线外侧。使用11号刀片在止血钳尖端的位置作一小切口，使尖端刚好从皮肤穿出。随后，使用止血钳夹持饲管，并将饲管拉入腹腔。（Mann等，2011。经Wiley & Sons授权使用）

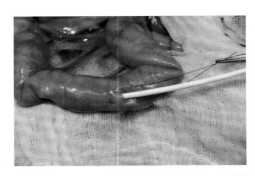

图7.5 将空肠造口饲管留置于小肠内（图右侧为头侧，该图为一位面向惯用右手的术者的助手的视角）。饲管从头侧方向进入小肠，作全层荷包缝合（实际上是水平褥式缝合）。适当的缝线从外观上看起来会像一个笑脸。使用 11 号刀片在缝合线围成区域的正中（笑脸的鼻部）作一切口，切口大小应刚好可容纳饲管。反向持刀片，使刀刃面向笑脸的眼睛一侧，避免刀刃离笑脸的嘴部缝线太近而切断缝线。图示中，头侧的牵引线已经拆除，饲管已经自切口插入肠内。将饲管向尾侧插入，在褥式缝合的标记末端，可能存在轻微的阻力。经饲管注入生理盐水，使肠管轻度扩张并润滑饲管，以使饲管更容易通过。饲管在肠道内的长度应至少跨越三个肠系膜血管分支。随后围绕饲管进行水平褥式缝合，避免在后续操作中发生泄漏。此时饲管仍能经切口处滑动，因此需确保手术过程中饲管位置不变。完成褥式缝合后，将线剪断，将空肠段与腹壁对齐以便进行空肠固定术。（Mann 等，2011。经 Wiley & Sons 授权使用）

11 拉紧褥式缝合，使用 3-0 单丝缝合材料（如 poliglecaprone 25 或 glycomer 631），通过联锁盒式缝合将空肠固定于腹壁上（图7.6）。

12 之所以选用联锁盒式缝合取代简单间断缝合是因为前者可以避免肠道内液体自饲管周围漏出。液体可能从饲管周围泄漏到皮下组织，但肠内容物液体不应当漏入腹腔内。不像简单结节缝合需等待饲管周围粘连愈合了再安全拔除饲管。可以随时拆除使用联锁盒式缝合的饲管，无须担心因过早拆除而引发腹膜炎（Daye、Huber 和 Henderson，1999）。在未使用联锁盒式缝合时，无论是否使用留置的空肠造口饲管，通常都需要放置5~7天，待创口处粘连愈合再行拔除。

13 如上述方式留置饲管，随后联锁盒式缝合。联锁盒式缝合按如下步骤进行（图7.6）。

14 第一道缝线从空肠造口处腹侧（浅层）的腹壁处开始，从尾侧向头侧穿过腹壁。

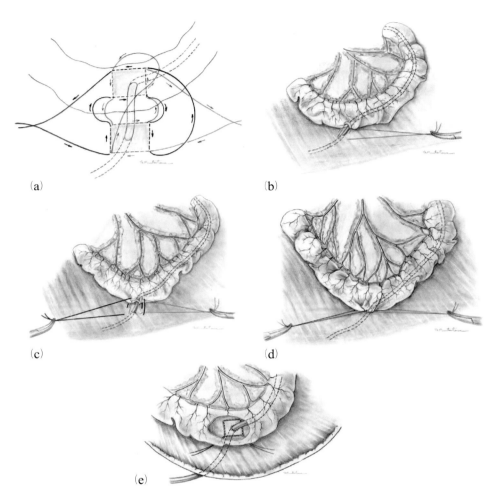

图 7.6 联锁盒式缝合空肠固定术图示（图示为一位惯用右手的术者视角，左边为头侧，右边为尾侧）。（a）红色（尾侧）缝线为第一道缝线，其路径为：（1）从后向前穿过造口饲管浅层的腹壁，（2）由浅到深穿过饲管头侧的肠壁，（3）由前向后穿过饲管深层的腹壁，（4）由深到浅穿过饲管尾侧的肠壁。黑色（头侧）缝线为第二道缝线，其路径为：（1）由浅到深穿过饲管头侧腹壁，（2）由前向后穿过饲管深层肠壁，（3）由深到浅穿过饲管尾侧腹壁，（4）由后向前穿过饲管浅层肠壁。（b）使用止血钳夹持第一道缝合（红色缝线），固定于尾侧。（c）使用止血钳夹持第二道缝合（黑色缝线），固定于头侧。（d）当拉紧两道缝合线时，饲管应当不可见。（e）空肠和腹壁上的孔被对合到一起，并被夹在联锁盒式缝合后的空肠和腹壁之间。因此，饲管周围产生的液体留在小肠内或是皮下组织中，但肠内容物无法漏入腹腔。在图中可见的缝线为指示位置用。在实际操作中，应在这一步打结并剪断缝线。（Mann 等，2011。经 Wiley & Sons 授权使用）

15 之后在紧邻空肠造口处的头侧，使缝线从腹侧向背侧横向穿过空肠（全层）。
16 第三针从头侧向尾侧穿过位于空肠造口处背侧（深层）的腹壁，最后一针在造口处后方从背侧向腹侧横向穿过肠壁，线尾留长，并用止血钳夹住线尾。
17 第二道缝线在空肠造口处头侧的腹壁上，自腹侧向背侧穿出。
18 之后缝线从头侧向尾侧穿过空肠造口处背侧（深层）的肠道。
19 第三针由背侧向腹侧穿过空肠造口处尾侧的腹壁，最后一针从后向前穿过空肠造口处腹侧（浅层）的肠壁。所有穿过空肠的缝线均为全层穿透。
20 像前一条缝线那样将头侧缝线的线尾拉到一起。
21 尾侧缝线固定第一道联锁盒式缝合，头侧缝线固定第二道联锁盒式缝合。
22 最后用4个间距1cm的间断摩擦缝合将空肠造口饲管固定到皮肤和下层筋膜上（Song、Mann和Wagner-Mann；图7.7）。固定8 Fr或10 Fr管时，建议使用2-0尼龙或聚丙烯缝线，固定5 Fr管时，建议使用3-0缝线。
23 每留置一道固定缝线后，都需经饲管注入少量生理盐水（0.5～1.0 mL），确保缝线不会过紧而堵塞管腔。

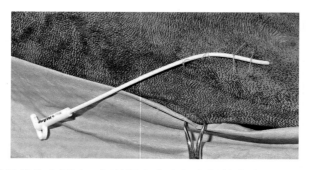

图7.7 用4道缝线将空肠造口饲管固定在腹部右侧的皮肤和下层筋膜上（左侧为头侧）。应在结束联锁盒式缝合空肠固定术后，立刻留置第一道缝线，以免后续的手术操作使饲管移位。第一道缝线位于饲管穿出口的紧头侧、略靠外侧处，确保缝线穿透筋膜但不损伤腹腔。每留置一道固定缝线后，应向饲管内注入生理盐水，确保缝线未堵塞饲管。在关腹后留置后三道缝线。（Mann等，2011。经Wiley & Sons授权使用）

给予液体食物（流食）

空肠造口饲管的内径较小，因此需要选用液体食物。目前市场上有许多液体食物可供选择，笔者最常使用的是 Canine/Feline CliniCare[5]（Abbott Laboratories，North Chicago，IL）和 Formula V EnteralCare™ HPL[6]（PetAg，Hampshire，IL）。这些流食的配方都是相似的，都为等渗的且含有多种成分（通常混合有完整／水解的乳蛋白和麦芽糊精）。上述两种流食的制造商表示上述产品是根据成年犬猫的维持需求进行配比的。但与最常见的犬商品化维持日粮相比，这两种流食的蛋白质含量偏高（占代谢能的30%）、脂肪含量偏高（占代谢能的40%～45%）、纤维含量偏低（粗纤维干重<1%）。CliniCare 流食包含海洋鱼油，其中的长链 n-3 脂肪酸，能够调节系统性炎症反应（Weimann 等，1998）。EnteralCare HPL（高蛋白质水平）目前已经停产，已被新一代蛋白质含量更低的配方 EnteralCare MPL[7]（中等蛋白质水平）取代。

应当使用流食饲喂泵[8]或饲喂装置[9]来恒速输注这些流食，也可以使用改造后的输液泵、输液袋或输液装置替代。使用输液装置时应格外注意，不要因疏忽而将流食饲喂管与静脉通路相连接。使用非直口接口的安全肠内营养饲喂装置能避免上述连接错误（见第 5 章）。流食的量和浓度通常各有不同，但总的来说，应在术后 24 h 内（包括几小时的麻醉苏醒期在内）开始给予流食。起始速度应较慢（5 mL/h），随后应由兽医师缓慢调整，将饲喂量升至满足静息能量需求（resting energy requirement，RER）的量。在升至 RER 前，动物通常能恢复自主食欲，空肠造口饲管不会损害动物食欲。这一点十分重要，因为食欲的恢复是疾病恢复的重要指征之一。给进食不足 RER 的动物使用饲管饲喂，除了可以补充蛋白质，满足能量需求外，这种肠内营养还能影响肠膜屏障和免疫功能（Hermsen、Sano 和 Kudsk，2009），刺激肠道血流（de Aguilar-Nascimento，2005），避免肠萎缩（Hartl 和 Alpers，2011）。

在进食量不足或完全不进食的动物住院期间，应当持续留置空肠造口饲管。目前没有关于留置时间上限的相关报道。根据笔者的经验，饲管留置时间的平均中值为 2～3 天，最长的使用时间可达到 12～13 天。通常不再给出院动物留置空肠造口饲管，很少有动物主人能做到恒速给予流食。不建议经空肠造口饲管一次性大量给予食物，以免引起腹部不适、吸收不足，导致腹泻。

经空肠造口饲管饲喂的动物可能存在不排便的情况；另一些动物可能存在软便、不成形(但并非稀水便)的情况。软便提示食物的纤维含量可能较少。据笔者所知，关于饲喂流食的健康犬只的粪便评分情况，目前尚无相关报道。

空肠造口饲管的并发症

空肠造口饲管的并发症包括局灶性蜂窝织炎、因疏忽导致的饲管部分或完全脱出、饲管堵塞、留置处感染和腹膜炎(Swann、Sweet 和 Mitchell，1997；Crowe 和 Devey，1997；Yagil-Kelmer、Wagner-Mann 和 Mann，2006)。最常见的并发症是自限性、局灶性蜂窝织炎。通常不用担心使用联锁盒式缝合技术固定的饲管会过早脱出，这仅会导致饲喂途径损失而已。若未能完全拆除饲管，通常不需要特殊干预，监测剩余部分是否经粪便排出即可。饲管堵塞的常见原因通常是停止注入流食后未及时冲管。多数情况下，缓慢推注碳酸饮料可能会有所缓解。本章提及的操作技术通常不会引发腹膜炎，因此若发生腹膜炎，不应仅归因于放置了空肠造口饲管。

空肠造口饲管的拆除

在拆除空肠造口饲管时，先经饲管注入 5 mL 清水或生理盐水，确保管内食物均已冲至肠腔内，不会在拆除饲管时漏至腹壁和皮下组织中。剪断皮肤上的固定缝线，轻柔拉出饲管。尽管犬猫均可耐受空肠造口饲管的拆除，必要时也可以在创口处使用局部麻醉药物，以降低饲管拆除时的不适感。定期清洁创口，除去渗出物。通常在 3~5 天内，创口的渗出物会逐渐减少至无。

小结

通常在开腹手术中留置空肠造口饲管，对于术后可能出现呕吐症状的动物而言，这样能预先提供一个可靠的饲喂方式。联锁盒式缝合技术能够确保早获得足够能量的动物早拆除空肠造口饲管，又无须担心过早拆除饲管引发败血性腹膜炎。使用上述技术留置空肠造口饲管，通常不会发生严重的并发症，且多数并发症是自限性或易于控制的。

> **要点**
> - 当已经存在呕吐时,为最有效地给予营养,应在胃的远端留置饲管。
> - 动物需要进行开腹手术,并需要营养支持时,应当考虑留置空肠造口饲管。
> - 空肠造口饲管的留置通常快速而高效,在手术中仅需占用不到 10 min 的时间。
> - 可能存在预先留置了空肠造口饲管,但动物并不需要饲管的情况;使用联锁盒式缝合技术可以在术后随时拆除饲管。
> - 空肠造口饲管的管径较小,需要使用液体食物。
> - 使用本章介绍的技术留置空肠造口饲管通常不会存在严重的并发症,多数并发症是自限性或易于控制的。

注释

1. SOVEREIGN Feeding Tube and Urethral Catheter(SOVEREIGN 饲管和尿管), Covidien Animal Health & Dental Division, Mansfield, MA.
2. Argyle Indwell Polyurethane Feeding Tube(Argyle Indwell 聚氨酯饲管), Covidien Animal Health & Dental Division, Mansfield, MA.
3. Argyle Polyvinyl Chloride Feeding Tube(Argyle 聚氯乙烯饲管)with Sentinel Line, Covidien Animal Health & Dental Division, Mansfield, MA.
4. Nasal Oxygen/Feeding Tube-Silicone(硅胶), Smiths Medical, Waukesha, WI.
5. Canine/Feline CliniCare, 2009 formulation(配方): 340 mOsm/kg, 1 kcal/mL, 8.2 g/100 kcal crude protein(粗蛋白), 5.2 g/100 kcal crude fat(粗脂肪), 0.1 g/100 kcal crude fiber(粗纤维), 56 mg/100 kcal eicosapentaenoic acid(二十碳五烯酸), 36 mg/100 kcal docosapentaenoic acid(二十二碳六烯酸), Abbott Laboratories, North Chicago, IL.
6. Formula V EnteralCare™ HPL: 312 mOsm/kg, 1.2 kcal/mL, 8.5 g/100 kcal crude protein, 4.8 g/100 kcal crude fat, 0.2 g/100 kcal crude fiber, 1.3 mg/100 kcal docosapentaenoic acid (typical analysis, dated April 26, 2007), provided from PetAg(由 PetAg 提供), Inc., Hampshire, IL, September 10, 2010, after request by author(在作者提出请求后), RCB.
7. Formula V EnteralCare™ MPL: 258 mOsm/kg, 1.2 kcal/mL, 7.5 g/100 kcal crude protein, 6.6 g/100 kcal crude fat, 0.2 g/100 kcal crude fiber, http://www.petag.com/wp-content/uploads/2011/03/Item%2099430%20-%20EnteralCareMLP%20PDS.pdf [accessed(登录日期)June 25, 2011].
8. Kangaroo 224 Feeding Pump(Kangaroo 224 饲喂泵), Sherwood Medical, St. Louis, MO.
9. Kangaroo Pump Set, Sherwood Medical, St. Louis, MO.

参考文献

Apalakis, A. (1976) An experimental evaluation of the types of material used for bile duct drainage tubes. *British Journal of Surgery*, 63, 440-445.

Beal, M.W. and Brown, A.J. (2011) Clinical experience using a novel fluoroscopic technique for wire-guided nasojenual tube placement in the dog: 26 cases (2006-2010). *Journal of Veterinary Emergency and Critical Care*, **21**,151-157.

Crowe, D.T. and Devey, J.J. (1997) Clinical experience with jejunostomy feeding tubes in 47 small animal patients. *Journal of Veterinary Emergency Critical Care*, **7**, 7-19.

Daye, R.M., Huber, M.L. and Henderson, R.A. (1999) Interlocking box jejunostomy: a new technique for enteral feeding. *Journal of the American Animal Hospital Association*, **35**, 129-134.

de Aguilar-Nascimento, J.E. (2005) The role of macronutrients in gastrointestinal blood flow. *Current Opinion Clinical Nutrition Metabolic Care*, **8**, 552-556.

Hartl, W.H. and Alpers, D.H. (2011) The trophic effects of substrate, insulin, and the route of administration on protein synthesis and the preservation of small bowel mucosal mass in large mammals. *Clinical Nutrition*, **30**, 20-27.

Hegazi, R., Raina, A., Graham, T. et al. (2011) Early jejunal feeding initiation and clinical outcomes in patients with severe acute pancreatitis. *Journal of Parenteral and Enteral Nutrition*, **35**, 91-96.

Hermsen, J.L., Sano, Y. and Kudsk, K.A. (2009) Food fight! Parenteral nutrition, enteral stimulation and gut-derived mucosal immunity. *Langenbecks Archives of Surgery*, **394**, 17-30.

Mann F.A., Constantinescu G.M. and Yoon H. (2011) *Fundamentals of Small Animal Surgery*, Wiley-Blackwell, Ames, Iowa.

Song, E.K., Mann, F.A. and Wagner-Mann, C.C. (2008) Comparison of different tube materials and use of Chinese finger trap or four friction suture technique for securing gastrostomy, jejunostomy, and thoracostomy tubes in dogs. *Veterinary Surgery*, **37**, 212-221.

Swann, H.M., Sweet, D.C. and Michel, K. (1997) Complications associated with use of jejunostomy tubes in dogs and cats: 40 cases (1989-1994). *Journal of the American Veterinary Medical Association*, **210**, 1764-1767.

Weimann, A., Bastian, L., Bischoff, W.E. et al. (1998) Influence of arginine, omega-3 fatty acids and nucleotide-supplemented enteral support on systemic inflammatory response syndrome and multiple organ failure in patients after severe trauma. *Nutrition*, **14**, 165-172.

Wohl, J.S. (2006) Nasojejunal feeding tube placement using fluoroscopic guidance: technique and clinical experience in dogs. *Journal of Veterinary Emergency Critical Care*, **16**(S1), S27-S33.

Yagil-Kelmer, E., Wagner-Mann, C. and Mann, F.A. (2006) Postoperative complications associated with jejunostomy tube placement using the interlocking box technique compared with other jejunopexy methods in dogs and cats: 76 cases (1999-2003). *Journal of Veterinary Emergency Critical Care*, **16**(S1), S14-S20.

# 第 8 章
幽门后饲管的微创留置技术

Matthew W. Beal

Emergency and Critical Care Medicine, Director of Interventional Radiology Services, College of Veterinary Medicine, Michigan State University, USA

简介

现已广泛认同对住院小动物进行营养支持的重要性(Remillard 等，2001；Chan，2004；Michel 和 Higgens，2006；Chan 和 Freeman，2006；Holahan 等，2010)。在人类医学中，对于肠内营养支持(enteral nutritional support，EN 支持)是否优于肠外营养支持(parenteral nutritional support，PN 支持)仍存在较大争议(Heyland 等，2003；Gramlich 等，2004；Peter、Moran 和 Phillips-Hughes，2005；Altintas 等，2011)。肠内营养的优点包括可明显缩短留置时间(Peter 等，2005)，显著减少感染性并发症(Heyland 等，2003；GramLich 等，2004；Peter 等，2005)，尤其是与导管相关的血液感染更少，需通气支持的持续时间更短(Altintas 等，2011)。通过减少肠黏膜的萎缩和肠道通透性，降低胃肠道细菌易位的风险，肠内营养还可以改善胃肠道黏膜的健康。此外，肠内营养的价格要比肠外营养的更低(GramLich 等，2004)。然而，并非所有人都认可肠内营养的优势。肠外营养的优点包括达到进食目标所需的时间更短，且易于给予(Altintas 等，2011)。尚不了解这两种营养方式对住院小动物孰优孰劣。由于人类医学支持肠内营养的有利依据较多，因此动物医学也更普遍地使用肠内营养(Waddell 和 Michel，1998；Heuter，2004；Hewitt 等，2004；Han，2004；Salinardi 等，2006；Wohl，2006；Jergens 等，2007；Campbell 等，2010；Holahan 等，2010)。用于 EN 支持的食道饲管和胃饲管的留置都较快速简单(见第 5 章和第 6 章)，但因为存在恶心和呕吐症状，上述方式有时会成为禁忌或发展为饲喂不耐受(Abood 和 Buffington，1992；Holahan 等，2010)。通过绕过食道和胃，幽门后饲管可避免上述问题，保证了肠内营养的使用。已经发展完善了手术留置空肠造口饲管的技术（第 7 章），然而，该操作存在侵入性，临床并发症的发生率为 17.5%~40%（Crowe 和 Devey，1997；Swann、Sweet 和 Michel，1997；Hewitt 等，2004；Yagil-Kelmer 等，2006）。这些并发症包括但不限于败血性腹膜炎、创口处感染或炎症、饲管移位和饲管堵塞。通过使用透视镜或内窥镜技术，可采用鼻-空肠（nasojejunal，NJ）、胃-空肠（gastrojejunal，GJ）以及食道-空肠（esophagojejunal，EJ）路径实现微创技术放置空肠饲管，可以替代外科空肠造口术/胃空肠吻合术（Jennings 等，2001；Heuter，2004；Wohl，2006；Jergens 等，2007；Papa 等，2009；Beal、Jutkowitz 和 Brown，2007；Beal 等，2009；Beal 和 Brown，2011；Campbell 和 Daley，2011）。

适应症以及患病动物的选择

对经食道或胃饲喂不耐受或有禁忌的患病小动物来说，留置幽门后饲管是侵入性最小的选择。这类适用于放置幽门后饲管的患病动物存在持续性呕吐或反流，由于潜在疾病导致吸入性风险较高，意识水平改变或胃动力紊乱。临床研究表明 NJ 和 GJ 技术通常应用于患有胰腺炎和因腹膜炎、细小病毒性肠炎、急性肾衰竭、胆管肝炎/胆囊炎等存在持续呕吐的动物，以及由于停搏、持续抽搐、需通气支持、颅内肿瘤等病因导致意识水平不稳定的动物（Jennings 等，2001；Wohl，2006；Beal 和 Brown，2011；Campbell 和 Daley，2011）。

留置 GJ、NJ、EJ 通常需要进行全麻，也有研究声称可以在镇静和局部麻醉阻滞的情况下进行 NJ 留置（Wohl，2006）。即使面部（鼻腔内）使用了局部麻醉药，由于异物通过鼻腔造成的疼痛，以及咽部受刺激后可能发生的咽反射，留置 NJ 依旧会产生较大的刺激。留置 NJ 的动物通常有出现呕吐和反流的病史，因而发生吸入性肺炎的风险较高。使用气管内插管来进行全麻，同时配合鼻腔内局部麻醉，可以减少疼痛和咽部刺激，从而保护呼吸道。与留置 NJ 相比，留置 GJ 和 EJ 的侵入性更大，通常需要全麻。由于存在鼻出血、颈部出血、腹膜腔出血、胃肠道出血等风险，在留置 NJ、GJ 或 EJ 前，建议检查凝血功能 [血小板计数、凝血酶原时间（prothrombin time，PT）和活化部分凝血活酶时间（activated partial thromboplastin time，aPTT）]。如果动物存在凝血异常所致的自发性出血或是血小板减少（<35 000 个/μL），或是 PT 或 aPTT 时间显著延长等情况，需先解决凝血异常问题，再留置 NJ、GJ 或 EJ 饲管。

鼻 - 空肠饲管的留置

技术说明

可以使用多种透视和内窥镜技术留置鼻 - 空肠饲管（Jennings 等，2001；Wohl，2006；Papa 等，2009；Beal 等，2007；Beal 等，2009；Beal 和 Brown，2011；Campbell 和 Daley，2011）。不论使用何种技术，在鼻部/面部使用局部或传导麻醉技术，结合使用全身麻醉，有利于动物耐受留置操作。

Wohl（2006）使用透视影像和显影饲管完成了最原始的透视 NJ 技术（fluoroscopic NJ，FNJ）[1,2]。随着体位的变化，可帮助饲管更容易穿过幽门和十二指肠，到达空肠。患病动物最初保持背腹位，饲管从鼻孔插入食道。随后转为右侧卧位，饲管进入胃。接下来将动物重新转为背腹位或转为左侧卧位，饲管穿过胃体。此时可将动物转为背腹位，确定饲管位置。随后转为左侧卧位，经饲管注入气体，使幽门显影（若胃内无气体）。随后使饲管穿过幽门、十二指肠降支、十二指肠升支，直至空肠。使用该方法时，饲管通过幽门的成功率约为 74%（Wohl，2006）。饲管成功通过犬的幽门后，饲管通至空肠的成功率为 74%（饲管抵达空肠的整体成功率约为 56%）（Wohl，2006）。

近期，有研究以 26 例重症犬为对象，描述了荧光透视下导丝引导的鼻 - 空肠饲管（fluoroscopic，wire-guided NJ，FWNJ）的留置技术（Beal 和 Brown，2011）。最好在动物处于左侧卧位时进行该操作。

1. 在动物全麻和鼻腔局部麻醉的条件下，选取一根 8 Fr 红色橡胶饲管[3]，去除尖端造出新的流出孔，经充分润滑后，向鼻中隔经鼻腔腹侧正中插入近端食道，透视确认饲管位置。
2. 将一根充分润滑的长度为 260 cm，直径为 0.89 mm（0.035 in）的标准硬度、直头亲水性导丝（hydrophilic guide wire，HGW）[4] 穿过该导管，插入食道直至胃内（图 8.1）。
3. 撤出红色橡胶管，沿 HGW 插入一根 4 Fr 或 5 Fr，长 100 cm 的 Berenstein（弯头）导管[5] 直至胃内。动物处于左侧卧位，使气体集聚于幽门处显影（图 8.2）。若幽门显影不清，可经由 Berenstein 导管向胃内注入 5～20 mL 室内普通空气。
4. 使用 Berenstein 导管辅助 HGW 通过幽门（图 8.3）。HGW 应始终在 Berenstein 导管前，避免损伤胃肠道壁。通过 HGW 将 Berenstein 导

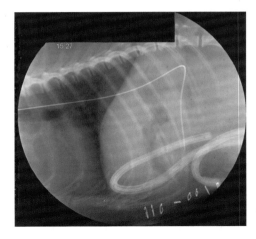

图 8.1 将一根直径为 0.89 mm 的标准硬度、直头亲水性导丝（HGW）[4] 插入食道直至胃内。

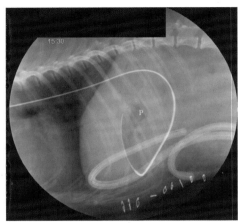

图 8.2 沿 HGW 插入一根 4～5 Fr、长 100 cm 的 Berenstein（弯头）导管[5] 直至胃内。让动物处于左侧卧位，使气体集聚于幽门（P）。

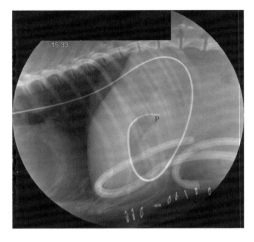

图 8.3 使用 Berenstein 导管辅助 HGW 通过幽门（P）。

管推入十二指肠，再将 HGW 推入空肠。由于在空肠前段的胃肠道转弯处较多（食道至幽门，幽门至十二指肠降支，十二指肠降支至十二指肠升支），推入 HGW 有时存在一定难度。使用一根长度为 260 cm、直径 0.89 mm 的直头亲水性硬质导丝[6]，有时可以增加导丝的"推进性"，便于推入 Berenstein 导管（有时也便于推入饲管）。

5　当 HGW 抵达空肠段后，撤出 Berenstein 导管。使用一根充分润滑、尖端改良（去除顶端、修整光滑、侧面加孔）、长 140 cm（55 in）的 8 Fr 饲管[7]，经 HGW 进入空肠（图 8.4）。

6　随后撤出 HGW。

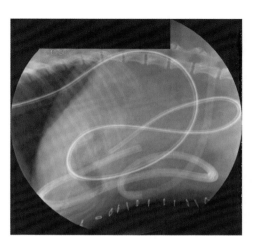

图 8.4　当 HGW 抵达空肠段后，撤出 Berenstein 导管。使用一根充分润滑、尖端改良（去除顶端、修整光滑、侧面加孔）、长 137.5 cm（54 in）的 8 Fr 饲管[7]，经 HGW 进入空肠。

使用上述技术时，饲管通过幽门的成功率为 92%，到达空肠的成功率为 78%（Beal 和 Brown，2011）。在其他饲管未到达空肠的犬，留置的饲管最终位于十二指肠尾侧弯曲或十二指肠升支内。在该项研究的第二阶段里，饲管的空肠到达率为 100%，操作者的技术能力提高增大了成功率。此项操作所需的时间平均为（35±20）min（Beal 和 Brown，2011）。

也有相关研究报道使用内窥镜技术来留置 NJ（EndoNJ）（Papa 等，2009；Campbell 和 Daley，2011）。在 2009 年，Papa 等研究报道使 3 只健康犬保持左侧卧位，将弹性内窥镜（直径 9 mm，长 130 cm，工作通道直径为 2.8 mm）经口插入至十二指肠，随后将一根长 450 cm、直径 0.89 mm 的导丝[8] 插入内窥镜工作通道，直至空肠。此后将一根长 250 cm、8 Fr PVC[9] 饲管经导丝插入工作通道，进入空肠。经导丝和饲管撤出内窥镜。为使饲管经鼻腔进入，将一根充分润滑的导管[3] 经鼻腔插入，由口腔伸出，与饲管连接，随后撤回导管，将饲管从鼻腔拉出。此项操作所需时间的中位值为 30 min(15～45 min)。采用此项技术可让所有饲管抵达犬的空肠(Papa 等，2009)。

在 2011 年，Campbell 和 Daley 给 5 例临床患犬使用另一种 EndoNJ 留置技术。在此项技术中，患病动物处于左侧卧位并保定。将一根 8～9 Fr 饲管经鼻腔插入至胃中。将纤维胃镜(直径 9.3 mm，工作通道直径 2.3 mm，长度 103 cm)经口插入至胃内。在内窥镜视野下，将饲管推至幽门窦。随后将一个长 170 cm、直径 2.4 mm 的夹持钳[10,11]经工作通道伸入，夹持饲管远端距尖端 1 cm 处。使内窥镜、夹持钳和饲管恰位于幽门前，随后将夹持钳和饲管一起推过幽门。松开夹持钳，将内窥镜撤回 3～5 cm。随后再次夹持饲管，将其继续送入幽门。重复这一过程，直至预期长度的饲管穿过幽门抵达空肠。此项操作所需时间的中位值为 35 min(30～45 min)，可使饲管抵达所有犬的空肠(Campbell 和 Daley，2011)。笔者认为该项技术的难点是使用夹持钳夹持饲管。

不论使用何种留置技术，最重要的是固定 NJ 饲管，避免饲管移位和早期脱出。将饲管折转至翼褶处，并使用 2-0 或 3-0 尼龙[12]缝线在面部进行指套式缝合固定，该侧脸的其他位置也可用于固定。使用伊丽莎白圈可以增加饲管的安全性。

动物可以耐受经胃饲喂或不再有禁忌症时，可以拆除 NJ 饲管或改用鼻-胃(nasogastric，NG)饲管或鼻-食道(nasoesophageal，NE)饲管。由 NJ 饲管改用 NG 或 NE 饲管时，可向鼻腔内滴注 0.2～0.3 mg/kg 利多卡因[13]，每间隔 5 min 滴注一次，滴注三次；拆除鼻部指套式缝合，向外拉出饲管直至所需位置(胃内或食道内)，再重新进行面部固定。

监测

在使用 FNJ 和 FWNJ 技术时，总能知道饲管所在位置。使用 EndoNJ 技术时，应在完成留置之后拍摄 X 线片，确定饲管的位置。笔者通常会向饲管内注入 2～3 mL 灭菌碘制剂造影剂[14]，再拍摄 X 线片。除非动物将部分饲管从鼻部喷出(可能存在移位)或出现饲喂不耐受的表现(如呕吐出饲喂的食物、腹痛或其他临床症状)，一般无须检查饲管位置。

并发症

NJ 饲管留置操作发生的并发症通常比较轻微。已经报道的并发症包括轻微鼻出血，无法将饲管置于幽门后或空肠段（Wohl，2006；Beal 和 Brown，2011）。有研究建议静注胃复安[15]，增加胃窦收缩，帮助 NJ 饲管的通过（Wohl，2006）。

在留置操作后的数小时至数天内，最常见的并发症为饲管端口移位（Wohl，2006；Beal 和 Brown，2011）。根据已有文献报道，造成端口移位的显著风险因素之一是未能将饲管留置于空肠段内（Wohl，2006；Beal 和 Brown，2011）。在 Wohl（2006）的研究中，若能将饲管成功推过十二指肠空肠曲，发生端口移位的风险就会下降，而若饲管停在了十二指肠段，则有 86% 的概率发生端口移位。喷嚏和呕吐会引起饲管移位，同时从动物的舒适度考虑，应当用药物进行控制。向鼻腔内滴注 0.2～0.3 mg/kg 利多卡因[13]，或调整指套式缝合的位置，都有助于缓解喷嚏。在留置 NJ 饲管后，可能出现呕吐或腹泻，但通常在留置饲管之前，这些动物已经存在上述症状。一项研究表明，在留置操作前后，呕吐和腹泻的发生率并无区别（Beal 和 Brown，2011）。在操作后出现的其他轻微的并发症包括轻微的鼻分泌物、面部刺激以及因鼻翼襞处折转而造成的饲管扭结（Wohl，2006；Beal 和 Brown，2011；Campbell 和 Daley，2011）。

胃 - 空肠饲管的留置

对经胃/食道饲喂不耐受或存在禁忌的动物，微创 GJ 饲管留置提供了进行另一种幽门后饲喂的选择。许多 GJ 饲管系统的优点包括在进行肠内饲喂时，可同时减轻胃的负担，易于从幽门后饲喂转为胃内饲喂（非液体食物），与鼻 - 空肠造口饲管（犬）相比，饲喂处距口腔距离更远（就笔者经验而言）。与 NJ 饲管相比，GJ 饲管的缺点包括在造口愈合前，都需要确保饲管的位置不变，由于饲管固定不良引发败血性腹膜炎，发生造口术并发症的风险较大，操作技术难度较高（Jennings 等，2001；Jergens 等，2007；Beal 等，2009）。除了手术留置技术（Cavanaugh 等，2008）之外，许多 GJ 微创留置技术采用的是经皮内窥镜胃 - 空肠饲管（percutaneous endoscopic gastrojejunal tube，PEGJ）（Jennings 等，2001；Heuter，2004；Jergens 等，2007）和经皮影像胃 - 空肠饲管（percutaneous radiologic gastrojejunal tube，PRGJ）（Beal 等，2009）留置技术。

技术说明

目前有很多关于 PEGJ 技术的报道发表(Jennings 等，2001；Heuter，2004；Jergens 等，2007)，其中 Jergens 等(2007)提出的技术用正常犬猫进行了最客观的评估。推荐使用商品化 PEGJ 套装[16]，能在胃段和空肠段的连接处形成交错连接，从而降低发生泄漏和其他并发症的风险。此项技术需要使用可以用于上消化道的内窥镜。

1. Jergens 等(2007)提出该项技术。首先留置一个经皮内窥镜胃造口(PEG)饲管(见第 6 章)。
2. 随后经该 PEG 管向胃内插入一个勒除器(snare)并打开。
3. 将内窥镜经口腔伸入胃内，穿过勒除器(右侧卧位)，经过幽门(左侧卧位)，最终进入十二指肠或空肠。
4. 使用一根直径为 0.89 mm，长度为 270 cm 的 HGW[17]，经内窥镜工作通道插入空肠中。
5. 撤出内窥镜，将 HGW 留置于勒除器腔内。
6. 给胃内的 HGW 预留一段长度，随后关闭收紧围绕 HGW 的勒除器，经 PEG 撤出勒除器(拉出一 U 形导丝，导丝的一个末端位于空肠内，另一个末端位于口腔内)。
7. 分辨出 HGW 的口腔一端，从口腔拉出。此时，从外部开始，HGW 经过 PEG 进入胃部，穿过幽门进入空肠。
8. 最后，推动 PEGJ 管空肠部分通过 HGW 进入空肠。据 Jergens 等(2007)研究报道，可以配合使用 24 Fr 胃造口饲管与 12 Fr 空肠饲管，并根据动物的体长(65 cm 或 95 cm)来决定饲管长度。给犬猫应用该技术时，空肠到达率可达 100%。给犬猫进行此项操作所需时间的中位值分别为 45 min (39~57 min) 和 25 min (22~31 min) (Jergens 等，2007)。

近期有报道描述了给正常犬使用 PRGJ 技术(Beal 等，2009)。

1. 犬右侧卧位保定，使用经口饲管或鼻饲管向胃内充气。
2. 透视定位左侧第十三肋骨尾侧，呈三角形留置 3 处胃肠道固定缝线(gastrointestinal suture anchors，GSA)[18]点，进行胃固定术，在 GJ 留置期间，始终保持胃位于体壁左侧。
3. 使用 18 G 穿刺针[19]经该三角形中心穿入胃，顺针孔穿入一根长度为 150 cm、直径 0.89 mm、标准硬度、弹性直头的亲水性导丝。[20]

4 将一根 5 Fr 的导管[18]经 HGW 穿入，协助 HGW 穿过幽门、十二指肠，最终到达空肠。在该操作过程中，使动物保持背腹位或左侧卧位，并进行保定。左侧卧位有助于气体集聚并使幽门显影，但在该体位下进行穿刺操作有一定难度。

5 接着，通过引线扩张[18]体壁放置可剥除的 18 Fr 导引器[18]，经导引器穿入一根 18 Fr/8 Fr、长 58 cm 的双腔 GJ 饲管[21]，经过 HGW 进入胃和空肠。

6 重启胃内球囊，随后在外侧进行加固，防止发生移位（图 8.5、图 8.6）。

在使用该技术的前瞻性研究中，所有犬的饲管均抵达空肠。HGW

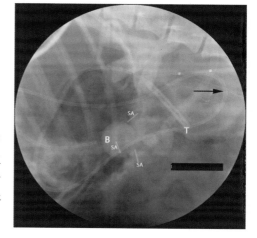

图 8.5 侧位投照所示缝合点（SA）、胃内球囊（B）、GJ 饲管的空肠段经过十二指肠后曲（箭头），饲管末端（T）位于空肠内。（Weisse，2015。经 Wiley & Sons 授权使用）

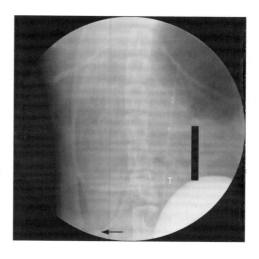

图 8.6 腹背位 X 线片。一根 GJ 饲管空肠段经过十二指肠后曲（箭头），饲管末端（T）位于空肠内。（Weisse，2015。经 Wiley & Sons 授权使用）

穿过幽门所需时间的中位值为 23.5 min（14~93 min）。全部操作所需时间的中位值为 53 min（42~126 min）。PRGJ 技术的难点是在扩张胃造口时，同时分辨、定位幽门（Beal 等，2009）。

根据不同 GJ 饲管的情况，可在动物能够自主进食、能耐受胃饲喂或不存在禁忌症时，拆除空肠段饲管。使用微创技术留置 GJ 饲管后，应留置约 2 周时间，使造口处完全愈合。对于一些体况不佳的患病动物，由于存在愈合不良，饲管应当多留置一段时间。在留置饲管 4 周后再拆除饲管的情况下，仍有一些犬猫出现败血性腹膜炎（Armstrong 和 Hardie，1990；Salinardi 等，2006）。

监测

在应用 PRGJ 技术时，在透视技术引导下，始终可知饲管位置。应用 PEGJ 技术时，需要在完成留置后拍摄 X 线片，确定饲管的位置。笔者通常会向空肠段和胃段的 GJ 饲管内注入 2~3 mL 灭菌碘制剂造影剂[14]，再拍摄 X 线片。除非空肠段饲管出现松脱移位（根据不同的 GJ 饲管留置方法）或出现饲喂不耐受的表现 [如呕吐饲喂食物（提示端口移位）、腹痛或其他临床症状]，一般无须检查饲管位置。GJ 饲管的维护可参照第 6 章描述的标准。需要密切监测留置 GJ 饲管的动物，观察是否存在造口处感染（红肿、渗出、发热）或败血性腹膜炎（急腹症、发热、休克、厌食、呕吐）的表现，这在第 6 章中也有介绍。

并发症

使用 PEGJ 和 PRGJ 技术时，并发症都不常见。与 NJ 技术类似，操作后最常见的犬的并发症为饲管移位和患病动物将饲管拔出（Jergens 等，2007；Beal 等，2009）。Jergens 等（2007）发表的研究显示饲管空肠段过短（65 cm）使得端口停于十二指肠，这会引发空肠段饲管的端口移位。在使用空肠段长 95 cm 的饲管后，该问题得以解决。在此项研究中，在造口未成熟愈合时，有 2 只犬即自行提前拔出饲管（Jergens 等，2007）。此项研究报道的犬的其他并发症包括造口处感染和腹泻。猫的并发症表现为软便、一过性发热和造口处疼痛等。Beal 等（2009）的研究发现所有犬的造口处均出现轻微发红和渗出。留置胃造口饲管时，造口处愈合不良引发的败血性腹膜炎是常见的并发症，但在上述研究中未出现此类情况（Salinardi 等，2006）。使用 GSA 可以缓解饲管张力，帮助维持造口处愈合，降低治疗失败的概率。这些装置的实用性有待进一步验证。

食道-空肠饲管的留置

食道-空肠饲管（esophagojejunal，EJ）兼具 NJ 和 GJ 饲管的优点，同时又能减轻两者的并发症。与 NJ 饲管相比，EJ 的刺激性更小，不易引起喷嚏，从而不易引发早期的移位或脱出。与 GJ 饲管相比，若 EJ 饲管出现早期移位，通常造口处也会愈合，不会引发致命感染。此外，给大型犬留置 NJ 饲管时，限于饲管长度有时不能很好地插入空肠，而留置 EJ 饲管能使饲管插入位置与空肠的距离近 10~20 cm。

技术说明

透视下留置 EJ 饲管的方法与透视下留置 NJ 饲管的类似。

1. 常规留置食道造口饲管（见第 5 章）。将一根长度为 260 cm、直径为 0.89 mm、标准硬度、直头亲水性导丝[4]经食道造口饲管插入胃中。最好选取左侧进行该操作，但若无法操作（如留置了中心静脉导管），也可以使用右侧。
2. 经 HGW 撤出食道造口饲管后，插入一根 10 Fr 的可剥除导引器。[22]
3. 将患病动物翻转至左侧卧位，让气体积聚于幽门窦。在造口部位铺设创巾，保持洁净。
4. 应用可剥除导引器经 HGW 插入一根长度为 100 cm 的 5 Fr Berenstein[5]导管，引导 HGW 穿过幽门。
5. 后续操作与留置 FWNJ 饲管的一致。
6. 当确定 EJ 饲管位置正确后，将可剥除导引器鞘拉出并剥除。使用 3-0 尼龙[1]缝线进行荷包缝合或指套式缝合，完成固定。
7. 在造口处使用无菌敷料。

动物可以耐受经胃饲喂或不存在禁忌症时，可以拆除 EJ 饲管或改用食道造口饲管。由 EJ 饲管改用食道造口饲管时，拆除造口处指套式缝合，向外拉出饲管直至所需位置（胃内或食道内）。若需要更换为内径更大的食道造口饲管，则将长度为 260 cm、直径为 0.89 mm 的硬质导丝[6]经 EJ 饲管插入，随后撤出 EJ 饲管。接着经导丝插入管径足够大的可剥除导引器，直至食道。让食道造口饲管沿着导丝通过，插入可剥除导引器鞘，之后拉出可剥除导引器鞘并剥除，撤出 HGW 导丝。固定食道造口饲管。

监测

笔者通常会向 EJ 饲管内注入 2～3 mL 灭菌碘制剂造影剂[14]，再拍摄 X 线片，确定 EJ 饲管的位置。除非患病动物将饲管由造口处拽出一段（提示饲管移位）或出现饲喂不耐受的表现 [如呕吐饲喂的食物（提示端口移位）、腹痛和其他临床症状]，一般无须检查饲管位置。EJ 饲管造口处的护理方法与第 5 章描述的饲管护理方法一致。

并发症

EJ 饲管留置的并发症通常与食道造口饲管留置的相似，详见第 5 章。难点是将饲管穿过幽门。根据笔者经验，当 EJ 饲管的末端留置于空肠时，未见发生移位的情况。

幽门后饲管饲喂食物

经 8 Fr 空肠饲管饲喂时，只能使用液体食物／流食。因小肠并不像胃一样能储存食物，所以通常使用恒速输注。通常给留置幽门后饲管的动物使用兽用复合流食[23]。若胃肠道功能相对正常，则无须使用要素日粮。第 9 章进一步讨论了饲管食物。

小结

可使用微创技术留置幽门后（NJ、GJ、EJ）饲管，为经胃饲喂不耐受或存在禁忌症的患病小动物提供肠内营养支持。

要点

- 危重患病动物通常不耐受经胃饲喂或存在禁忌症。
- 与手术切开空肠相比,微创饲管留置技术的侵入性更小,同时能提供肠内营养支持途径。
- 可以使用内窥镜或透视技术引导留置鼻-空肠饲管,操作简便。
- 可以使用内窥镜或透视技术引导留置胃-空肠饲管,既可提供幽门后饲喂途径,同时能降低胃的负担。
- 使用透视技术留置食道-空肠饲管的优势为操作简单,与鼻-空肠饲管相比,风险较小,与胃-空肠饲管相比,更易耐受。

注释

1. Dobbhoff, 8 French 55 in.(139.7 cm); Sherwood Davis & Geck. St. Louis, MO.
2. Entriflex, 8 French, 42 in.(107 cm); Kendall(Tyco Healthcare Group). Mansfield, MA.
3. Feeding Tube and Urethral Catheter(饲管和尿管)(8 Fr); Tyco Healthcare Group LP. Mansfield, MA.
4. Weasel Wire Guide wire(Weasel Wire 导丝)260 cm × 0.035 in(0.89 mm), straight regular taper tip; Infiniti Medical LLC. Menlo Park, CA.
5. Performa 5 French, 100 cm Berenstein 1; Merit Medical Systems Inc. South Jordan, UT.
6. Merit H_2O Hydrophilic Stiff Guidewire(Merit 亲水性硬质导丝)260 cm × 0.035 in(0.89 mm),straight regular taper tip; Merit Medical Systems Inc. South Jordan, UT.
7. Nasogastric Feeding Tube(鼻-胃饲管)8 French × 55 in(140 cm); Mila International Inc. Erlanger, KY.
8. Bavarian Wire 'soft'; Medi-Globe GmbH. Achenmuhle, Germany.
9. LE, 702; Borsodchem Viniplast Ltd. Budapest, Hungary.
10. 2.4 mm rat tooth grasping forcep(2.4 mm 鼠齿夹持钳); ESS. Brewster, NY.
11. 2.4 mm forked jaw grasping forcep; ESS. Brewster, NY.
12. 3-0 Ethilon; Ethicon LLC. San Lorenzo, PR.
13. Lidocaine Injectable 2%(2% 利多卡因注射液); Sparhawk Laboratories Inc. Lenexa, KS.
14. Omnipaque 300; GE Healthcare Inc. Princeton, NJ.
15. Metoclopramide Inj.(胃复安注射液); Hospira Inc. Lake Forest, IL.
16. Gastro-Jejunal feeding tube(胃-空肠饲管); Wilson-Cook Medical Inc. Winston-Salem, NC.
17. Radifocus Glidewire; Boston Scientific Corp. Watertown, MA.
18. MIC-KEY-J-TJ Introducer Kit; Kimberly-Clark Worldwide Inc. Roswell, GA.
19. Merit Advance Angiographic Needles; Merit Medical Systems Inc. South Jordan, UT.
20. Weasel Wire 150 cm × 0.035 in(0.89 mm), straight regular taper tip; Infiniti Medical LLC. Menlo Park, CA.

21 MIC Gastro Enteric Feeding Tube（MIC 胃肠饲管）; Kimberly-Clark Healthcare. Roswell, GA.
22 Peel-Away Sheath Introducer Set （可剥除导引器套装）; Cook Medical Inc. Bloomington, IN.
23 Clinicare Canine / Feline Liquid Diet（犬猫流食）; Abbott Laboratories. Abbott Park, IL.

参考文献

Abood, S.K. and Buffington, C.A. (1992) Enteral feeding of dogs and cats: 51 cases (1989-1991). *Journal of the American Veterinary Medical Association*, **201**, 619-622.

Altintas, N.D., Aydin, K., Turkoglu, M.A. et al. (2011) Effect of enteral versus parenteral nutrition on outcome of medical patients requiring mechanical ventilation. *Nutrition in Clinical Practice*, **26**, 322-329.

Armstrong, P.J. and Hardie, E.M. (1990) Percutaneous gastrostomy; a retrospective study of 54 clinical cases in dogs and cats. *Journal of Veterinary Internal Medicine*, **4**, 202-206.

Beal, M.W., Jutkowitz, L.A. and Brown, A.J. (2007) Development of a novel method for fluoroscopically-guided nasojejunal feeding tube placement in dogs (abstr). *Journal of Veterinary Emergency and Critical Care*, **17**, S1.

Beal, M.W., Mehler, S.J., Staiger, B.A. et al. (2009) Technique for percutaneous radiologic gastrojejunostomy in the dog (abstr). *Journal of Veterinary Internal Medicine*, **23**, 713.

Beal, M.W. and Brown, M.A. (2011) Clinical experience utilizing a novel fluoroscopic technique for wire-guided nasojejunal tube placement in the dog: 26 cases (2006-2010). *Journal of Veterinary Emergency and Critical Care*, **21**, 151-157.

Campbell, J.A., Jutkowitz, L.A., Santoro, K.A. et al. (2010) Continuous versus intermittent delivery of nutrition via nasoenteric feeding tubes in hospitalized canine and feline patients:91 patients (2002-2007). *Journal of Veterinary Emergency and Critical Care*, **20**, 232-236.

Campbell, S.A. and Daley, C.A. (2011) Endoscopically assisted nasojejunal feeding tube placement: technique and results in five dogs. *Journal of the American Animal Hospital Association*, **47**,e50-e55.

Cavanaugh, R.P., Kovak, J.R., Fischetti, A.J. et al. (2008) Evaluation of surgically placed gastrojejunostomy feeding tubes in critically ill dogs. *Journal of the American Veterinary Medical Association*, **232**, 380-388.

Chan, D.L. and Freeman, L.M. (2006) Nutrition in critical illness. *Veterinary Clinics of North America Small Animal Practice*, **36**, 1225-1241.

Chan, D.L. (2004) Nutritional requirements of the critically ill patient. *Clinical Techniques in Small Animal Practice*, **19**, 1-5.

Crowe, D.T. and Devey, J.J. (1997) Clinical experience with jejunostomy feeding tubes in 47 small animal patients. *Journal of Veterinary Emergency and Critical Care*, **7**, 7-19.

GramLich, L., Kichian, K., Pinilla, J. et al. (2004) Does enteral nutrition compared to parenteral nutrition result in better outcomes in critically ill adult patients? A systematic review of the literature. *Nutrition*, **20**, 843-848.

Han, E. (2004) Esophageal and gastric feeding tubes in ICU patients. *Clinical Techniques in Small Animal Practice*, **19**, 22-31.

Heuter, K. (2004) Placement of jejunal feeding tubes for post-gastric feeding. *Clinical Techniques in Small Animal Practice*, **19**, 32-42.

Hewitt, S.A., Brisson, B.A., Sinclair, M.D. et al. (2004) Evaluation of laparoscopic-assisted placement of jejunostomy feeding tubes in dogs. *Journal of the American Veterinary Medical Association*, **225**, 65-71.

Heyland, D.K., Dhaliwal, R., Drover, J.W. et al. (2003) Canadian clinical practice guidelines for nutrition support in mechanically ventilated, critically ill adult patients. *Journal of Parenteral and Enteral Nutrition*, **27**, 355-373.

Holahan, M., Abood, S., Hauptman, J. et al. (2010) Intermittent and continuous enteral nutrition in critically ill dogs: a prospective randomized trial. *Journal of Veterinary Internal Medicine*, **24**, 520-526.

Jennings, M., Center, S.A., Barr, S.C. et al. (2001) Successful treatment of feline pancreatitis using an endoscopically placed gastrojejunostomy tube. *Journal of the American Animal Hospital Association*, **37**, 145-152.

Jergens, A.E., Morrison, J.A., Miles, K.G. et al. (2007) Percutaneous endoscopic gastrojejunostomy tube placement in healthy dogs and cats. *Journal of Veterinary Internal Medicine*, **21**, 18-24.

Michel, K.E. and Higgins, C. (2006) Investigation of the percentage of prescribed enteral nutrition actually delivered to hospitalized companion animals. *Journal of Veterinary Emergency and Critical Care*, **16**, S2-S6.

Papa, K., Psader, R., Sterczer, A. et al. (2009) Endoscopically guided nasojejunal tube placement in dogs for short-term postduodenal feeding. *Journal of Veterinary Emergency and Critical Care*, **19**, 554-563.

Peter, J.V., Moran, J.L. and Phillips-Hughes, J. (2005) A metaanalysis of treatment outcomes of early enteral versus early parenteral nutrition in hospitalized patients. *Critical Care Medicine*, **33**, 213-220.

Remillard, R.L., Darden, D.E., Michel, K.E. et al. (2001) An investigation of the relationship between caloric intake and outcome in hospitalized dogs. Veterinary Therapeutics: *Research in Applied Veterinary Medicine*, **2**, 301-310.

Salinardi, B.J., Harkin, K.R., Bulmer, B.J. et al. (2006) Comparison of complications of percutaneous endoscopic versus surgically placed gastrostomy tubes in 42 dogs and 52 cats. *Journal of the American Animal Hospital Association*, **42**, 51-56.

Swann, H.M., Sweet, D.C. and Michel, K.E. (1997) Complications associated with use of jejunostomy tubes in dogs and cats: 40 cases (1989-1994). *Journal of the American Veterinary Medical Association*, **210**, 1764-1767.

Waddell, L.S. and Michel, K.E. (1998) Critical care nutrition: routes of feeding. *Clinical Techniques in Small Animal Practice*, **13**, 197-203.

Weisse, C. and Berent, A. (2015) Veterinary Image-Guided Interventions, Wiley-Blackwell.

Wohl, J.S. (2006) Nasojejunal feeding tube placement using fluoroscopic guidance: technique and clinical experience in dogs. *Journal of Veterinary Emergency and Critical Care*, **16**, S27-S33.

Yagil-Kelmer, E., Wagner-Mann, C. and Mann, F.A. (2006) Postoperative complications associated with jejunostomy tube placement using the interlocking box technique compared with other jejunopexy methods in dogs and cats: 76 cases (1999-2003). *Journal of Veterinary Emergency and Critical Care*, **16**, S14-S20.

第 9 章
小动物饲管饲喂：日粮的选择和准备

Iveta Becvarova

Academic Affairs, Hill's Pet Nutrition Manufacturing, Czech Republic

简介

为患病动物选择饲管饲喂的日粮时，应对患病动物进行详细的营养评估（Freeman 等，2011）。用于给住院动物进行饲管饲喂的日粮应该具有较高的能量和营养密度（1～2 kcal/mL），并且易消化，以利于减少饲喂日粮的体积。饲喂高能量密度、小体积的日粮可以防止胃扩张，减轻胃肠道（GI）不适和对呼吸系统的压力（即对横膈的压力）。经饲管给予的食物应是犬猫专用配方粮，并且便于使用注射器或肠内营养输注泵给予。营养配比、能量密度、含水量和黏度不同，市场上有多种适用于犬猫饲管饲喂的商品粮，选择肠内营养日粮需要考虑的因素见表 9.1。

表 9.1 选择肠内营养日粮需考虑的因素

胃肠道的功能是否正常？能否安全使用？
日粮或流食的能量密度和蛋白质含量是多少？
日粮/流食使用何种类型的蛋白质、脂肪、碳水化合物和纤维？患病动物能否消化和吸收这种类型的营养素？
日粮/流食的配方对犬猫来说是否全价和平衡？能否满足患病动物的营养需求？猫的流食是否添加了牛磺酸？
日粮/流食配方（特别是在用于患有心肺疾病、肾脏疾病或肝脏疾病的动物时）中的钠、钾、磷和镁含量是否合适？
食物的黏度（黏稠度）是否适用于当前的饲管尺寸和饲喂方法？

饲管饲喂的日粮

用于患病小动物饲管饲喂的肠内营养日粮产品包括"恢复期日粮"（通常是半流体罐头食物）和处方流食。可以使用家用搅拌机将罐头和水或流食混匀获得半流体日粮(图9.1)。也可以从药房或食品店购买一些人用流食产品。这类产品比较便宜,但是大多营养不充足,还可能含有可可粉(有毒物质为甲基黄嘌呤)等对犬猫有毒的成分(Kovalkovicova等,2009)。在短时间内给犬饲喂人用流食时,犬可耐受且无不良反应。但人用流食的蛋白质含量很低,缺乏牛磺酸和精氨酸,因此不适用于猫。

图9.1 可以用家用搅拌机搅拌罐头日粮,以便用于饲管饲喂。

"恢复期日粮"[1-3]处方产品由更为典型的宠物食品原料(例如肉、器官、动物脂肪、植物油、谷物、纤维来源原料、维生素和矿物质)组成,产品设计便于使用注射器和饲管饲喂。总体而言,"恢复期日粮"的特点是高消化率、低纤维、高蛋白质、高脂肪、低可消化碳水化合物,以及含有不同水平的矿物质和电解质。这类日粮的消化需要胰酶和小肠酶的作用,适用于胃肠道功能正常的患病动物。在饲喂足量的情况下,"恢复期日粮"可满足成年犬猫的营养需求。若需要饲喂幼年动物,兽医师应阅读食品标签上的营养声明,判断该产品是否适用于生长期动物。通常不需要稀释"恢复期日粮",可以使用直径≥10 Fr的饲管进行饲喂。一些特定的产品可以使用更小尺寸的饲管(如8 Fr饲管)(表9.2)。可以通过带有延长管的直口式注射器('luer-slip' syringes)饲喂这类食物(图9.2),或者通过尖头注射器(catheter tip syringes)直接连接饲管饲喂(图9.3)。然而,为了防止将产品误注入静脉导管,可使用非直口式连接的特殊肠内营养安全装置[4],防止发生错误连接(见第5章)。

处方流食产品属于高分子产品,含有完整的乳蛋白(如酪蛋白、酪蛋白酸钠和乳清蛋白)、动物脂肪、植物油、可消化碳水化合物(如麦芽糊精)、可溶性纤维、维生素和矿物质。一些产品还添加了牛磺酸、

表 9.2 用于饲管饲喂的日粮选择

日粮	动物种类	使用搅拌机做成粥状所需要的水量(mL)	罐头的体积(mL)	8 Fr 饲管	10 Fr 饲管	>10 Fr 饲管	能量密度(kcal/mL)
严重的应激、创伤(高蛋白质、高脂肪、低碳水化合物、添加谷氨酰胺、EPA、DHA和精氨酸)恢复期日粮							
皇家恢复期 (Royal Canin Recovery RS™[1])	犬/猫	—	160	是	是	是	1.1
希尔斯 (Hill's a/d®[2])	犬/猫	—	160	否	是	是	1.1
IAMS™ Maximum-Calorie™[3]	犬/猫	—	160	否	否	是	2.1
流食							
CliniCare®[5] 犬/猫流食	犬/猫		237	是	是	是	1.0
肾脏衰竭(低蛋白质、高脂肪、低钠和低钠)搅拌制成流食							
皇家肾脏 (Royal Canin Renal LP® Modified Canine[11] (385 g/罐)	犬	100	360	是	是	是	1.4
皇家肾脏 (Royal Canin Renal LP® Modified Morsels in Gravy Feline[12] (70 g/罐)	猫	20	65	是	是	是	1.0
流食							
CliniCare® RF 猫流食[6]	猫	—	237	是	是	是	1.0
肝性脑病(严格低蛋白质、高脂肪和低钠)搅拌制成流食							
希尔斯 l/d® 犬[13] (370 g/罐)	犬	150	370	是	是	是	1.0

第 9 章 小动物饲管饲喂：日粮的选择和准备

续表 9.2

日粮	动物种类	使用搅拌机做成粥状所需要的水量 (mL)	罐头的体积 (mL)	8 Fr 饲管	10 Fr 饲管	>10 Fr 饲管	能量密度 (kcal/mL)
希尔斯 l/d[14] (156 g/罐)	猫	20	160	否	是	是	1.0
皇家肾脏 (Royal Canin Renal LP®) Modified Canine[11] (385 g/罐)	犬	40	160	否	是	是	0.9
皇家肾脏 (Royal Canin Renal LP®) Modified Morsels in Gravy Feline[12] (70 g/罐)	猫	100	360	是	是	是	1.4
	猫	20	65	是	是	是	1.0
流食							
CliniCare® RF 猫流食[6]	猫	—	237	是	是	是	1.0
心肺疾病 [高脂肪、低碳水化合物和限制钠含量 (<100 mg/kcal)]							
IAMS Maximum-Calorie™[3]	犬/猫	—	160	否	否	是	2.1
CliniCare® 犬/猫流食[5]	犬/猫	—	237	是	是	是	1.0
CliniCare® RF 猫流食[6]	猫	—	237	是	是	是	1.0
脂肪不耐受 (中等蛋白质、低脂肪、低纤维和易消化) 搅拌成流食							
皇家胃肠道 (Royal Canin Gastrointestinal™) 低脂肪 LF™[15] (386 g/罐)	犬	150	360	是	是	是	0.7
IAMS™ Low-Residue™ 猫[16] (170 g/罐)	猫	50	160	否	是	是	0.9

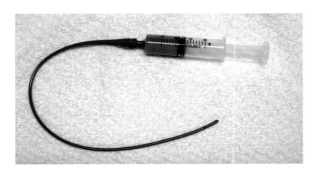

图9.2 用于饲管饲喂的带有延长管的直口式注射器。

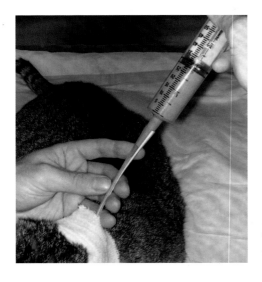

图9.3 将尖头注射器直接和食道造口饲管喇叭状接头连接,给予搅匀后的罐头食物。

L-精氨酸、鱼油和左旋肉碱。流食适用于所有尺寸的饲管,可以通过特殊的肠内营养输注泵给予(图9.4)。

肠内营养日粮的组成

渗透压

肠内营养日粮的组成成分是总渗透压的主要决定因素。与由游离氨基酸、多肽、单糖和双糖组成的流食(单体食物)相比,含有完整蛋白质和葡萄糖聚合物的流食(高分子食物)配方的渗透压较低。犬猫多聚体日粮的渗透压与血浆的渗透压($235 \sim 310$ mOsm/kg 水)[5,6]类似,而人的单体日粮配方是高渗的(650 mOsm/kg 水)[7,8]。人们过去认为高渗日粮会将水吸入胃肠道(GI)内,从而引起渗透性腹泻。但是,在人类领域的研究发现在给予高渗日粮时,即使给予部位不同(例如胃部与小肠),GI都

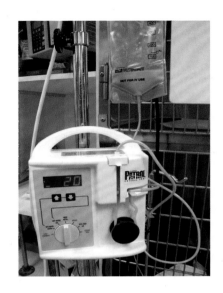

图 9.4 通过肠内营养输注泵给予流食。

具备数种调节机制来维持 GI 腔内的渗透压（Keohane 等，1984；Zarling 等，1986）。笔者的经验显示在给予 GI 功能健康的患病动物高渗溶液（即单体日粮）之后，与人类患者相似，患病动物并不会发生腹泻。当恒速输注入小肠时，并不需要将高渗溶液稀释成等渗液体。如果动物需要摄入更多的水，或者 GI 功能受损时，可以稀释高渗溶液。

水含量

住院动物每日所需的维持液量约为 60 mL/kg 体重。应尤其注意体液失衡患病动物（即心肺疾病和肾病）通过日粮的摄水量。流食、"恢复期日粮"以及能量密度 ≥ 1 kcal/mL 的混合日粮含水量约为 80%（即每升日粮含 800 mL 的"自由"水）。当这类日粮的饲喂量能够满足患病动物的预估静息能量需求（resting energy requirement，RER）时，所提供的水分含量无法满足患病动物的维持需水量。能量密度 > 1 kcal/mL 的日粮配方的含水量较少，而能量密度 < 1 kcal/mL 的日粮配方的含水量较多。通常可在冲管（图 9.5）或者饲喂需溶解的药物时，给予更多的水来满足患病动物对水的需求。因此，监测动物的水合状态非常重要，进行静脉输液时应减去肠内给予的液体量（如食物中的"自由"水、冲管用的水和喂药用的水）。如有需要，可在喂食的间隙经饲管给予更多的水。犬猫日粮产品的水分含量列在产品标签的成分分析保证值或典型检测值内。

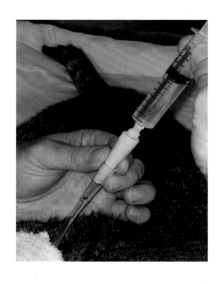

图 9.5 通过食道造口饲管给予水。

蛋白质含量

依据不同产品所设计的适用情况,流食配方和"恢复期日粮"的蛋白质所提供的能量占比为22%～41%。标准犬猫产品配方含易消化的生物学功能完整的蛋白,如酪蛋白酸钠、酪蛋白酸钙、乳清蛋白、蛋清粉、肝脏或肉。人的单体膳食含由酪蛋白、乳清、乳清蛋白或大豆水解蛋白、多肽和氨基酸,虽然更易消化但会提高溶液的渗透压。完整的蛋白质的消化和吸收需要正常的肠道功能。小肠的刷状缘能够吸收单个氨基酸、二肽和三肽,而含水解蛋白质的日粮富含小肽,可能有利于 GI 功能损伤的患病动物。

危重患病动物需要摄入足够的必需氨基酸,用于维持、愈合、组织修复、免疫细胞功能、白蛋白合成和纠正蛋白质丢失。猫的日粮必须含有足够的牛磺酸。谷氨酰胺可能是危重患病动物的条件性必需氨基酸 (Weitzel 和 Wischmeyer,2010)。谷氨酰胺是骨骼肌中氮的主要载体(primary carrier),能够为免疫细胞和肠细胞提供能量,且是谷胱甘肽的前体(Weitzel 和 Wischmeyer, 2010)。精氨酸能够增强免疫和活化血管,然而由于其血管活性作用,在发生败血症时过量补充会产生有害作用(Gough 等, 2011)。必需支链氨基酸(branched-chain amino acids,BCAAs)包括亮氨酸、异亮氨酸和缬氨酸,在机体受伤时由骨骼肌动员使用,并且在恢复期的肌肉合成代谢过程中是重要的膳食蛋白质成分(Kadowaki 和 Kanazawa,2003)。一些"恢复期日粮"添加了 8.9～13.3 g/1 000 kcal 代谢能的 BCAAs。对于 BCAAs 减轻人类和犬猫肝性脑病的作用还存在争议(Charlton，2006；Meyer 等，1999)。目前含有 BCAAs 的危重患病动物处方日粮的功效未知。

患急/慢性肾衰、氮质血症和肝性脑病的动物禁止饲喂高蛋白质日粮。适用于蛋白质不耐受动物的特殊日粮见表 9.2。

脂肪和油脂含量

脂肪和油脂是浓缩的能量来源，还可提供必需脂肪酸。犬猫流食和"恢复期日粮"的脂肪含量都很高，二者分别有 45%～57% 和 55%～68% 的能量来源于脂肪。食物中的脂类是等渗(约 260 mOsm/kg)的且不溶于水。在流食中，脂质被乳化后混于溶液的液相。流食和"恢复期日粮"的脂质来源于植物油和动物脂肪，包括大豆油、鸡油和各种鱼油。大豆油是必需多不饱和脂肪酸(polyunsaturated fatty acids，PUFA)、亚油酸(n-6 PUFA)和 α-亚麻酸(n-3 PUFA)的优质来源。鸡油可提供的单不饱和脂肪酸、饱和脂肪酸和 PUFA 分别占总脂肪的 47%、31% 和 22%。[9] 鸡油的 n-6:n-3 PUFA 比例是 20:1，主要的 PUFA 是亚油酸，主要的 n-3 PUFA 是 α-亚麻酸[9]。鱼油(如鲱鱼油、沙丁鱼油)是 n-3 PUFA 的浓缩来源，如二十碳五烯酸(eicosapentaenoic，EPA)和二十二碳六烯酸(docosahexaenoic，DHA)，n-6:n-3 PUFA 比例为 0.1:1[9]。

亚油酸是犬花生四烯酸的前体，而猫需要由食物中获得动物源性的预成型的花生四烯酸(Rivers、Sinclair 和 Craqford，1975)。花生四烯酸会促进炎性类花生酸(inflammatory eicosanoid)的产生，因此花生四烯酸与危重患病动物的炎症加剧和免疫抑制有关(Ricciotti 和 Fitzgerald，2011；Sardesai，1992)。虽然对亚油酸的必需性已获得广泛共识，但降低危重患病动物日粮的 n-6:n-3 比例，可减轻炎症，改善血流动力学功能，从而对危重患病动物产生有益作用；这一观点在人类的临床研究结果中仍存在争议(Martin 和 Stapleton，2010)。鱼油在危重患病动物的临床应用是安全的，但需要更多的研究来确定最佳剂量。动物脂肪(如鸡油)或植物油(如亚麻籽油、大豆油和菜籽油)中的 α-亚麻酸是许多动物体内的 EPA 和 DHA 的前体，但是犬体内的这类转化不足，猫体内的这类转化仅为最低值(Bauer、Dunbar 和 Bigley，1998；Pawlosky、Barnes 和 Salem，1994)。在日粮中添加来源于鱼油的 EPA 和 DHA，可以有效降低总 n-6:n-3 比例。

特殊的膳食脂肪来源需要具备完整的消化吸收能力以及正常的小肠

淋巴系统功能。选择的人类流食应含有来源于椰子油的中链甘油三酯[10]（medium-chain triglycerides，MCT）（碳链中碳原子数为 6～12），能够最大程度地绕过淋巴管，直接通过门脉系统运输至肝脏，并通过 β- 氧化作用成为能量的直接来源（Ramirez、Amate 和 Gil，2001）。MCT 并非必需脂肪酸的来源，但可以为脂肪吸收障碍的患病动物提供额外的能量。

　　禁止给患脂肪吸收不良、胰腺炎、高脂血症、淋巴管扩张或乳糜胸的动物饲喂高脂肪日粮（即犬猫流食和"恢复期日粮"）。这些患病动物需要特殊的低脂配方（表9.2）。可以使用脂肪含量极低（占总能量的 3%～6%）的人类流食作为短期替代品[7,8]。

可消化碳水化合物

　　犬猫肠内营养流食的可消化（可水解）碳水化合物提供的能量一般限制在总能量的 21%～25%。[5,6] 减少碳水化合物提供的能量可降低碳水化合物代谢产生的 CO_2，有利于存在胰岛素抵抗、高血糖和呼吸窘迫的患病动物。对于长期能量摄入不足的患病动物，低碳水化合物日粮还有助于预防"再饲喂综合征"（见第 16 章）的发生。流食中的碳水化合物来源于麦芽糖糊精（D- 葡萄糖单位连接成不同长度的链）和葡萄糖。猫的小肠蔗糖酶的活性较低（Kienzle，1993）且可能缺乏果糖激酶活性（Kienzle，1994），因此猫的流食配方应避免使用蔗糖（来源于葡萄糖和果糖的二糖）。成年犬猫的小肠缺乏乳糖酶活性（Hore 和 Messer，1968），因此应避免使用代乳品等含有乳糖（奶中的糖类；来源于葡萄糖和半乳糖的二糖）的配方。与高脂肪和高蛋白的配方相比，富含可消化或小分子碳水化合物的配方的渗透压更高。

　　"恢复期日粮"所含的可消化碳水化合物较少（1.8%～12%ME），主要来源于谷物，如玉米粉和大米。

益生元纤维和益生菌

　　人们对在患病动物肠内营养日粮中添加益生元纤维和益生菌的关注日益加深。益生菌是具备生物活性的乳酸菌的单一菌株或多种菌株的混合物。益生元纤维（如低聚果糖、果寡糖、菊粉和蔬菜胶）能抵抗小肠的水解作用、促进肠道发酵作用、支持结肠的健康菌群、增加短链脂肪酸合成、帮助大肠进行水钠吸收及提高小肠黏膜的免疫状态和肠道屏障功能（Manzanares 和 Hardy，2008）。益生菌通过细菌酶的作用水解益生元，与益生元有协同作用。在人类领域的部分研究表明添加瓜尔胶可以降低腹泻的持续时间和严重性(Rushdi、Pichard 和 Khater，2004；Spapen 等，2001)，但部分研究却指出在治疗急性患者的 GI 症状时，往肠内营养配方中添加纤维(如低聚果糖和菊粉)仍存在异议(Bosscher、Van Loo 和 Franck，2006；Whelan，2007)。总体而言，犬猫流食和"恢复期日粮"含有很少的总膳食纤维(total dietary fiber，TDF)。日粮标签上的粗纤维含量指 TDF 的不可溶部分，通常含量很少。"恢复期日粮"和流食的粗纤维含量分别为 3~6.9 g/1 000 kcal 和 1.2 g/1 000 kcal。在条件合适的情况下，为控制腹泻可往流食或"恢复期日粮"中逐渐加入非增稠性的可溶性纤维(即小麦糊精)。目前未确定犬猫益生菌的最佳用量，但根据产品推荐剂量来使用是安全的。可将犬猫益生菌补充剂与罐头混合后经饲管给予，但益生菌产品不易溶于流食。

矿物质和维生素

当饲喂足量的犬猫肠内营养日粮时，所提供的维生素和矿物质应能满足或超过成年或生长期动物的需求。为肾衰动物选择日粮时需特别注意，应选择低磷，限制钠和氯，复合维生素 B 含量高的日粮；而患心脏疾病、高血压或门脉高压的动物需要限制钠和氯的摄入(表 9.2)。相反，有厌食、渗出液/漏出液、快速静脉输注、呕吐和腹泻病史的患病动物会存在维生素和矿物质的耗竭，因此需要使用添加电解质和水溶性维生素的日粮。在人，危重疾病会造成循环中抗氧化剂缺乏，因此越来越多的证据显示为住院患者补充抗氧化剂是有益的(Berger 和 Chiolero，2007)。抗氧化防御系统包括酶(如超氧化物歧化酶、谷胱甘肽过氧化物酶)、微量元素(如硒、锌)、维生素(如维生素 C、维生素 E、β-胡萝卜素)、含巯基物质(如谷胱甘肽)和谷氨酰胺。"恢复期日粮"和流食会添加不同浓度的抗氧化物，如维生素 E、维生素 A、维生素 C、牛磺酸、锌、硒和叶酸。目前仍不知道在犬猫日粮中添加抗氧化剂的临床实用性。

专用于饲管饲喂的日粮

给肾衰、伴肝性脑病的肝病、心肺疾病或脂肪不耐受的患病动物选择日粮时，需要特别注意。目前有专用于肾衰患猫的流食产品，[6] 但市场上还没有其他用于饲管饲喂的特定配方产品。一般是通过家用搅拌机搅匀不同的特殊罐头产品获得这些患病动物所需的肠内食物(图 9.1)。

要点

- 应对患病动物进行详细的营养评估之后,选择用于饲管饲喂的日粮。
- 应通过以下因素判断日粮是否适用于犬或猫的饲管饲喂:
  - 患病动物的胃肠道功能状态。
  - 饲管的尺寸和位置。
  - 日粮的物理特征,如渗透压和黏度。
  - 日粮的能量和营养成分。
  - 患病动物的消化吸收能力。
  - 患病动物的其他指标,如水合状态、电解质和酸碱平衡紊乱以及器官功能。
- 用于住院动物饲管饲喂的日粮应富含能量和营养,并且易于消化。
- 用于饲管饲喂的日粮应易于通过注射器或肠内营养输注泵给予,应使用专用于犬猫的配方。
- 目前有针对肾衰患猫的流食产品,但市场上还没有其他用于饲管饲喂的特定配方产品。

注释

1. Royal Canin Veterinary Diet® Recovery RS™, Royal Canin USA, Inc., St. Charles, MO.
2. Hill's a/d Prescription Diet, Hill's Pet Nutrition, Inc., Topeka, KS.
3. IAMS™ Veterinary Formulas, Maximum-Calorie™, P&G Pet Care, Dayton, OH.
4. BD Enteral syringe(BD 肠内营养注射器), UniVia. BD, Franklin Lakes, NJ.
5. CliniCare® Canine/Feline 营养(犬 / 猫)Liquid Diet(流食), Abbott Animal Health, Abbott Park, IL.
6. CliniCare® RF Feline Liquid Diet, Abbott Animal Health, Abbott Park, IL.
7. Vivonex® TEN, Nestlé Nutrition, Highland Park, MI.
8. Vivonex® Plus, Nestlé Nutrition, Highland Park, MI.
9. Portagen® Powder, Mead Johnson Pediatric Nutrition, Evansville, IN.
10. http://nutritiondata.self.com [accessed(登录日期) December, 2012].
11. Royal Canin Veterinary Diet® Renal LP® Modified Canine, Royal Canin USA, Inc., St. Charles,MO.
12. Royal Canin Veterinary Diet® Renal LP® Modified Morsels in Gravy Feline, Royal Canin USA, Inc., St. Charles, MO.
13. Hill's Prescription Diet® l/d® Canine, Hill's Pet Nutrition, Inc., Topeka, KS.
14. Hill's Prescription Diet® l/d® Feline, Hill's Pet Nutrition, Inc., Topeka, KS.
15. Royal Canin Veterinary Diet® Gastrointestinal™ Low Fat LF™.
16. IAMS™ Veterinary Formulas, Intestinal Low-Residue™/Feline, P&G Pet Care, Dayton, OH.

参考文献

Bauer, J. E., Dunbar, B. L. and Bigley, K. E. (1998) Dietary flaxseed in dogs results in differential transport and metabolism of (n-3) polyunsaturated fatty acids. *Journal of Nutrition*, **128**,2641S-2644S.

Berger, M. M. and Chiolero, R. L. (2007) Antioxidant supplementation in sepsis and systemic inflammatory response syndrome. *Critical Care Medicine*, **35**(suppl), S584-590.

Bosscher, D., Van Loo, J. and Franck, A. (2006) Inulin and oligofructose as prebiotics in the prevention of intestinal infections and diseases. *Nutrition Research Review*, **19**, 216-226.

Charlton, M. (2006) Branched-chain amino acid enriched supplements as therapy for liver disease. *Journal of Nutrition*, **136**, 295S-298S.

Freeman, L., Becvarova, I., Cave, N. et al. (2011) WSAVA Nutritional Assessment Guidelines. *Journal of Small Animal Practice*, **52**, 385-396.

Gough, M. S., Morgan, M. A., Mack, C. M. et al. (2011) The ratio of arginine to dimethylarginines is reduced and predicts outcomes in patients with severe sepsis. *Critical Care Medicine*, **39** (6), 1351-1358.

Hore, P. and Messer, M. (1968) Studies on disaccharidase activities of the small intestine of the domestic cat and other carnivorous mammals. *Comparative Biochemical Physiology* **24**, 717-725.

Kadowaki, M. and Kanazawa, T. (2003) Amino acids as regulators of proteolysis. *Journal of Nutrition* **133**, 2052S-2056S.

Keohane, P. P., Attrill, H., Love, M. et al. (1984) Relation between osmolality of diet and gastro-intestinal side effects in enteral nutrition. *British Medical Journal (Clinical Research Education)* **288**, 678-680.

Kienzle, E. (1993) Carbohydrate-Metabolism of the Cat .4. Activity of Maltase, Isomaltase, Sucrase and Lactase in the Gastrointestinal-Tract in Relation to Age and Diet. *Journal of Animal Physiology and Animal Nutrition-Zeitschrift Fur Tierphysiologie Tierernahrung Und Futtermittelkunde* **70**, 89-96.

Kienzle, E. (1994) Blood sugar levels and renal sugar excretion after the intake of high carbo-hydrate diets in cats. *Journal Nutrition* **124**, 2563S-2567S.

Kovalkovicova, N., Sutiakova, I., Pistl, J. et al. (2009) Some food toxic for pets. *Interdisciplinary Toxicology* **2**, 169-176.

Manzanares, W. and Hardy, G. (2008) The role of prebiotics and synbiotics in critically ill patients. *Current Opinion Clinical Nutrition Metabolic Care* **11**, 782-789.

Martin, J. M. and Stapleton, R. D. (2010) Omega-3 fatty acids in critical illness. *Nutritional Reviews* **68**, 531-541.

Meyer, H. P., Chamuleau, R. A., Legemate, D. A. et al. (1999) Effects of a branched-chain amino acid-enriched diet on chronic hepatic encephalopathy in dogs. *Metabolic Brain Diseases* **14**, 103-115.

Pawlosky, R., Barnes, A. and Salem, N., Jr. (1994) Essential fatty acid metabolism in the feline:relationship between liver and brain production of long-chain polyunsaturated fatty acids. *Journal Lipid Research* **35**, 2032-2040.

Ramirez, M., Amate, L. and Gil, A. (2001) Absorption and distribution of dietary fatty acids from different sources. *Early Human Development* **65** Suppl, S95-S101.

Ricciotti, E. and Fitzgerald, G. A. (2011) Prostaglandins and inflammation. *Arteriosclerosis Thrombosis Vascular Biology* **31**, 986-1000.

Rivers, J. P., Sinclair, A. J. and Craqford, M. A. (1975) Inability of the cat to desaturate essential fatty acids. *Nature* **258**, 171-173.

Rushdi, T. A., Pichard, C. and Khater, Y. H. (2004) Control of diarrhea by fiber-enriched diet in ICU patients on enteral nutrition: a prospective randomized controlled trial. *Clinical Nutrition* **23**, 1344-1352.

Sardesai, V. M. (1992) The essential fatty acids. *Nutrition Clinical Practice* **7**, 179-186.

Spapen, H., Diltoer, M., Van Malderen, C. et al. (2001) Soluble fiber reduces the incidence of diarrhea in septic patients receiving total enteral nutrition: a prospective, double-blind, randomized, and controlled trial. *Clinical Nutrition* **20**, 301-305.

Weitzel, L. R. and Wischmeyer, P. E. (2010) Glutamine in critical illness: the time has come, the time is now. *Critical Care Clinics* **26**, 515-525, ix-x.

Whelan, K. (2007) Enteral-tube-feeding diarrhoea: manipulating the colonic microbiota with probiotics and prebiotics. *Proceedings Nutrition Society* **66**, 299-306.

Zarling, E. J., Parmar, J. R., Mobarhan, S. et al. (1986) Effect of enteral formula infusion rate, osmolality, and chemical composition upon clinical tolerance and carbohydrate absorption in normal subjects. *Journal Parenteral Enteral Nutrition* **10**, 588-590.

第10章
小动物肠外营养的静脉通路

Sophie Adamantos
Langford Veterinary Services, University of Bristol, UK

简介

选择适当的静脉通路是成功实施肠外营养（parenteral nutrition，PN）的关键。给人和动物使用肠外营养支持疗法时，可能伴发导管并发症，例如血栓、导管引起的感染和败血症（Chan 等，2002；Lippert、Fulton 和 Parr，1993；Ryan 等，1974）。尽管最需要关注的并发症是败血症和感染，但动物接受 PN 时更常发生机械性并发症（Reuter 等，1998），这些并发症经常导致导管脱落。

犬猫的各种肠外营养通路包括中心静脉通路（常放置于颈静脉）、外周静脉通路（例如头静脉和隐静脉）和从外周静脉插入中心静脉的通路（例如从股静脉插入至后腔静脉）。给犬猫进行 PN 时，通常选择中心静脉通路。但在放置和使用中心静脉导管的过程中，常发生并发症（Adamantos、Brodbelt 和 Moores，2010）。因此，导管的放置要求无菌操作，使用过程中需严密监控并发症的发生。此外，为防止感染的发生，建议只能使用中心静脉导管给予肠外营养液。

人的肠外营养指南建议通过中心静脉导管给患者输注高渗性营养液（即渗透压 >1 200 mOsm/L），因为高渗性营养液会刺激内皮细胞，增加血栓性静脉炎的发生风险。目前，多项研究结果之间存在冲突，因此上述说法仍有争议。一项关于人医的研究发现，经中心静脉给患者 PN 时，与渗透压为 1 200 mOsm/L 的营养液相比，1 700 mOsm/L 的营养液并没有增加血栓性静脉炎的风险（Kane 等，1996）。另据报道，经外周静脉给犬渗透压为 840 mOsm/L 的肠外营养液时，出现血栓性静脉炎的概率与人医报道类似，提示渗透压可能并不是造成血栓性静脉炎的唯一因素（Chandler 和 Payne-James，2006）。而最近的宠物临床研究表明，由外周静脉通路给犬提供高渗性营养液（1350 mOsm/L）时，发生机械性并发症的风险较高，并发症包括血栓性静脉炎（Gajanayake 和 Chan，2013）。由外周静脉通路给人提供高渗性肠外营养液，同样也会提高产生血栓的风险（Turcotte、Dubé 和 Beauchamp，2006）。因此，需谨慎选择肠外营养液，选择使用外周静脉通路时，尽量使用渗透压 <850 mOsm/L 的营养液（Singer 等，2009）。

导管放置的适应症

给所有接受肠外营养的患病动物使用的导管都应被专一用于提供营养液。如前所述，肠外营养液如为高渗液，需经中心静脉导管输入体内。如需给患病动物输注低渗性营养液，可选择通过外周静脉导管输入体内（Singer 等，2009）。对不能直接放置中心静脉导管的患病动物（如存在凝血功能障碍），如果需要输注高渗性营养液，可以考虑从外周静脉插入中心静脉导管来输注高渗液，虽然使用这种方法易产生机械性并发症（如血栓），从而增加导管的脱落概率。如使用肠外营养 >7 天，一般建议选择使用中心静脉通路。一旦不再需要使用导管，应立即移除导管。

肠外营养导管放置指南

使用肠外营养导管产生血栓和感染并发症的风险较高，因此导管的无菌放置非常重要。在人医，正确的导管放置操作可有效降低中心静脉导管相关的感染率。正确操作包括严格的无菌技术和运用循证医学方法放置导管，医护人员需按规定操作（Berenholtz 等，2004）。虽然还没有研究证实，但猜测在兽医领域使用类似措施也能降低感染率，从而有效预防患病动物发生败血症。由于患者在接受肠外营养支持疗法时，机体已经较虚弱，易发包括医源性感染在内的其他疾病，因此兽医临床也应使用类似方法，谨慎操作，防止在放置导管时发生医源性感染。

放置导管时，需可靠保定动物，以防放置导管时因移动增加血管刺激或感染的风险。如果患病动物不能耐受保定操作，则在患病动物心血管状况允许的情况下进行镇静或麻醉，以便放置导管。此外，术前应使用洗必泰溶液消毒导管放置部位。

导管材质的选择也很重要。相比其他材质，聚氨酯和硅胶导管较不易引起血栓形成，因而在临床上广泛使用。大多数中心静脉导管是由这两种材料制成的，而外周静脉用的带针导管通常由其他的材料制成，使用前需查明材质。

尽管在人类医学上发现使用抗生素或银离子浸渍的导管可降低感染风险，但在兽医临床关于其降低感染风险的研究较少。如选用这种材质的导管，还应考虑利弊和花费问题。人类医学临床建议这种材质的导管只适用于感染风险较高的患者(O'Grady等，2002)。同样，推荐使用抗菌软膏预防导管相关性感染的证据有限，而且这种方法可能与真菌感染和抗生素耐药性问题相关(O'Grady等，2002)。

肠外营养导管的放置

前文已经对外周静脉导管的放置进行了详细介绍，这里就不再重复。适合通过中心静脉通路给予高渗性营养液，人类医学推荐使用改良的Seldinger穿刺法放置中心静脉导管，因为与其他技术相比，该法引起并发症的风险较低(Jauch等，2009)。虽然在兽医临床没有相关研究，但建议将导管头放置于后腔静脉内，因此需要较长的导管。改良的Seldinger穿刺法可通过导丝放置任何长度的导管，是放置肠外营养导管的常用方法。现有商品化的多腔中心静脉导管套装可用于肠外营养，有助于导管放置(图10.1)。

不推荐给患有凝血功能障碍的动物放置中心静脉导管，也不推荐给患有菌血症的动物或出现高凝性临床症状的动物放置中心静脉导管给予肠外营养，因为这类动物发生导管相关性血栓和感染的风险很高。

改良的Seldinger穿刺法放置中心静脉导管的具体步骤如下：

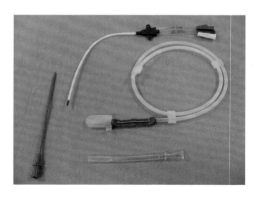

图10.1 多腔中心静脉导管套装可帮助降低导管放置的难度。可采用改良的Seldinger穿刺法放置导管。

1. 需要可靠保定动物，并由 1 名或 2 名助手帮助动物侧卧，也可给予小剂量镇静药进行化学保定。
2. 需对颈静脉处的皮肤进行大范围剃毛，并擦洗消毒（图 10.2）。
3. 戴无菌手套。
4. 备皮区铺设无菌创巾。
5. 用 11 号刀片先在皮肤上切一小口以便静脉穿刺。
6. 助手在创巾下按压静脉近心端，使其怒张而可见。
7. 将大型穿刺套管针头刺入静脉内（图 10.3）。

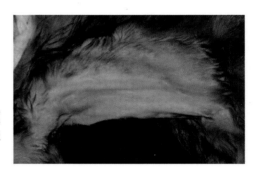

图 10.2 为确保导管无菌放置，需对颈静脉处的皮肤进行大范围剃毛，并擦洗消毒。

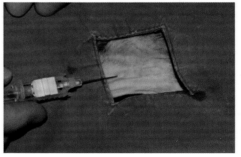

图 10.3 将大型穿刺套管针头刺入怒张的静脉内。可用 11 号刀片先在皮肤上切一个小口，以利于针头穿刺。

8. 移除穿刺套管针芯，然后在穿刺套管内插入长导丝（图 10.4）。导丝应尽量推入静脉内，以防后续操作中移位。体外还需留有足够长的导丝，以便套上静脉导管，且在导管进入皮肤之前，导丝在导管的一个端口外露出（体外保留 20～30 cm 的长度，可根据导管整体长度决定具体长度）。
9. 移除穿刺套管，保留导丝。（图 10.5）。
10. 将扩张器顺着导丝推入静脉内（图 10.6）。固定导丝，推入扩张器。旋转操作有助于扩张器从皮肤进入静脉内。

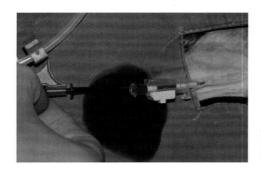

图 10.4 移除穿刺套管针芯，随后在穿刺套管内插入长导丝。

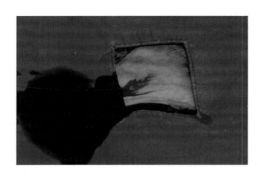

图 10.5 移除穿刺套管，保留导丝。

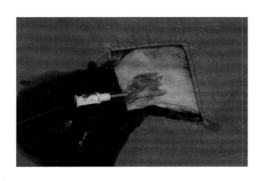

图 10.6 将扩张器顺着导丝推入静脉内。固定导丝，推入扩张器。旋转操作有助于扩张器从皮肤进入静脉内。

11 移除扩张器，保持导丝位置不变。
12 导管顺着导丝进入静脉内，旋转操作有助于导管的推入（图 10.7）。
13 移除导丝，保留导管（图 10.8）。
14 及时封闭导管末端，以防发生空气栓塞。
15 从所有端口中抽取血液及任何存在的空气，然后用肝素钠冲洗封闭管腔。
16 使用 3-0 缝合线固定导管。
17 使用绷带包扎，以防穿刺区域受污染和导管移位。

第 10 章 小动物肠外营养的静脉通路　97

图 10.7　导管顺着导丝进入静脉内，旋转操作有助于导管的推入。

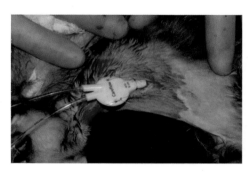

图 10.8　移除导丝，保留导管。

肠外营养导管的并发症和维护

使用肠外营养导管主要会引起两种并发症：血栓和静脉炎。与接受其他液体疗法的患者相比，接受肠外营养的患者出现这两种并发症的概率较高。因此，应严密监护导管的情况，如有并发症发生，应立即移除导管。只要没有并发症发生，肠外营养的导管使用时长不受限制。

导管的维护与其他导管的护理相同。应在导管的暴露端覆盖透气性无菌敷料，例如纱布和绷带，以防患病动物干扰和污染导管。每日至少检查一次导管周围皮肤是否发生红肿、压痛和产生分泌物（图 10.9）。建议每 48 h 更换一次肠外营养液输送通路。如发生无其他原因可解释的全身性症状，则可能是由于导管引发败血症（如发热和中性粒细胞核左移），需对血液与导管头端采样进行细菌培养，并移除导管。采样后立即由静脉输注广谱抗菌药物进行治疗。

导管只能用作肠外营养的通路，避免与接口分离，因此无须冲洗，且不应使用导管采血。尽管据人类医学临床报道，多腔导管比单腔导管有较高的感染风险，但许多患者病情严重，使用多腔导管对他们有益（McCarthy 等，1987）。多腔导管除了用于输注营养液，还可通过不同

图 10.9 需至少每日检查一次用于肠外营养的导管的周围皮肤，查看周围皮肤是否发生红肿、压痛或产生分泌物。如图所示有大量分泌物，所以需立即拆除导管。

的管腔输注其他液体。但是，处理导管时需严格遵守无菌操作规程，以防污染和感染，并且需要将其中一个管腔固定用于输注肠外营养液。为了最小化使用多腔导管产生细菌感染的风险，建议避免用其他管腔进行采血、输注血液制品或监测中心静脉压（Johnson 和 Rypins，1990）。

如有血栓形成，应尽快地移除导管。有研究建议在肠外营养液中混入肝素或采用恒速输注的方式避免血栓形成（Dollery 等，1994）；但另有研究表明上述措施降低血栓发生概率的作用有待考证（Shah 和 Shah，2001）。

小结

静脉穿刺放置导管是肠外营养的必要技术。导管的放置和维护需十分谨慎，尽量降低发生感染和血栓的风险。导管只能用于肠外营养液的输注，避免脱出，以降低污染和感染风险。中心静脉导管引起血栓的风险较低，对于患病动物较有益，兽医需考虑使用改良的 Seldinger 技术放置导管，确保导管准确地置于静脉内。

要点
- 动物接受肠外营养时，面临产生血栓和导管相关感染的风险。
- 应尽量选择形成血栓的概率较低的导管材质（如硅胶或聚氨酯）。
- 中心静脉放置导管适用于输注高渗性营养液（> 850 mOsm/L），而只能通过外周静脉通路给予低渗性营养液。
- 导管只能用于输注肠外营养液，应避免导管连接处脱出。
- 导管放置后需密切监护，以防发生血栓和感染等并发症。如有发生，应立即移除导管。

参考文献

Adamantos, S., Brodbelt, D. and Moores, A.L. (2010) Prospective evaluation of complications associated with jugular venous catheter use in a veterinary hospital. *Journal of Small Animal Practice*, **51**, 254-257.

Berenholtz, S.M., Pronovost, P.J., Lipsett, P.A. et al. (2004) Eliminating catheter-related bloodstream infections in the intensive care unit. *Critical Care Medicine*, **32**, 2014-2020.

Chan, D.L., Freeman, L.M., Labato, M.A. et al. (2002) Retrospective Evaluation of Partial Parenteral Nutrition in Dogs and Cats. *Journal of Veterinary Internal Medicine*, **16**, 440-445.

Chandler, M.L. and Payne-James, J.J. (2006) Prospective evaluation of a peripherally administered three-in-one parenteral nutrition product in dogs. *Journal of Small Animal Practice*, **47**, 518-523.

Dollery, C.M., Sullivan, I.D., Bauraind, O. et al. (1994) Thrombosis and embolism in long-term central venous access for parenteral nutrition. *Lancet*, **344**, 1043-1045.

Gajanayake, I. and Chan, D.L. (2013) Clinical experience using a lipid-free, ready-made parenteral nutrition solution in 70 dogs. *Journal of Veterinary Emergency and Critical Care*, **23**(3), 305-313.

Jauch, K.W., Schregl, W., Stanga, Z. et al. (2009) Working group for developing the guidelines for parenteral nutrition of The German Association for Nutritional Medicine. Access technique and its problems in parenteral nutrition- Guidelines on Parenteral Nutrition. *German Medical Science*, **7**, Doc 19.

Johnson, B.H. and Rypins, E.B. (1990) Single lumen vs double lumen catheters for total parenteral nutrition. A randomized, prospective trial. *Archives of Surgery*, **125**, 990-992.

Kane, K.F., Cologiovanni, L., McKiernan, J. et al. (1996) High osmolality feedings do not increase the incidence of thrombophlebitis during peripherally i.v. nutrition. *Journal Parenteral and Enteral Nutrition*, **20**, 194-197.

Lippert A.C., Fulton R.B. Jr. and Parr A.M. (1993) A Retrospective Study of the Use of Total Parenteral Nutrition in Dogs and Cats, *Journal of Veterinary Internal Medicine*, **7**, 52-64.

McCarthy, M.C., Shives, J.K., Robison, R.J. et al. (1987) Prospective evaluation of single and triple lumen catheters in total parenteral nutrition. *Journal of Parenteral and Enteral Nutrition*, **11**, 259-262.

O' Grady, N.P., Alexander, M., Dellinger, E.P. et al. (2002) Control and Prevention Guidelines for the prevention of intravascular catheter-related infections. *Pediatrics*, **110**, e51.

Reuter, J.D., Marks, S.L., Rogers, Q.R. et al. (1998) Use of Parenteral Nutrition in Dogs: 209 Cases (1988-1995). *Journal of Veterinary Emergency and Critical Care*, **8**, 201-213.

Ryan, J.A., Jr, Abel, R.M., Abbott, W.M. et al. (1974) Catheter Complications in Total Parenteral Nutrition - A Prospective Study of 200 Consecutive Patients. *New England Journal of Medicine*, **290**, 757-761.

Shah, P. and Shah, V. (2010) Continuous heparin infusion to prevent thrombosis and catheter occlusion in neonates with peripherally placed percutaneous central venous catheters in neonates. *Cochrane Database of Systematic Reviews*: CD002772.

Singer, P., Berger, M.M., Van de Berge, G. et al. (2009) ESPEN Guidelines on Parenteral Nutrition: Intensive Care. *Clinical Nutrition*, **28**, 387-400.

Turcotte, S., Dubé, S. and Beauchamp, G. (2006) Peripherally inserted central venous catheters are not superior to central venous catheters in the acute care of surgical patients on the ward. *World Journal of Surgery*, **30**, 1605-1619.

第11章
小动物肠外营养

Daniel L. Chan[1] 和 Lisa M. Freeman[2]

1 Department of Veterinary Clinical Sciences and Services, The Royal Veterinary College, University of London, UK
2 Department of Clinical Sciences, Tufts Cummings School of Veterinary Medicine, North Grafton, MA, USA

简介

当住院动物无法耐受肠内营养(enteral nutrition，EN)时，通过肠外途径为患病动物提供营养是一种重要的治疗措施。肠外营养(parenteral nutrition，PN)可以有效地为动物提供能量、蛋白质和其他营养素，但是该法也可能伴有许多并发症，因此需要仔细选择能够进行 PN 支持的动物，选择合适的配方及安全有效的给予方法，同时密切监护患病动物。在大多数情况下，应给无法自主采食足量食物的住院动物进行 EN 支持。EN 是最安全、最方便、最符合生理需求和成本最低的营养支持方法(见第3章)。EN 是较适用于住院动物的营养支持方法，而 PN 常是胃肠道无法耐受肠内饲喂的患病动物的营养支持方法(Barton，1994；Braunschweig 等，2001；Biffl 等，2002)。

近年来 PN 支持的使用逐渐增多，但许多人认为该技术操作困难，且并发症较多，只有大学教学医院和大型转诊中心在使用该技术。事实上，许多疾病状态下都可以使用 PN 支持，通过合理和细致的护理可以显著减少并发症。本章的目的是概述如何正确识别最可能受益于 PN 的患病动物，总结营养液配制、输注和肠外营养支持监护的过程，讨论如何在多种疾病状态下使用 PN。

PN 支持的适应症

人类医学研究表明，给部分患者使用 PN 后，实际上会增加产生并发症的风险，并恶化预后(Braunschweig 等，2001；Gramlich 等，2004；Simpson 和 Doig，2005)。此外，一些研究显示在患者进入重症监护室(intensive care unit，ICU)48 h 内进行 PN 支持，出现情况恶化(如感染并发症风险升高，更依赖机械通气)的可能性高于进入 ICU 8 天才开始使用 PN 的患者(Casaer 等，2011)。导致并发症风险增高的原因可能是过早为营养良好的 ICU 患者启动 PN 支持，因此在考虑进行 PN 支持时，特别重要的因素是需要仔细选择适合进行 PN 支持的患者(Lee 等，2014)。但是，目前关于 PN 对 ICU 患者的影响存在争议。最近，一项人类医学前瞻性对照研究发现，给相对禁忌使用早期 EN 的重症患者进行早期 PN 支持后，不会对患者的存活产生不良影响，实际上还能降低患者对机械通气的依赖性，减少患者的肌肉丢失(Doig 等，2013)。另外，一项新的研究比较了患者进入 ICU 后 36 h 内启动 EN 或 PN 支持的结果，发现 PN 组的低血糖和呕吐发生率显著降低，而两组的感染性并发症发病率、30 天或 90 天死亡率或其他 14 项次要指标均无差异(Harvey 等，2014)。考虑到这些研究结果存在矛盾，在为患者选择营养支持通路时，明智的选择应是先进行营养评估(见第 1 章)，再选择最合适的营养支持通路。PN 支持的适应症包括营养不良的动物无法自主或安全采食食物(即动物无法保护气管)，或者尝试改善动物耐受 EN 的能力后，动物仍无法耐受 EN 时。长期食欲不振或厌食并不是进行 PN 支持的充分理由，若在此情况下使用 PN 支持，就属于应用不当。当患病动物需要营养支持，同时又无法放置饲管时(例如存在凝血障碍，心血管或心肺系统不稳定等)，可以考虑进行短期(如少于 3 天)PN 支持。

肠外营养

用于描述 PN 在患病动物应用的术语不断演化，因此有必要总结现用术语。全肠外营养(total parenteral nutrition，TPN)指通过静脉注射为患病动物提供所有所需的蛋白质、能量和微量营养素。部分肠外营养(partial parenteral nutrition，PPN)指通过静脉注射为患病动物提供部分所需的营养素(通常为能量需要的 40%~70%)(Chan 和 Freeman，2012)。近来，由于动物的大部分能量和营养素需求仍处于未知状态，在描述 PN 时较少使用与"满足能量和营养素需求"相关的术语，更多使用与给予 PN 途径相关的术语，例如通过中心静脉给予的 PN 称为"中心静脉营养"，而通过外周静脉给予的 PN 称为"外周静脉营养"(Queau 等，2011；Perea，2012)。依据本章的目的，"PPN"指外周 PN。

由于渗透压是引发血栓性静脉炎的主要因素之一，因此，出于安全考虑，通过外周静脉给予 PN 溶液时应降低溶液的渗透压。最近一项针对儿童的研究发现，通过外周静脉进行 PN 支持时，>1 000 mOsm/L 的 PN 溶液，发生静脉炎和 PN 外渗的风险要高于渗透压 <1 000 mOsm/L 的 PN 溶液（Dugan、Le 和 Jew，2014）。目前仍未有相似的动物研究结果。近期的一项动物研究评估了给犬使用渗透压为 1 350 mOsm/L 的 PN 产品的效果，但该研究的作者未报道患犬出现静脉炎或 PN 外渗的高发病率（Gajanayake、Wylie 和 Chan，2013）。该研究通过外周静脉给大部分患犬（70 只犬的 66%）注入高渗透压溶液，有趣的是仅发生了 1 例血栓性静脉炎和 2 例外渗。然而，在通过外周静脉注入 PN 溶液时，一些作者仍推荐选择渗透压 <950 mOsm/L 的溶液。为了降低渗透压（如渗透压 <1 000 mOsm/L），需降低溶液的氨基酸和葡萄糖浓度，而这会降低溶液本身的能量密度。这些因素导致 PPN 只能为患病动物提供部分 RER，因此对于营养需求处于平均水平的非虚弱状态患病动物，PPN 应仅作为短期营养支持手段。

　　建立 PN 支持时，通常需要使用无菌技术放置新的专用导管（见第 10 章）。在放置好该导管后，除输注 PN 外，该导管不可作为他用。推荐使用由硅胶或聚氨酯制成的长导管来建立 PN 支持，可降低发生血栓性静脉炎的风险。与一般的颈静脉导管相比，多腔导管更适用于建立 PN 支持。多腔导管可在同一位置维持较长时间，同时还能提供其他接口，用于采血、输注其他液体和 IV 给药。

肠外营养的组成成分

氨基酸

　　大多数 PN 溶液的组成成分包括氨基酸、一种碳水化合物来源（葡萄糖或丙三醇）和脂质。氨基酸溶液的浓度为 3%～10%。最常给患病动物使用的氨基酸浓度为 8.5%，能量密度为 0.34 kcal/mL，渗透压约为 880 mOsm/L。氨基酸溶液可添加或不添加电解质。这类溶液的氨基酸组成符合人类的必需氨基酸需求。目前，没有针对犬或猫专业化的氨基酸溶液产品。因此，这些溶液产品无法满足犬猫的所有氨基酸需求。但是，使用这类溶液产品进行短期营养支持时，不太可能会出现氨基酸缺乏相关的临床症状。健康犬通过肠外营养支持补充蛋白质，最低需要量估计为 3 g/100 kcal（Mauldin 等，2001）。目前尚未全面评估患病动物的蛋白质需求，在此条件下，为了通过 PN 支持住院动物，犬的蛋白质推荐给予量为 4～6 g/100 kcal（15%～25% 的总能量需求），猫的为 6～8 g/100 kcal（25%～35% 的总能量需求）（Michel 和 Eirmann，2014；Chan 和 Freeman，2012；Chan，2012）。许多疾病会导致动物摄食量不足、蛋白质丢失增加以及代谢和炎症通路改变，导致患病动物的蛋白质需要量升高（Michel、King 和 Ostro，1997；Chan，2004）。

考虑到住院动物易发生蛋白质营养不良，PN 支持的目的应是提供充足的氨基酸，最小化肌肉蛋白质分解，维持动物肌肉含量。在禁食状态（单纯性饥饿）下，健康动物能进行适应性调整，使用储存的脂肪作为能量来源，保存肌肉含量；重症患病动物处于营养不良的状态（应激性饥饿）下时，可能会加速肌肉分解代谢，产生氨基酸用于糖异生和合成急性期蛋白（Biolo 等，1997；Chan，2004）。但是，并非所有需要营养支持的患病动物的蛋白质需求都升高。给蛋白质不耐受（如患肝性脑病和严重肾功能衰竭等）的动物进行营养支持时，需要降低蛋白质水平（如 3 g/100 kcal）。

碳水化合物

通常将 5%～50% 葡萄糖溶液用作 PN 溶液的碳水化合物能量来源。进行 CPN 支持时，最常用 50% 葡萄糖溶液，渗透压为 2 523 mOsm/L，能量密度为 1.7 kcal/mL。进行 PPN 支持时，最常用 5% 葡萄糖溶液，渗透压为 250 mOsm/L，能量密度为 0.17 kcal/mL。应根据患病动物的个体情况（如蛋白质、碳水化合物或脂质不耐受）来确定碳水化合物提供的能量比例，通常应占非蛋白质能量的一半。可以根据患病动物的需求调节碳水化合物和脂质的供能比例。当给非糖尿病患者输注葡萄糖的速率超过 4 mg/（kg·min）时，患者会出现高血糖。因此，作者建议 PN 溶液内的葡萄糖含量不超过该值（Rosmarin、Wardlaw 和 Mirtallo，1996）。当为糖尿病患者配制 PN 溶液时，应提高氨基酸和脂质的供能比例。一些病例可能还需要使用胰岛素来控制高血糖。

脂质

PN 溶液内的脂肪乳剂可提供能量和必需脂肪酸。最常使用的脂肪乳剂是一种浓度为 20% 的溶液，可提供能量为 2 kcal/mL，渗透压为 260 mOsm/L。美国国内常用的商品化脂肪乳剂的基料为大豆油或红花油，同时含有蛋黄磷脂、丙三醇和水。用于 PN 的脂质类型主要为 *n-6*

脂肪酸，因此需考虑对机体炎性反应的影响。体内研究表明，人体注射长链甘油三酯后，加剧了机体对内毒素的炎性反应（Krogh-Madsen 等，2008）。此外，n-6 脂肪酸可能对免疫功能、氧化应激和血液动力学产生不良作用，还可能增加高血脂、脂质栓塞和微生物污染的发生风险，这些已越来越受到人们的关注（Grimes 和 Abel，1979；Wiernik、Jarstrand 和 Julander，1983；Mirtallo 等，2004；Kang 和 Yang，2008；Calder 等，2010；Kuwahara 等，2010）。为了减轻上述效应，已研发出含有 n-3 脂肪酸、n-9 脂肪酸、中链甘油三酯或结构脂肪的不同脂肪乳剂产品，但目前在美国仍无法获得这类产品（Wanten 和 Calder，2007；Sala-Vila、Barbosa 和 Calder，2007）。在完成这些不同类型脂肪对犬猫的作用评估并证实有临床益处前，作者建议在给予犬猫典型的以 n-6 为基料的脂肪乳剂时，将剂量限制为每天 2 g/kg（提供总能量的 30% ~ 40%），从而降低发生脂血症和免疫抑制的风险。在给已发生脂血症的动物进行 PN 支持时，可能需要降低脂质剂量，或者使用不含脂质的 PN 配方。最近一项研究评估了给犬使用不含脂质 PN 配方的效果，表明可以给部分动物使用这类产品（Gajanayake 等，2013）。

电解质和微量矿物质

可根据患病动物的需求决定肠外营养液是否添加电解质。PN 溶液中最常需要调整的电解质是钾，大多数配方的钾浓度为 20 ~ 30 mmol/L（20 ~ 30 mEq/L）。可以使用氯化钾和磷酸钾来调整钾含量。当需要给患病动物（例如低磷血症患病动物）额外补充磷时，作者建议使用单独的静脉通路补充磷，因为需要频繁调整用量，而且若在 PN 溶液中添加过多的矿物质会增加矿物质沉淀的风险。因此，单独输注电解质可以保证治疗方案有更高的灵活性。

为患病动物进行 PN 支持时，有时会在 PN 溶液中添加微量矿物质，但是大多数情况下不添加。若患病动物需要长期（如超过 10 天）PN 支持或者严重营养不良时，可以考虑添加锌、铜、锰和铬。作者曾使用过一种商品化的微量元素制剂[1]，每 5 mL 该产品含 4 mg 锌、1 mg 铜、0.8 mg 锰和 10 μg 铬，在 PN 溶液内的使用剂量为 0.2 ~ 0.3 mL/100 kcal。

维生素

许多需要进行 PN 支持的住院动物已有一定程度的营养不良，这时在 PN 溶液内添加 B 族维生素可能对动物有益处。由于部分 B 族维生素对光敏感（例如核黄素），最好在输注 PN 溶液前再加入 B 族维生素，保证 B 族维生素在前 6 h 内输注完毕。商品化的复合维生素 B^2 含有硫胺素、烟酸、吡哆醇、泛酸、核黄素和钴胺素，在大多数情况下可以满足需求。PN 配方推荐使用的 B 族维生素剂量为每 1 000 kcal PN 溶液含 0.29 mg 硫胺素、0.63 mg 核黄素、3.3 mg 烟酸、2.9 mg 泛酸、0.29 mg 吡哆醇和 6 μg 钴胺素（Perea，2012）。

肠外营养液的配方

作为肠外营养液，含有氨基酸、葡萄糖和脂质的单袋装混合液比单一营养素溶液更适用。作者使用框 11.1 中的计算公式来配制 PN。第一步是计算动物的能量需要。如第 2 章内所讨论的，估算大多数住院动物的能量需要时，合理的起点是先计算动物的静息能量需求（resting energy requirement，RER）。考虑到过度饲喂及出现相关并发症的可能性，作者在计算提供给动物的能量目标时，并不使用疾病能量系数（illness energy factor）。需要注意的是，在本章所用的计算碳水化合物、氨基酸和脂质比例的方法里，包含了氨基酸溶液提供的能量值。一些作者主张单纯通过碳水化合物和脂质成分来满足能量需求目标，他们认为当所有能量需求通过非蛋白质成分得到满足后，氨基酸可以仅用于蛋白质合成，从而获得"蛋白质节约效应"。但是，考虑到使用该种计算方法有发生过量饲喂的风险，工作表内的计算方法包含了氨基酸提供的能量（即蛋白质能量）。最后一步需要估计终溶液的渗透压，计算公式为终渗透压 =[氨基酸（mL）× 溶液渗透压 + 葡萄糖（mL）× 溶液渗透压 + 脂质（mL）× 溶液渗透压 + 其他液体（mL）× 溶液渗透压]/ 肠外营养混合液的总体积。

混合

混合 PN 溶液时需要无菌条件。理想情况下，只有具备专业知识和设备，并能保证进行准确和无菌配制的人员才可配制 PN 溶液。这通常需要使用自动化配制机（图 11.1），操作环境需为无菌（图 11.2）。但是，这类配制机并不常见且价格昂贵，如果不经常使用 PN 的话，效益并不高。因此，并不频繁使用 PN 的兽医诊所最好根据患病动物的特定需求，请能配制 PN 的医院或家庭护理公司提供 PN 溶液。如果无法通过上述途径获得，不太理想的一种选择是使用"三合一"装袋系统来手动配制溶液。这类袋子有 3 个连接导管，通过无菌技术可分别与装有葡萄糖、氨基酸和脂质的袋子连接，接着各种成分通过重力作用进入接收袋。为了保证

框 11.1　计算肠外营养常用组分的工作表

1 静息能量需求（RER）

　　RER(kcal/天)=70×[目前的体重（kg）]$^{0.75}$，或者当动物的体重为 3～25 kg 时，也可以使用：RER(kcal/天)=30× 目前的体重（kg） + 70

　　RER = _____ kcal/天。如有需要，可下调该能量目标（例如 70%RER）。

2 蛋白质需要量

	犬（g/100 kcal）	猫（g/100 kcal）
标准	4～5	6
需要量下降（肝脏/肾脏衰竭）	2～3	4～5
需要量升高（蛋白质丢失疾病）	5～6	6～8

（RER ÷ 100） × _____ g/100 kcal = _____ g 蛋白质需要量/天（蛋白质需要量）

3 每天需要的营养液量

a. 8.5% 氨基酸溶液 = 0.085 g 蛋白质/mL

　　_____ g 蛋白质需要量/天 ÷ 0.085 g/mL = _____ mL 氨基酸/天

b. 非蛋白质能量：

　　由 RER 减去蛋白质提供的能量（4 kcal/g）得到所需的非蛋白质总能量：

　　_____ g 蛋白质需要量/天 × 4 kcal/g = _____ kcal 蛋白质提供的能量

　　RER － 蛋白质提供的能量 = _____ 所需的非蛋白质 kcal/天

c. 通常由 50:50 混合的脂质和葡萄糖提供非蛋白质能量。但是，如果患病动物本身已存在糖尿病和高甘油三酯血症等疾病时，需要调节该混合比例：

　　*20% 脂质溶液 = 2 kcal/mL

　　为了提供 50% 的非蛋白质 kcal：

　　　　所需的脂质 kcal ÷ 2 kcal/mL = _____ mL 脂质

　　*50% 葡萄糖溶液 = 1.7 kcal/mL

　　为了提供 50% 的非蛋白质 kcal：

　　　　_____ 所需的葡萄糖 kcal ÷ 1.7 kcal/mL = _____ mL 葡萄糖

4 每日总需要量

　　_____ mL 8.5% 氨基酸溶液

　　_____ mL 20% 脂质溶液

　　_____ mL 50% 葡萄糖溶液

　　_____ mL PN 溶液总体积

该配制系统的结果更准确，应给接收袋称重，确认每种溶液的添加量是准确的，这点对体型特别小的动物尤其重要。许多并不频繁使用 PN 的动物医院发现该法的时间效益或成本效益都不高。混合 PN 溶液的顺序应为先混合氨基酸溶液和葡萄糖溶液，接着按需混合晶体溶液，最后再混合脂肪乳剂。如果需要添加钾和微量矿物质等其他添加剂，则应安排在最后混合。采用上述混合顺序才能避免脂质与氨基酸溶液混合后变得不稳定。

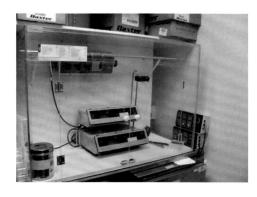

图 11.1 自动化肠外营养配制机便于准确和安全地配制混合液。

图 11.2 如果需要手动配制肠外营养液，需要在无菌的正压通风橱中操作。

替代配制肠外营养混合液的措施

临床诊所不具备配制能力或无法获得提供 PN 的设备时，有多种混合产品可供使用。一些产品带有多腔密封袋，独立的袋腔内装有不同成分（例如氨基酸、葡萄糖和脂质），挤压袋后密封口裂开，混合不同成分（图 11.3）。目前也有预混合氨基酸和一种碳水化合物来源物质的产品。这类混合产品的优点是较易获得，不需要特殊配制操作。葡萄糖/氨基酸溶液产品有几种不同的配方。框 11.2 提供了某种美国国内常用产品（ProcalAmine）[3] 的计算方法。两个回顾性研究表明使用这些混合产品后，结果与使用部分 PN 的研究结果类似（Gajanayake 等，2013；Olan and Prittie，2015）。这类产品的主要缺点是无法根据患病动物的需求调整不同成分的比例。对于那些无法提供个体化 PN 配制的诊所来说，这类现成产品作为一种折中措施，可为需要 PN 的患病动物提供一定程度的营养支持。

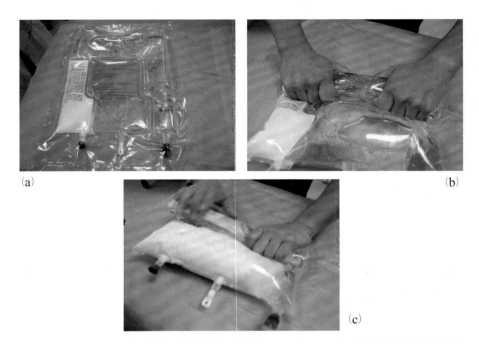

图 11.3 (a) 诊所无法配制肠外营养溶液时,可以使用三合一肠外营养产品提供配方固定的混合液。不同成分(葡萄糖、氨基酸和脂质)装在独立的袋腔内,准备输注前进行混合。(b) 混合不同成分时,将袋子由顶部开始卷压,产生的压力会打开内部密封口,先打开葡萄糖和氨基酸之间的密封口,再打开脂质袋腔的密封口。(c) 当所有内部密封口打开后,缓慢倒转袋子,保证完全混合。此时袋子已准备完毕,可用于输液。

肠外营养输注

按本章所述程序配制 PN 后,获得一种可持续输注 24 h 的混合液,输注混合液时需维持恒速。目前推荐在室温条件下放置装有 PN 混合液的袋子不应超过 24 h。应在 24 h 内通过输液泵(图 11.4)输注袋内液体。在此过程中,输液管应与装有 PN 液的袋子或患病动物保持连接状态(即应维持系统封闭)。每个 24 h 周期末,应完成输液,通过无菌技术将空袋和输液管置换为新的袋子和输液管(图 11.5)。一些研究报道,仅在一天当中的部分时间(即 10～12 h)给病患进行 PN 输注,这种方法称为"周期性 PN"(Zentek 等,2003;Chandler 和 Payne-Jones,2006)。虽然对于非 24 h 营业的诊所来说,这种方法可能很有吸引力,但是这会增加导管相关感染的风险,因此作者并不推荐使用该法。所有 PN 输注时都应通过一个 1.2 μm 的内置过滤器。过滤器可预防脂滴或沉淀物(特别是

框 11.2　ProcalAmine® 计算肠外营养的工作表

1 计算静息能量需求（RER）：
RER = 70 × [目前的体重（kg）]$^{0.75}$
如果动物体重在 2～30 kg：
RER = 30 × 目前的体重（kg）+ 70
RER = _____ kcal/ 天

2 计算蛋白质需要量：

	犬（g/100 kcal）	猫（g/100 kcal）
* 标准	4	6
* 需要量下降（肝脏 / 肾脏衰竭）	2～3	3～4
* 需要量升高（蛋白质丢失疾病）	6	7～8

（RER÷100）× _____ g/100 kcal 蛋白质需要量 = _____ g 蛋白质需要量 / 天

3 计算 ProcalAmine® 的输液速率：
ProcalAmine® 是一种氨基酸浓度为 3% 的溶液，因此含有 0.03 g 蛋白质 /mL
所需的输液速率 = _____ g 蛋白质 / 天 ÷ 0.03 g 蛋白质 /mL ÷ 24 h
　　　　　　 = _____ mL/h ProcalAmine®
确保患病动物能承受该输液速率。

4 计算该输液速率能提供的 RER 比例：
ProcalAmine® 的能量密度为 0.25 kcal/mL
提供的能量 = 0.25 kcal/mL × _____ mL/h × 24 h = _____ kcal/ 天
满足的能量比例 = _____ PPN 能量 ÷ _____ RER × 100 = _____ %

5 根据计算所得的 PPN 速率计算葡萄糖输液速率：
ProcalAmine® 的丙三醇含量为 3%（与葡萄糖等价），即 30 mg/mL
葡萄糖输液速率 = _____ mL/h PPN ÷ 60 min × 30 mg/mL ÷ kg 体重
　　　　　　 = _____ mg/（kg·min）葡萄糖

葡萄糖输液速率不应超过 4 mg/（kg·min），若超过可能会引起高血糖症。可能需要降低输液速率，进行重新计算。

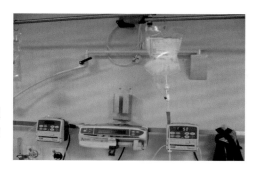

图 11.4　建议在 24 h 内通过自动输液泵连续输注肠外营养混合液，在完成输注前，维持整个系统处于封闭状态。

磷酸氢钙）进入患病动物体内。

　　应在 48～72 h 内逐步引入肠外营养。大多数动物在第一天可以耐

图11.5 进行肠外营养操作时需要严格遵循无菌技术，包括使用一次性防护服、无菌手套和新的输液器。

受50%总需求PN液，在第二天可以耐受达到100%总需求PN液。动物若长期未进食，应减慢引入肠外营养的进度（如第一天33%，第二天66%，第三天100%）。启动PN支持后，注意调整动物的其他静脉输注液体，避免液体容量过载。

监护

降低并发症风险的另一个关键操作是进行密切监护。每天检查导管位置可及时发现导管移位，并在发展为严重问题前，及早发现静脉炎或蜂窝组织炎。应每日监测接受PN动物的体重。液体转移也会导致动物的体重在住院期间发生快速变化，因此持续进行营养评估很重要。使用RER作为患病动物的能量需要标准仅仅是初始措施。可能需要提高PN所提供的能量来预防体重下降，或者根据患病动物的需求变化进行调整。应仔细、频繁地监护患病动物来避免PN并发症。应每日评估患病动物的整体状况、体重、体温、血糖浓度、血浆总蛋白（同样需检测血清，确认是否发生总脂血或溶血）和血清电解质浓度，如有需要可更频繁地监测上述指标。每日应多次监测和记录脉搏和呼吸频率情况。接受PN的动物常发生代谢性并发症，进行频繁监测能及早发现这类并发症，并可按需进行纠正。根据患病动物的临床情况决定监测的频率和范围，因为部分患病动物可能需要更加密集的监护。动物发生代谢性异常时，通常不需要停止PN支持，但可能需要重新配制PN（如动物发生高甘油三酯血症时，需减少PN中的脂质含量）。其他需要监测的参数包括胃肠道症状和食欲，保证尽可能快地启动肠内营养或自主采食。最后，应定期重新评估整体营养方案，按动物的需求变化进行调整。

并发症

代谢性并发症

PN 可能会伴发的并发症有多种，这些并发症可分为三大类。最常发的是代谢性并发症，其中高血糖症发生频率最高（Lippert、Fulton 和 Parr，1993；Reuter 等，1998；Chan 等，2002；Pyle 等，2004；Crabb 等，2006；Queau 等，2011）。虽然高血糖症是最常发的并发症，但仅在 Pyle 的研究（2004）中发现高血糖症与猫的存活率降低有关。在此项研究中，接受 PN 后的 24 h 内发生高血糖症的猫，其死亡风险升高 5 倍。需要注意的是，在该研究里，给许多猫输注的能量高于 RER。输注 PN 后所发生的高血糖症可能并不会恶化预后，但谨慎起见，仍有必要避免发生这类并发症。为了最小化高血糖症的发生风险，应使用保守能量目标（即起始目标为满足 RER），输注第一天缓慢逐步增加 PN 输注速率，并密切监护接受 PN 的患病动物。

接受 PN 的犬猫常发的另一个代谢性并发症是高脂血症（Lippert 等，1993；Chan 等，2002；Crabb 等，2006）。但有两项研究发现给部分动物启动 PN 支持后，高脂血症消失（Reuter 等，1998；Pyle 等，2004）。Lippert 在 1993 年的研究报道高脂血症的发生率约为 70%，但在近期的研究里，该发生率降至低于 20%（Reuter 等，1998；Chan 等，2002；Pyle 等，2004；Crabb 等，2006）。近期的研究降低了总体能量目标，同时也降低了脂质提供的能量比例。这些因素可能导致高脂血症的发生率下降。

给患病动物提供营养支持后，可能发生电解质紊乱。如果动物本身已存在电解质异常，可能会导致情况恶化。许多研究报道的电解质紊乱并发症包括低钠血症、低钾血症、低钙血症、低磷血症和低氯血症，但这类并发症与存活率并不相关（Lippert 等，1993；Reuter 等，1998；Chan 等，2002；Pyle 等，2004；Crabb 等，2006；Queau 等，2011）。与此相反，Gajanayake 等（2013）的近期研究表明在接受某种商品化的氨基酸和葡萄糖溶液产品的犬中，约 24% 的犬发生高钾血症，且该并发症与存活率下降相关。

伴侣动物一般不发生再饲喂综合征（见第 16 章），但是一旦发生则很难控制（Armitage-Chan、O' Toole 和 Chan，2006；Brenner、KuKanich 和 Smee，2011）。再饲喂综合征是指严重营养不良的患病动物再次进食后发生的可能致命的并发症（Solomon 和 Kirby，1990；Crook、Hally 和

Pantelli，2001）。症状包括低磷血症伴发或不伴发低钾血症、低镁血症、硫胺素缺乏和液体转移（Solomon 和 Kirby，1990；Crook 等，2001）。当给严重营养不良的动物（特别是长期未进食动物）启动肠外或肠内营养支持时，会发生再饲喂综合征。肠外或肠内营养提供的葡萄糖刺激胰岛素分泌，胰岛素驱使细胞外离子（如磷、钾和镁）进入细胞内，同时促进蛋白质合成，导致严重的低磷血症、低钾血症和低镁血症。患病动物体内开始进行碳水化合物代谢后，硫胺素等重要辅因子的需求量会增加，而营养不良患病动物本身的硫胺素可能已经耗竭，最终可能引发硫胺素缺乏相关的神经症状（Solomon 和 Kirby，1990；Crook 等，2001；Armitage-Chan 等，2006；Brenner 等，2011）。液体转移可能继发充血性心力衰竭。应特别注意和重视的是缓慢逐步地给长期厌食的动物启动肠外营养支持，补充维生素（特别是硫胺素），以及在启动肠外营养后的前3～4天，监测血清电解质。

已报道的其他与动物 PN 相关的代谢性并发症包括高胆红素血症和氮质血症。婴幼儿易发胆汁淤积和肝脏脂肪浸润，因此高胆红素血症在婴幼儿是更加严重的并发症。目前并不清楚接受 PN 的动物发生高胆红素血症是否源于与婴幼儿类似的肝脏病理变化。接受 PN 的犬发生氮质血症的比例为1%～17%（Lippert 等，1993；Reuter 等，1998；Chan 等，2002；Queau 等，2011）。与 PN 相关的氮质血症可能是由于输入 PN 混合液中的氨基酸流入、内源性肌肉持续分解代谢或急性肾损伤的发生导致氨基酸转换增加。在 Queau 等（2011）的研究中，氮质血症是唯一一种与死亡率相关的代谢性并发症。

机械性并发症

PN 最常伴发的机械性并发症包括导管移位、导管脱离、导管阻塞、啃咬输液管、输液管阻塞和血栓性静脉炎。与猫相比，犬更常发生机械性并发症，特别是啃咬输液管和导管脱离（Lippert 等，1993；Reuter 等，1998；Chan 等，2002）。在 Gajanayake 等（2013）的研究里，导管移位的发生率特别高（40%），而且最常发于插入外周静脉的导管。由于大多数关于动物 PN 的其他研究主要使用中心静脉导管，因此很难得出结论，并发症的高发率是否与 PN 输注、PN 配方（葡萄糖/氨基酸混合液）有关，或者与未输注 PN 的外周静脉导管相比并无区别。

败血性并发症

败血性并发症是最严重的并发症，但在接受 PN 的动物中并不常见。在迄今为止的研究中，接受 PN 的动物发生败血性并发症的概率低于 7%（Lippert 等，1993；Reuter 等，1998；Chan 等，2002；Pyle 等，2004；Crabb 等，2006；Queau 等，2011；Gajanayake 等，2013）。在发生败血性并发症的患病动物群体里，最常见的诱因是与导管相关的感染。移除静脉内导管后，能改善许多病患的情况。PN 混合液污染特别容易引发败血性并发症，尤其是混合液含脂质时更易被污染。但是迄今为止，在所有动物研究中，未有 PN 混合液细菌培养结果为阳性的报道。进行导管放置、PN 配制及 PN 袋和输液器处理时，坚持严格的无菌技术，可降低败血性并发症的发病率。

预防措施

减少并发症风险最重要的因素是制定预防性措施和方案。注意导管放置位置、导管和输液管护理可以降低并发症发生的风险。由有经验的员工放置导管可以降低机械性和败血性并发症的发病率（O' Grady 等，2002）。任何动物若有啃咬输液管的倾向，就应使用伊丽莎白圈。制定导管放置、用无菌技术处理导管和输液管及专用导管维护的方案，也有助于最大程度降低败血症的发生率。若怀疑发生了败血性并发症，必须检查或移除导管。任何患病动物接受 PN 后表现发热，或者无法解释的中性粒细胞核左移，特别是这些表现与动物本身的潜在疾病并不直接相关时，应考虑采集导管尖端、在导管周边区域的任何分泌物、PN 混合液样品或血液样品进行细菌培养。

过渡至肠内营养

应尽快使接受 PN 的动物过渡至肠内饲喂。除非接受 PN 的动物有禁止肠内饲喂的特定症状（如顽固性呕吐或反流），应每日为动物提供食物和水。一些作者建议在诱导动物自主进食时降低 PN 的输注速率，因为 PN 输注会抑制多肽 YY 和神经肽 Y 受体介导的活动而抑制食欲（Lee 等，1997；Perea，2012）。目前尚未进一步评估该技术的有效性，但是可以尝试使用该技术。如果动物仍然无法耐受肠内饲喂，可以将 PN 输注速率恢复至原来水平。给此类动物使用止吐剂和促进肠动力治疗可能有更好疗效。

小结

受技术、物流和管理因素限制，给无法耐受肠内营养的患病动物提供营养支持是很有挑战性的。许多住院动物可能已表现一定程度的营养不良，或发生营养不良的风险很高，在这些病例中使用 PN 支持是很重要的。要成功控制这类患病动物的病情，关键是要合理判定动物能否受益于 PN，以及具备安全配制和混合 PN 的能力。需要 PN 支持的患病动物通常病情都较严重，因此需避免和最小化并发症的发生。虽然给动物配制和输注 PN 时，存在一些技术挑战，但是许多诊所可以成功应用该种营养支持方法，在重症患病动物的恢复过程中发挥重要作用。

要点

- 肠外营养对无法耐受肠内营养的住院患病动物是一种重要的营养支持方法。
- 在启动 PN 支持前，应先进行营养评估，评定动物是否需要 PN，判定并发因素，制定启动 PN 的方案。
- 配制 PN 需要计算能量和蛋白质需求量，以及能够进行安全配制的设备。
- 要保证 PN 操作安全，需要特别注意静脉内导管的放置和维护、配制和处理 PN 的无菌技术以及密切监护患病动物。
- PN 可能的并发症包括代谢性、机械性和败血性并发症。
- 只要遵循合理的方案和合适的防护措施，许多诊所可以给重症患病动物成功提供 PN。
- 应尽可能快地过渡至肠内营养。

注释

1 4 Trace Elements（4 种微量元素），Abbott Laboratories, North Chicago, Ill.
2 B vitamin complex（复合维生素 B），Veterinary Laboratories, Lenexa, KS.
3 ProcalAmine. B. Braun Medical Inc, Irvine, CA.

参考文献

Armitage-Chan, E.A., O' Toole, T. and Chan, D.L. (2006) Management of prolonged food deprivation, hypothermia and refeeding syndrome in a cat. *Journal of Veterinary Emergency and Critical Care*, **16**, S34-S41.
Barton, R.G. Nutrition support in critical illness. (1994) *Nutrition Clinical Practice*, **9**, 127-139.

Biffl, W.L., Moore, E.E., Haenel, J.B. et al. (2002) Nutritional support of the trauma patient. *Nutrition*, **18**, 960-965.

Biolo G, Toigo G, Ciocchi B et al. (1997) Metabolic response to injury and sepsis: Changes in protein metabolism. *Nutrition*, **13**, 52S-57S.

Braunschweig, C.L., Lecy, P., Sheean, P.M. et al. (2001) Enteral compared with parenteral nutrition: a meta-analysis. *American Journal of Clinical Nutrition*, **74**, 534-542.

Brenner, K., KuKanich, K.S. and Smee, N.M. (2011) Refeeding syndrome in a cat with hepatic lipidosis. *Journal of Feline Medicine and Surgery*, **13**, 614-617.

Casaer, M.P., Mesotten, D., Hermans, G. et al. (2011) Early versus late parenteral nutrition in critically ill adults. *New England Journal of Medicine*, **365**, 506-517.

Calder P.C., Jensen G.L., Koletzko B.V. et al. (2010) Lipid emulsions in parenteral nutrition of intensive care patients: current thinking and future directions. *Intensive Care Medicine*, **36**, 735-749.

Chan, D.L. (2004) Nutritional requirements of the critically ill patient. *Clinical Techniques in Small Animal Practice*, **19** (1), 1-5.

Chan, D.L. (2012) Nutrition in critical care. in *Kirk's Current Veterinary Therapy*, 15th edn (eds J.D. Bonagura and D.C. Twedt) Elsevier Saunders, St Louis, pp. 38-43.

Chan D.L. and Freeman L.M. (2012) Parenteral nutrition. in *Fluid, Electrolyte, and Acid-Base Disorders in Small Animal Practice*. 4th edn (ed. S.P. DiBartola) Saunders Elsevier, St Louis, pp. 605-622.

Chan, D.L., Freeman, L.M., Labato, M.A. et al. (2002) Retrospective evaluation of partial parenteral nutrition in dogs and cats. *Journal of Veterinary Internal Medicine*, **16**, 440-445.

Crabb, S.E., Chan, D.L., Freeman, L.M. et al. (2006) Retrospective evaluation of total parenteral nutrition in cats: 40 cases (1991-2003). *Journal of Veterinary Emergency and Critical Care*, **16**, S21-S26.

Crook, M.A., Hally, V. and Pantelli, J.V. (2001) The importance of the refeeding syndrome. *Nutrition*, **17**, 632-637.

Chandler, M. L. and Payne-Jones, J. (2006) Prospective evaluation of a peripherally administered three-in-one parenteral nutrition product in dogs. *Journal of Small Animal Practice*, **47**, 518-523.

Doig, G.S., Simpson, F., Sweetman, E.A. et al. (2013) Early parenteral nutrition in critically ill patients with short-term relative contraindications to early enteral nutrition in a randomized controlled trial. *Journal of the American Medical Association*, **309**, 2130-2138.

Dugan, S., Le, J. and Jew, R.K. (2014) Maximum tolerated osmolarity for peripheral administration of parenteral nutrition in pediatric patients. *Journal of Parenteral and Enteral Nutrition*, **38**, 847-851.

Gajanayake, I., Wylie, C.E. and Chan, D.L. (2013) Clinical experience using a lipid-free, ready-made parenteral nutrition solution in dogs: 70 cases (2006-2012). *Journal of Veterinary Emergency and Critical Care*, **23**, 305-313.

GramLich, L., Kichian, K., Pinilla, J. el al. (2004) Does enteral nutrition compared to parental nutrition result in better outcomes in critically ill adult patients? A systematic review of the literature. *Nutrition*, **20**, 843-848.

Grimes, J.B. and Abel, R.M. (1979) Acute hemodynamic effects of intravenous fat emulsion in dogs. *Journal of Parenteral Enteral Nutrition*, **3**, 40-44.

Harvey, S.E., Parrott, F., Harrison, D.A., et al. (2014) Trial of the route of early nutritional support in critically ill adults. *The New England Journal of Medicine*, **371** (18), 1673-1684.

Kang, J.H. and Yang, M.P. (2008) Effect of a short-term infusion with soybean oil-based lipid emulsion on phagocytic responses of canine peripheral blood polymorphonuclear neutrophilic leukocytes. *Journal of Veterinary Internal Medicine*, **22**, 1166-1173.

Krogh-Madsen, R., Plomgaard, P., Akerstrom, T. et al. (2008) Effect of short-term intralipid infusion on the immune response during low-dose endotoxaemia in humans. *American Journal of Physiology Endocrinology and Metabolism*, **94**, E371-E379.

Kuwahara, T., Kaneda, S., Shimono, K. et al. (2010) Growth of microorganisms in total parenteral nutrition solutions without lipid. *International Journal of Medical Science*, **7**, 43-47.

Lee, H., Chung, K.S., Parl, M.S. et al. (2014) Relationship of delayed parenteral nutrition protocol with the clinical outcomes in a medical intensive care unit. *Clinical Nutrition Research*, **3**, 33-38.

Lee, M.C., Mannon, P.J., Grand, J.P. et al. (1997) Total parenteral nutrition alters NPY / PYY receptor levels in the rat brain. *Physiology and Behavior*, **62**, 1219-1223.

Lippert, A.C., Fulton, R.B. and Parr, A.M. (1993) A retrospective study of the use of total parenteral nutrition in dogs and cats. *Journal of Veterinary Internal Medicine*, **7**, 52-64.

Mauldin, G.E., Reynolds, A.J., Mauldin, N. et al. (2001) Nitrogen balance in clinically normal dogs receiving parenteral nutrition solutions. *American Journal of Veterinary Research*, **62**, 912-920.

Michel, K.E. and Eirmann, L. (2014) Parenteral nutrition. in *Small Animal Critical Care Medicine*, 2nd edn, (eds D.C. Silverstein and K. Hopper), Elsevier Saunders, St Louis, pp. 687-690.

Michel, K.E., King, L.G. and Ostro, E. (1997) Measurement of urinary urea nitrogen content as an estimate of the amount of total urinary nitrogen loss in dogs in intensive care units. *Journal of the American Veterinary Medical Association*, **210**, 356-359.

Mirtallo, J., Canada, T., Johnson, D. et al. (2004) Task force for the revision of safe practices for parenteral nutrition. Safe practices for parenteral nutrition. *Journal of Parenteral and Enteral Nutrition*, **28**, S39-S70.

O'Grady, N.P., Alexander, M., Dellinger, E.P. et al. (2002) Guidelines for the prevention of intravascular catheter-related infections. *Infection Control Hospital Epidemiology*, **23**, 759-769.

Olan, N.V. and Prittie, J. (2015) Retrospective evaluation of ProcalAmine administration in a population of hospitalized ICU dogs: 36 cases (2010-2013). *Journal of Veterinary Emergency and Critical Care*, (in press)

Perea, S. C. (2012) Parenteral nutrition. in *Applied Veterinary Clinical* Nutrition, 1st edn (eds A.J. Fascetti and S.J. Delaney) Saunders Elsevier, St. Louis, pp. 353-373.

Pyle, S.C., Marks, S.L., Kass, P.H. et al. (2004) Evaluation of complication and prognostic factors associated with administration of parenteral nutrition in cats: 75 cases (1994-2001). *Journal of the American Veterinary Medical Association*, 225, 242-250.

Queau, Y., Larsen, J.A., Kass, P.H., et al. (2011) Factors associated with adverse outcomes during parenteral nutrition administration in dogs and cats. *Journal of Veterinary Internal Medicine*, **25**, 446-452.

Reuter, J.D., Marks, S.L., Rogers, Q. R. et al. (1998) Use of total parenteral nutrition in dogs: 209 cases (1988-1995). *Journal of Veterinary Emergency and Critical Care*, **8**, 201-213.

Rosmarin D.K., Wardlaw G.M. and Mirtallo J. (1996) Hyperglycemia associated with high, continuous infusion rates of total parenteral nutrition dextrose. *Nutrition Clinical Practice*, **11**, 151-156.

Sala-Vila, A., Barbosa V.M. and Calder P.C. (2007) Olive oil in parenteral nutrition. *Current Opinion in Clinical Nutrition and Metabolic Care*, **10**, 165-174.

Simpson, F. and Doig, G.S. (2005) Parenteral vs. enteral nutrition in the critically ill patient A meta-anlysis of trials using the intention to treat principle. *Intensive Care Medicine*, **31**, 12-23.

Solomon, S.M. and Kirby, D. F. (1990) The refeeding syndrome: a review. *Journal of Parenteral and Enteral Nutrition*, **14**, 90-97.

Wanten G.J.A. and Calder P.C. (2007) Immune modulation by parenteral lipid emulsion. *American Journal of Clinical Nutrition*, **85**, 1171-1184.

Wiernik, A., Jarstrand, C. and Julander, I. (1983) The effect of Intralipid on mononuclear and polymorphonuclear phagocytes. *American Journal of Clinical Nutrition*, **37**, 256-261.

Zentek, J., Stephan, I., Kramer, S. et al. (2003) Response of dogs to short-term infusions of carbohydrate-or lipid-based parenteral nutrition. *Journal of Veterinary Medicine, A Physiology Pathology Clinical Medicine*, **50**, 313-321.

第 12 章
犬猫营养不良的病理生理学和临床方针

Jason W. Gagne[1] 和 Joseph J. Wakshlag[2]

1 Nestle Purina Incorporated, St Louis, MO, USA
2 Cornell University College of Veterinary Medicine, Ithaca, NY, USA

简介

营养不良是一种营养状况不佳的状态，由营养摄入不足、不平衡或过多导致，最终会影响机体的生理和精神健康。因为营养不良会增加危重患病动物的发病率和死亡率，所以临床兽医必须了解它对动物所产生的影响，掌握使用营养介入减缓营养不良有害效应的时机和方法。本章重点阐述由厌食和恶病质导致的营养不良及特定的病理生理学，讨论有可能改善这些紊乱状态的营养介入和补充方法。

食欲不振没有经典的定义，通常表现为食欲减退，而不是食欲完全丧失。导致食欲不振的原因有很多（Delaney，2006；Forman，2010）。绝食动物（即厌食）和恶病质动物不同，恶病质动物可能表现为食欲不振，也可能表现为采食行为正常。更重要的是，厌食动物在不能摄取足够能量时，会先流失脂肪，后分解代谢肌肉组织（Chan，2004）。恶病质动物可能在显著降低摄食之前，就会表现同比例的脂肪和肌肉组织流失。因此，即使恶病质动物表面上摄入了足够能量，也可能发生进行性体重减轻。虽然厌食也可能是恶病质症状的一种，但通过观察机体的成分改变情况，发现仅发生厌食并不会引发恶病质（Costa，1977；DeWys，1972）。患者即使未发生恶病质，也不能降低对厌食的重视程度。有关研究显示在影响人类患者生活质量的身体和心理因素中，食欲表现和摄食能力是最重要的因素（Padilla，1986）。伴侣动物可能也存在同样的情况。

绝食和恶病质的病理生理学

当健康哺乳动物摄入足够的能量时，会优先使用外源性食物营养素来满足组织的代谢需求，再补充肝脏和肌肉内的糖原储存。过多的常量营养素会以甘油三酯的形式储存在脂肪、肌肉和肝脏组织中（Saker 和 Remillard，2010）。禁食或绝食的动物会在 4～5 h 之内用尽外源性葡萄糖。当血糖浓度低于约 120 mg/dL（6.6 mmol/L）时，开始使用糖原储备。在接下来的 12～24 h 内，机体会持续分解肝糖原以维持血糖水平（Welborn 和 Moldawer，1997）。为了进一步增加葡萄糖储备，胰岛素分泌也会下降，从而减少甲状腺素（thyroxine，T4）转化为三碘甲腺原氨酸（triiodothyronine，T3），机体启动低代谢状态。此外，当糖原储备快速耗竭时，胰高血糖素和内源性糖皮质激素等葡萄糖负调节激素会促进肌肉发生分解代谢，这类反应在猫等严格肉食动物会更严重。肌肉分解代谢释放的丙氨酸和谷氨酰胺将分别在肝脏和肾脏进行糖异生（Welborn 和 Moldawer，1997）。胰高血糖素不仅会促进肌肉分解代谢，还会促进脂质分解代谢。到绝食的第 3 天，机体动员储存的脂肪产生脂肪酸，并在肝脏进行 β- 氧化产生酮体。除了肾髓质和红细胞，机体的所有组织都可利用酮体作为能量来源。此时，机体可以减少肌肉分解代谢，优化葡萄糖的利用。

依据绝食模型，机体会减少利用葡萄糖，转而利用酮体。但是，这种病理状态会引发炎性介质释放，激发交感神经系统，引起以能量消耗和蛋白质水解增加为特征的代谢亢进状态，造成发生恶病质的潜在风险。这种代谢亢进状态已在多种模型中被研究过，包括败血症、创伤、危重疾病、烧伤和癌症（Inui，2011；Tisdale，2000）。某些特定疾病决定了低代谢状态的改变程度和持续时间，以及转向代谢亢进（通常称为"起伏"模型）的时期。虽然对机体患病（特别是癌症）时的总能量消耗仍有争议，目前仍认为导致恶病质患者体重减轻的直接原因可能是代谢亢进（Nelson、Walsh 和 Sheehan，1994）。某些因子会激发代谢亢进状态，包括肿瘤坏死因子（tumour necrosis factor，TNF-α）、白介素 -1β（interleukin-1β，IL-1β）、白介素 -6（interleukin-6，IL-6）和干扰素 -γ（interferon-γ，INF-γ）。与癌症相关的因子可能还包括肿瘤衍生因子，如蛋白质水解诱导因子（proteolysis inducing factor，PIF）和脂质动员因子（lipid mobilizing factor，LMF）（Argiles 和 Lopez - Soriano，1999；Inui，2011；Llovera 等，1998）。

与碳水化合物代谢相关的改变包括高血糖症和胰岛素抵抗。引发这类改变的原因是交感神经系统诱发释放葡萄糖负调节激素，这些激素包括皮质醇、胰高血糖素、生长激素、其他肾上腺皮质类固醇和儿茶酚胺。

已有假说认为癌症患者的肿瘤会释放乳酸，并在肝脏转化为葡萄糖[通过科里(Cori)循环]。这种额外的底物互换造成了能量浪费。但是，并未在任何患有肿瘤的犬或猫上明确证实这种代谢性转换的存在(Barber、Ross和Fearon，1999；Tisdale，2000)。另外，随着TNF-α和IL-1β水平上升，包括脂蛋白脂肪酶(lipoprotein lipase，LPL)在内的数种脂肪生成基因的表达受抑制，使脂肪代谢被破坏。LPL是负责清除血浆内甘油三酯的一种酶，因此某些患者会发生轻度的脂蛋白成分改变和高甘油三酯血症。此外，与绝食患者会利用酮体保存蛋白质不同，恶病质患者会继续利用氨基酸，从而导致负氮平衡和肌肉组织流失。大多数由疾病诱发厌食的患者会发生神经内分泌性改变，正是这类改变导致患者厌食或食欲不振。为应对这类改变，下丘脑会释放促进食欲的信号，刺激摄食和抑制能量消耗。给予TNF-α、IL-1β、IL-6和INF-γ(混合或单独)会减少摄食。即使存在摄食和体重下降的情况，这些因子也会激发瘦素的表达或释放，抑制正常的负反馈机制(Inui，2011)。这些细胞因子也可以直接减少下丘脑弓状核中神经肽Y(一种有效促进食欲的激素)的释放，从而降低食欲。给大鼠脑室中注射IL-1β，且注射剂量与患肿瘤大鼠脑室内的1L-1β浓度相似时，大鼠会表现出厌食(Sonti、Ilyin和Plata-Salaman，1996a；Gayle、Ilyin和Plata-Salaman，1997；Sonti、Ilyin和Plata-Salaman，1996)。目前尚不明确这些神经肽对伴侣动物厌食的确切作用，但是很有可能会影响食欲。图12.1描述了上述常量营养素和神经激素的变化情况。

营养不良的临床症状和改善方法

临床兽医经常遇到的体重减轻的患病动物可能表现为食欲不振或厌食，也可能表现为食欲正常。但不管是哪一种情况，患病动物都有可能存在营养不良。病因可能显而易见，也可能不明显。应对患病动物进行全面的营养评估(见第1章)。评估内容包括回顾病史来排除环境应激源、适口性差的食物、嗅觉丧失和药品副作用；同时应回顾完整的饮食史，包括所喂食物的品牌、饲喂数量和动物摄入的食物量。这里所说的食物包含零食和餐桌食物(Buffington、Holloway和Abood，2004)。接下来需要计算每日总能量摄入量。应对动物进行详细的体格检查，以排查是否是因呼吸系统、心血管系统、神经系统、骨骼或口腔/咽部病变导致的厌食。同时应进行合理的诊断性检测，以排查是否是因疾病导致的厌

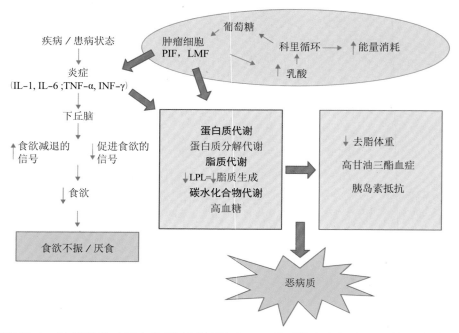

图 12.1 神经激素对厌食和恶病质的影响。一系列激素和细胞因子信号会诱发与厌食和恶病质相关的变化，这包括在伴发慢性炎症的多种疾病进程中，肌肉和脂肪分布所发生的变化。

食。但是，通过病史和体格检查很有可能无法发现导致食欲不振的主要原因，有轻度认知障碍的老年动物就常发生这类情况。

目前并未针对伴侣动物建立有关营养不良定义的明确标准，因此鉴别营养不良动物的过程很复杂（图 12.2）。临床兽医判断营养不良的指标包括体重在不到 3 个月内无意识地减少 10% 以上、被毛质量差、肌肉流失、创伤愈合不完全、低白蛋白血症、淋巴细胞减少症和凝血障碍。但是这些指标并非营养不良的特异性指标，在疾病发展后期也常出现这些变化（Chan 和 Freeman，2006）。当出现低白蛋白血症时，通常认为预后不良。白蛋白不足代表肝脏内的蛋白质不再主要用于白蛋白合成，而是优先用于产生急性期蛋白和炎症介质（Saker 和 Remillard，2010）。观察体重的变化趋势有益于判断疾病情况，但临床兽医在进行持续观察时，需要注意水合状态 [如发生呕吐、腹泻和第三腔（third spacing）丢失] 也会显著改变体重。另外，在评估体重时，每次需使用相同的体重计，避免体重计影响体重变化记录。虽然动物的体况评分（body condition scores，BCS）是量化患病动物机体成分的一个实用方法，也便于兽医之间沟通（Delaney、Fascetti 和 Elliot，2006），但是 BCS 只能用于评估机

(a) (b)

图 12.2 (a)(b) 图中犬表现出以肌肉过度流失为特征的极度营养不良。但是,并不是所有营养不良患病动物的机体成分都会有明显改变,有些病例仅在疾病后期显示该变化。来源:Lucy Goodwin,转载已经作者同意。

体的脂肪含量,而不能评估肌肉量。一项使用 100 只肿瘤(共诊断出 27 种不同的肿瘤)患犬的研究便突出了上述 BCS 的缺点,该研究发现体重正常或超重的犬发生中度或重度肌肉流失的数量是瘦犬的 3 倍左右 (Michel、Sorenmo 和 Shofer,2004)。与此相似,一项使用 57 只肿瘤(共诊断出 9 种不同的肿瘤)患猫(32 只患淋巴瘤)的研究分析了患猫的体重减轻和肌肉流失情况,发现 BCS<5(使用 1~9 分系统)的患猫的中位存活时间明显较低。此研究总结认为癌症患猫不仅比癌症患犬更常发生体重减轻,也更常发生肌肉丢失(Baez 等,2007)。由于肌肉减少是恶病质的主要特点,所以仅依靠 BCS 可能无法察觉恶病质。

营养不良患病动物的饲喂

临床兽医完成诊断后,首先应该解决引起厌食或食欲不振的潜在病因,并根据疾病状况制定详细的营养方案。但是,即使未做出明确诊断,也应为营养不良患病动物提供辅助或非辅助性肠内营养支持。

一旦确定需要进行营养介入,则需要评估使用何种方式给予营养。与肠外营养相比,肠内营养是更好的输送途径,因为从生理上考虑,肠内营养更健康。肠内营养方式可以维持肠道黏膜完整性,从而减少肠道细菌易位和继发败血症的风险（Michel，1998）。提供肠内营养的较好方法是动物经口自主采食，但是要使该法有效，动物必须能至少摄入85%的静息能量需求（resting energy requirement，RER）（Donaghue，1989）。其他肠道饲喂方法包括鼻 – 食道饲管、食道造口饲管、鼻饲管、胃造口饲管和空肠造口饲管。前面章节已描述了合理的选择方法、放置规程、维护方法和优缺点。

虽然在一些情况下动物的能量消耗会增加，如败血症和烧伤，但是典型危重患病动物或术后患病动物的能量需要并未高于基础值（Brunetto等，2010）。过去曾使用1.1～2.0的疾病因素系数乘以RER来计算患病动物的能量需要，但其实并无必要，这种方法实际上可能会进一步引发并发症（Chan，2004）。因此，适用于计算营养不良犬猫的RER的相对关系式如下：RER=$70\times[$现体重$(kg)]^{0.75}$。为减少并发症的发生，第1天通常饲喂1/3～1/2的RER，第2天饲喂2/3～3/4的RER，第3天饲喂3/4到全部RER。除了监测动物对饲喂的耐受情况，还需抽取动物的血样，以监测饲喂后的电解质变化情况。例如动物发生再饲喂综合征时，体内的电解质会发生变化。有关再饲喂综合征的内容见第16章。

动物处于营养不良状态时，补充蛋白质是很关键的，目的是进一步留住骨骼肌蛋白质和纠正负氮平衡。如果患犬处理含氮废物的能力没有问题，并且无显著的蛋白质丢失，提供肠内营养时，蛋白质的初始剂量为4 g/100 kcal，即可满足大多数患犬的需要。给患猫提供肠内营养时，蛋白质的合理剂量为≥6 g/100 kcal。因每克脂肪含有更高的代谢能，为了增加能量摄入和提高适口性，需选择脂肪含量为5～7.5 g/100 kcal或脂肪含量≥20%（以干物质为基础）的食物（Wakshlag和Kallfelz，2006）。脂肪含量增加还可降低碳水化合物含量，这有益于存在胰岛素抵抗的患病动物。表12.1和表12.2列出了适用于饲喂恶病质犬猫的食物。

为了促进营养不良的患病动物痊愈，会在重症护理配方和食品中加入多种物质。虽然仍未全面研究这些营养素对小动物的作用，表12.3仍列出部分参考剂量。接下来将简单概述管理营养不良患者常用的补充剂，但目前关于这些补充剂对伴侣动物有效性的证据仍很少。第18章有关于这些营养性补充剂的详细描述。

精氨酸

精氨酸是一种必需氨基酸，是尿素循环的中间物质，一旦缺乏会引起高血氨症。机体营养不良时会发生蛋白质水解，加速尿素循环，因此

表 12.1 全球常见的高能量猫粮

产品	能量 (kcal/mL 或 g)	蛋白质 (g/100 kcal)	脂质 (g/100 kcal)
处方粮			
希尔斯 a/d（5.5 oz）	1.2	9.2	6.3
优卡 Max Cal（6 oz）	2.0	7.2	6.4
皇家恢复期 RS（6 oz）	1.0	10.0	7.0
普瑞纳 DM（干粮）	1.3（4.1）	11.1（12.9）	6.8（4.0）
希尔斯 m/d（干粮）	1.0（4.0）	13.1（12.3）	4.8（5.2）
幼猫高能量日粮			
普瑞纳冠能幼猫粮（干粮）	1.16（4.4）	12.1（10.1）	6.7（4.2）
优卡幼猫粮（仅干粮）	（4.7）	（8.5）	（5.3）
希尔斯幼猫粮（干粮）	1.3（4.5）	10.4（8.3）	5.1（5.9）
皇家生长期猫粮（干粮）	1.1（4.2）	10.8（8.1）	5.4（4.8）

注：1 oz = 28.349 5 g。

表 12.2 全球常见的高能量犬粮

产品	能量 (kcal/mL 或 g)	蛋白质 (g/100 kcal)	脂质 (g/100 kcal)
处方粮			
希尔斯 a/d（5.5 oz）	1.2	9.2	6.3
优卡 Max Cal（6 oz）	2.0	7.2	6.4
皇家恢复期 RS（6 oz）	1.0	10.0	7.0
普瑞纳 JM（干粮）	1.1（3.8）	9.6（7.9）	4.9（3.3）
希尔斯 n/d	1.6	7.0	6.1
希尔斯 j/d（干粮）	1.3（3.7）	4.7（5.4）	4.6（3.9）
运动犬粮			
能量粉（每勺 2 oz；56 gr.）	2.6	9.6	6.0
冠能鸡肉大米罐头或（运动干粮） （运动犬干粮）	1.2（4.4）	8.4（7.1）	7.3（4.8）

注：1 gr = 64.789 91 mg。

可能有必要补充精氨酸。啮齿动物和人类食用富含精氨酸的日粮可以增强免疫力，促进创伤愈合（Michel，1998）。一项研究发现在 48 只危重患犬中，存活犬（28 只）的精氨酸浓度（相比其他氨基酸）要高于死亡犬（20 只）（Chan、Rozanski 和 Freeman，2009）。但是，另一项研究发现在给诱导发生败血性休克的比格犬经肠外补充低于标准犬粮含量的精氨酸时，试验犬出现低血压和器官损伤征兆，存活率降低（Kalil 等，2006）。因此，目前是否需要给营养不良的患病动物补充精氨酸仍有待确定。

谷氨酰胺

机体处于应激状态时，谷氨酰胺是条件性必需氨基酸，它参与蛋白质合成，是肠细胞和淋巴细胞的一种能量来源，且是核苷酸生物合成的

表 12.3　营养不良犬猫的营养补充剂推荐剂量

补充剂	推荐剂量
精氨酸	日粮蛋白质的 2%（以干物质为基础）[a]
谷氨酰胺	500 mg/100 kcal 肠内日粮[b]
支链氨基酸	100~150 mg/kg[c]
鱼油（EPA/DHA）	犬：1~0.5:1（ω-6:ω-3）[c] 猫：2:1（ω-6:ω-3）[c]
维生素 E	每克 ω-3 补充剂 5 IU[d]

[a] Olgivie 等，2000；
[b] Saker 和 Remillard，2010；
[c] Wakshlag 和 Kallfelz，2006；
[d] 符合美国饲料管理协会（AAFCO）标准的食品应提供足量维生素 E，且满足该推荐值的要求。应特别注意家庭自制食品的维生素 E 含量情况。

必要前体。富含谷氨酰胺的肠内日粮对蛋白质代谢、肠道和胰腺恢复与再生、营养素吸收、肠道屏障功能、全身性和肠道免疫功能，以及动物存活有积极作用（Ziegler，1997）。但是谷氨酰胺在溶液内不稳定，长期使用成本较高。大多数经肠饲喂的高蛋白质补给物能够提供足量谷氨酰胺，因此额外补充谷氨酰胺的益处仍有待确定。

支链氨基酸

支链氨基酸（branched-chain amino acids，BCAA）——亮氨酸、异亮氨酸和缬氨酸可用于改善营养不良患病动物的氮平衡，保留肌肉蛋白质。BCAA 可以与色氨酸（5-羟色胺前体）竞争穿过血脑屏障，阻碍 5-羟色胺增加下丘脑活性，从而改善厌食／恶病质。给人类癌症患者口服或肠外注射 BCAA，可以降低厌食的严重程度，提高蛋白质存留和白蛋白合成（Cangiano 等，1996）。与增加其他氨基酸相比，单独给予亮氨酸有益于骨骼肌的蛋白质合成，使机体趋向合成代谢，而不是分解代谢（Anthony 等，2000；Nakashima 等，2005）。目前，并没有证据表明高蛋白质日粮对患病犬猫有任何益处。

鱼油

海洋鱼油富含 ω-3 脂肪酸，特别是二十碳五烯酸（eicosopentaenoic acid，EPA）和二十二碳六烯酸（docosohexaenoic acid，DHA）。ω-3 脂肪酸的作用包括：(i) 替换细胞膜内的花生四烯酸；(ii) 产生惰性的前列腺素 -3 系列和白细胞三烯 -5 系列 [产生方法与前列腺素 E_2（prostaglandin E_2，PGE_2）和白细胞三烯 B4 不同]；(iii) 抑制炎症细胞合成 IL-1β、IL-6

和 TNF-α。一些犬粮已补充鱼油，使 ω-6 脂肪酸和 ω-3 脂肪酸之比为 10:1～5:1。一项分析心源性恶病质的研究表明，在日粮中额外补充鱼油（提供 27 mg/kg EPA 和 18 mg/kg DHA），可以减少炎症因子产生，改善体重指标（Freeman 等，1998）。另一项研究发现给淋巴瘤患犬饲喂 0.3:1 的日粮，可增加患犬的存活时间和无病间隔时间，同时无明显副作用（Ogilvie 等，2000）。但在其他物种的研究发现，当饲粮的 ω-6:ω-3 比例小于 1:1 时，会延长凝血时间，降低细胞膜内的维生素 E 含量（Davidson 和 Haggan，1990；Bright 等，1994；Saker 等，1998；Hendricks 等，2002）。

维生素

B 族维生素是三羧酸循环所需的辅酶。因此，在葡萄糖、蛋白质和脂质代谢中，B 族维生素是不可或缺的。虽然大多数宠物食品含有足量的 B 族维生素，但是如果动物不摄食，就需要补充 B 族维生素。脂溶性维生素储存在肝脏和脂肪中。如果动物长期（数周）没有进食，并且脂肪储存流失过多，则需要考虑经肠外方式补充脂溶性维生素。

小结

管理厌食和恶病质需要使用多模式综合法，包括药物治疗（见第 13 章），且最好在疾病初期便进行治疗。对于大多数患病动物，通过肠内营养补充营养物质要优于肠外营养。临床兽医无法改善病情时，必须尝试稳定恶病质，预防营养状况进一步恶化。许多患病动物在就诊时体重已大幅减轻，这可能很难扭转。现如今没有一种单独或综合的治疗方案是必然成功的，但是以上提到的方法都可以减缓与营养不良相关的代谢亢进和肌肉流失。

要点

- 因为营养不良会增加危重病动物的发病率和死亡率，所以临床兽医必须了解它对动物所产生的影响，掌握使用营养介入减缓营养不良有害效应的时机和方法。
- 机体在疾病状态时，会释放炎症介质，刺激交感神经系统，从而引发以能量消耗和蛋白质水解增加为特征的代谢亢进，可能进一步形成恶病质。
- 厌食患病动物在缺乏能量时，在分解代谢肌肉组织之前，会先流失脂肪；而恶病质患病动物在缺乏能量时，会同比例地流失脂肪和肌肉组织。
- 因为未针对伴侣动物建立营养不良的标准，所以鉴别营养不良患病动物的过程很复杂。临床兽医常用的鉴别指标包括体重在不到 3 个月之内无意识地减轻超过 10%、被毛质量差、肌肉流失、创伤愈合不完全和低白蛋白血症。

- 在确认患病动物营养不良之后，首先应解决导致厌食或食欲不振的潜在疾病，并根据疾病情况制定详细的营养方案。但是，即使缺乏明确诊断，也应为营养不良患病动物提供辅助或非辅助性肠内营养支持的营养。
- 动物处于营养不良状态时，补充蛋白质是很关键的，目的是进一步存留骨骼肌蛋白质和纠正负氮平衡。
- 管理厌食和恶病质需要使用多模式综合法，包括药物治疗，且最好在疾病初期便进行治疗。

参考文献

Anthony, J.C., Anthony, T.G., Kimball, S.R. et al. (2000) Orally administered leucine stimulates protein synthesis in skeletal muscle of post absorptive rats in association with increased eIF4F formation. *Journal of Nutrition*, **130** (2), 139-145.

Argiles, J.M. & Lopez-Soriano F.J. (1999) The role of cytokines in cancer cachexia. Medicinal *Research Reviews*, **19**, 223-248.

Barber, M.D., Ross, J.A. and Fearon, K.C. (1999) Cancer Cachexia. *Surgical Oncology*, **8**, 133-141.

Baez, J.L., Michel, K.E., Soremon, K. et al. (2007) A prospective investigation of the prevalence and prognostic significance of weight loss and changes in body condition in feline cancer patients. (Abstr) *Journal of Feline Medicine and Surgery*, **9**, 526.

Bright, J.M., Sullivan, P.S., Melton, S.L. et al. (1994) The effects of n-3 fatty acid supplementation on bleeding time, plasma fatty acid composition, and in vitro platelet aggregation in cats. *Journal of Veterinary Internal Medicine*, **8** (4), 247-252.

Brunetto, M.A., Gomes, M.O.S., Andre, M.R. et al. (2010) Effects of nutritional support on hospital outcome in dogs and cats. *Journal of Veterinary Emergency and Critical Care*, **20** (2), 224-231.

Buffington, T., Holloway C. and Abood A. (2004) Nutritional assessment. in *Manual of Veterinary Dietetics* (eds T. Buffington, C. Holloway and S. Abood) W.B. Saunders, St. Louis. pp.1-7.

Cangiano, C., Laviano, A., Meguid, M.N. et al. (1996) Effects of administration of oral branched-chain amino acids on anorexia and caloric intake in cancer patients. *Journal of the National Cancer Institute*, **88** (8), 550-552.

Chan, Daniel (2004) Nutritional requirements of the critically ill patient. *Clinical Techniques in Small Animal Practice*, **19**, 1-5.

Chan, D. and Freeman, L. (2006) Nutrition in critical illness, *The Veterinary Clinics of North America Small Animal Practice*, **36**, 1225-1241.

Chan, D.L., Rozanski, E.A. and Freeman, L.M. (2009) Relationship among plasma amino acids,C-reactive protein, illness severity, and outcome in critically ill dogs. *Journal of Veterinary Internal Medicine*, **23** (3), 559-563.

Costa G. (1977) Cachexia, the metabolic component of neoplastic diseases. *Cancer Research*, **37**,2327-2335.

Davidson, B.C. & Haggan, J. (1990) Dietary polyenoic fatty acids change the response of cat blood platelets to inductions of aggregation by ADP. *Prostaglandins, Leukotrienes, and Essential Fatty Acids*, **39** (1), 31-37.

Delaney, S.J. (2006) Management of anorexia in dogs and cats. *The Veterinary Clinics of North America Small Animal Practice*, **36**, 1243-1249.

Delaney, S.J., Fascetti, A.J. and Elliot, D.A. (2006) Nutritional status of dogs with cancer: dietetic evaluation and recommendations. in *Encyclopedia of Canine Clinical Nutrition*, Aniwa SAS,Aimargues, France. pp. 426-450.

DeWys W.D. (1972) Anorexia as a general effect of cancer. *Cancer*, **45**, 2013-2019.

Donaghue, S. (1989) Nutritional support of hospitalized patients. *The Veterinary Clinics of North*

America Small Animal Practice, **19**, 475-493.

Forman, M. (2010) Anorexia. in *Textbook of Veterinary Internal Medicine*, 7th edn (eds S.J. Ettinger and E.C. Feldman) Saunders Elsevier, St. Louis. pp. 172-173.

Freeman, L.M., Rush, E., Kehayias, J.J., et al. (1998) Nutritional alterations and the effect of fish oil supplementation in dogs with heart failure. *Journal of Veterinary Internal Medicine*, **12** (6), 440-448.

Gayle, D., Ilyin S.E. and Plata-Salaman C.R. (1997) Central nervous system IL-1 β system and Neuropeptide Y mRNA during IL-1 β induced anorexia in rats. *Brain Research Bulletin*, **44**, 311-317.

Hendricks, W.H., Wu, Y.B., Shields, R.G. et al. (2002) Vitamin E requirement of adult cats increases slightly with high dietary intake of polyunsaturated fatty acids. *The Journal of Nutrition*, **132**, 1613S-1615S.

Inui, Akio (2011) Cancer anorexia-cachexia syndrome: Current issues in research and management. *CA A Cancer Journal for Clinicians*, **52**, 72-91.

Kalil, A.C., Sevransky J.E., Myers, D.E. et al. (2006) Preclinical trial of L-arginine monotherapy alone or with N-acetylcysteine in septic shock. *Critical Care Medicine*, **34** (11), 2719-2728.

Llovera, M., Garcia-Martinez, C., Lopez-Soriano, J. et al. (1998) Role of TNF receptor1 in protein turnover during cancer cachexia using gene knockout mice. *Molecular Cell Endocrinology*, **142**, 183-189.

Michel, K.E. (1998) Interventional nutrition for the critical care patient: Optimal diets. *Clinical Techniques in Small Animal Practice*, **13**, 204-210.

Michel, K.E., Sorenmo, K. and Shofer, F.S. (2004) Evaluation of body condition and weight loss in dogs presented to a veterinary oncology service. *Journal of Veterinary Internal Medicine*, **18**, 692-695.

Nakashima, K., Ishida, A., Yamazaki, M. et al. (2005) Leucine suppresses myofibrillar proteolysis by down-regulating ubiquitin- proteasome pathway in chick skeletal muscles. *Biochemical and Biophysical Research Communications*, **336** (2), 660-666.

Nelson, K.A., Walsh, D. and Shehann F.A. The cancer anorexia-cachexia syndrome. *Journal of Clinical Oncology*, **12**, 213-225.

Ogilvie, G.K., Fettman, M.J., Mallinckrodt, C.H. et al. (2000) Effect of fish oil, arginine, and doxorubicin chemotherapy on remission and survival time for dogs with lymphoma: a double-blind, randomized placebo-controlled study. *Cancer*, **88** (8), 1916-1928.

Padilla, G.V. (1986) Psychological aspects of nutrition and cancer. *Surgical Clinics of North America*, **66**, 1121-1135.

Saker, K.E., Eddy, A.L., Thatcher, C.D. et al. (1998) Manipulation of ietary (n-6) and (n-3) fatty acids alters platelet function in cats. *The Journal of Nutrition*, **128** (12), 26455-26475.

Saker, K. and Remillard, R. (2010) Critical care nutrition and enteral-assisted feeding. in *Small Animal Clinical Nutrition*, 5th edn (eds M.S. Hand, C.D. Thatcher, R.L. Remillard, et al.) Mark Morris Institute, Topeka. pp. 439-476.

Sonti, G., Ilyin S.E. and Plata-Salaman C.R. (1996a) Neuropeptide Y blocks and reverses interleukin-1 β -induced anorexia in rats. *Peptides*, **17**, 517-520.

Sonti, G., Ilyin S.E. and Plata-Salaman C.R. (1996b) Anorexia induced by cytokine interactions at pathophysiological concentrations. *American Journal of Physiology*, **270**, 1349-1402.

Tisdale, M.J. (2000) Metabolic abnormalities in cachexia and anorexia. Nutrition, **16**, 1013-1014.

Tisdale, M.J. (2001) Cancer anorexia and cachexia. *Nutrition*, **17**, 438-442.

Wakshlag, J. and Kallfelz, F. (2006) Nutritional status of dogs with cancer: dietetic evaluation and recommendations. in *Encyclopedia of Canine Clinical Nutrition*, Aniwa SAS, Aimargues, France. pp. 408-425.

Welborn, M.B. and Moldawer, L.L. (1997) Glucose metabolism. in *Clinical Nutrition Enteral and Tube Feeding*, 3rd edn (eds J.L. Rombeau and R.H. Rolandelli) W.B. Saunders, Philadelphia. pp. 61-80.

Ziegler, T.R. and Young, L.S. (1997) Therapeutic effects of specific nutrients. in *Clinical Nutrition Enteral and Tube Feeding*, 3rd edn (eds J.L. Rombeau and R.H. Rolandelli) W.B. Saunders, Philadelphia, pp. 112-137.

第 13 章
犬猫的食欲刺激剂

Lisa P. Weeth

Weeth Nutrition Services, Edinburgh, Scotland, UK

简介

食欲是饥饿的表现，能量摄入降低时，食欲是机体正常的适应性反应，而厌食则会阻碍机体的正常适应性反应，导致动物尽管能量摄入不足，也不愿采食。人类医学研究表明，如果长时间的厌食不进行治疗会导致全身性消瘦、创伤愈合延迟、免疫功能受损及药物代谢改变，增加患者的发病率和死亡率（Donohoe、Ryan 和 Reynolds，2011）。食欲的行为表达是复杂的，受多种因素影响，这些因素包括味道和气味、吞咽困难、疼痛、后天习得的食物厌恶以及机体内分泌和细胞因子水平发生改变。上述任何一个因素发生变化都会引发厌食。

犬猫食欲不振可见于多种疾病，包括肾脏疾病、心血管疾病、胰腺炎、肿瘤、胃肠道疾病和牙病。考虑到宠物主人通常视食欲为宠物的"生活质量"指针，药用食欲刺激剂可能对安慰宠物主人方面更有效，而非停止或扭转动物的厌食。

满足厌食患病动物的营养需要具有一定的挑战性。对尚未出现营养不良症状（如严重的肌肉组织流失）的患病动物，营养管理应包括处理主要的潜在病因、通过提高食物适口性诱使动物采食及控制疼痛和恶心（图 13.1）。如果这些措施都没有效果，就要考虑使用药物来刺激食欲。尽管有多种药物已被用于促进动物的食欲，但是关于这些药物临床有效性的研究非常少。所以了解厌食的病理生理机制，以及食欲刺激剂如何与机体内的信号通路相互作用，从而增加采食量，也是很重要的。

厌食的病理生理学

一系列外部刺激因素决定一种食物能否吸引动物，例如动物过去的经历（如后天习得的食物厌恶或偏好）、环境刺激（如食物的位置、附近的动物或人）以及食物特性（如气味、质地和温度）。动物有口腔疼痛、咀嚼或吞咽疼痛、与食物摄入有关的消化不良的病史时（不论是与原发病有关还是治疗的副作用），它们都可能会拒绝采食，避免正在发生或有可能发生的疼痛或不适（图 13.2）。

图 13.1 图中的猫表现出显著的多涎，这是恶心的常见反应，也解释了它不愿进食的原因。

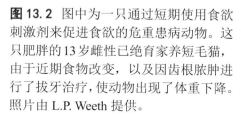

图 13.2 图中为一只通过短期使用食欲刺激剂来促进食欲的危重患病动物。这只肥胖的 13 岁雌性已绝育家养短毛猫，由于近期食物改变，以及因齿根脓肿进行了拔牙治疗，使动物出现了体重下降。照片由 L.P. Weeth 提供。

某种程度上，内分泌平衡也会调控动物的采食欲望，例如胰岛素、胰高血糖素和瘦素（一种由脂肪细胞分泌的多肽）。细胞因子也起调控作用，例如白介素 -6（interleukin-6，IL-6）、肿瘤坏死因子 -α（tumour necrosis factor-α，TNF-α）和前列腺素 $E_2α$（prostaglandin $E_2α$，$PGE_2α$）。机体患慢性疾病时，即便机体处于能量负平衡状态，IL-6、TNF-α 和 $PGE_2α$ 的全身性升高也会抑制食欲（Perboni 和 Inui，2006；Braun 和 Marks，2010）。即使没有慢性疾病，老年人和老龄实验动物也可能存在"老年性厌食"（Morley，2001）。随着年龄的增大，味觉和嗅觉能力会下降；

激素的肾脏清除率会降低，例如胆囊收缩素（cholecystokinin，CCK），IL-6、TNF-α 和 PGE$_2$α 等抑制食欲的细胞因子清除率也下降；某些必需营养物质摄入也会减少（如会改变味觉感受的锌）。

营养调控方案

饮食特性

每个犬猫个体对食物的质地（例如干粮、罐头或家制食物）和气味（例如重口味或清淡）都有不同的偏好或厌恶，这会影响它们主动采食的意愿。在进行药物干预之前，如果可以的话，首先应改变食物本身来提高适口性，促进动物自主采食。但在一些情况下，这种方法可能适得其反（例如猫肝脏脂质沉积症），如果尝试 1~2 天还是没有好转，应尽快采取其他更直接的营养支持手段。

长链 ω-3 脂肪酸

虽然目前 ω-3 脂肪酸常用于慢性炎性疾病，例如骨关节炎、肿瘤和心血管疾病，但是，尚未普遍证实鱼油可以增强恶病质、无食欲犬猫的食欲以及增加瘦体重。在一项针对 28 只心衰患犬的研究中，使用 ω-3 脂肪酸可以降低 IL-1 的浓度，并改善恶病质评分（Freeman 等，1998）。针对因患癌症而出现恶病质的动物的研究显示，联合使用食欲刺激剂和鱼油可以降低循环 IL-6 的浓度，改善瘦体重并提高采食量，效果优于单独使用鱼油或食欲刺激剂（Mantovani 等，2010）。考虑到目前缺乏联合使用 ω-3 脂肪酸和食欲刺激剂对动物作用的研究，还需要进一步研究来证明有效性。

药物

有多种药物已被用作犬猫食欲刺激剂（表 13.1 和表 13.2）。在许多情况下，药物刺激食欲仅仅是一种副作用而非主要作用。但是，了解这些药物影响食欲的机制，有助于临床兽医选择最合适的药剂，或者停用某种药物，施行更有效的营养支持手段，例如饲管饲喂。

泼尼松／氢化可的松

这些药物本身并非食欲刺激剂，更多时候是利用这些药物的姑息作用。常用糖皮质激素来减轻主要潜在疾病引起的炎症，但是它也会引起

表 13.1　可用于猫的食欲刺激剂（改自 Plumb，2011）

药物	剂量	注意事项
赛庚啶	2～4 mg/只，PO，每天 1～2 次	可能会导致过度镇静、行为改变或攻击性
地西泮	0.05～0.15 mg/kg，IV；或 1 mg/（只·天），PO	多次给药可能引起肝衰竭；有可能导致过度镇静
奥沙西泮	0.05～0.4 mg/kg，IV、IM 或 PO，2 mg/只，PO，每天 2 次	谨慎使用，与地西泮相似
米氮平	3～4 mg/只，PO，每 3 天一次	在肝脏与葡萄糖醛酸结合代谢，犬代谢较慢。可能导致镇静。可能有轻度止吐作用

注：PO，口服；IV，静脉注射；IM，肌肉注射。

表 13.2　可用于犬的食欲刺激剂（米氮平的资料改自 Plumb，2011；醋酸甲地孕酮的资料改自 Kuehn，2008）

药物	剂量	注意事项
米氮平	0.6 mg/kg，PO，q 24 h，不超过 30 mg/天	可能有镇静作用。可能有轻度的止吐作用
醋酸甲地孕酮	＜20 kg：2.5 mg，PO，q 24 h，持续 5 天；之后 2.5 mg，PO，q 48 h ＞20 kg：5 mg，PO，q 24 h，持续 5 天；之后 5 mg，PO，q 48 h	该剂量由人类剂量推测而来

注：q 24 h，每 24 h 一次；q 48 h，每 48 h 一次。

一系列的副作用，食欲增强就是常见的一个副作用。其他全身性副作用还包括肌肉分解代谢加强和胃肠道溃疡。考虑到这些副作用，犬猫首选的食欲刺激剂并非糖皮质激素。

赛庚啶

赛庚啶是 5-羟色胺受体拮抗剂和 H_1 受体拮抗剂。尽管在兽医临床上还缺乏赛庚啶作为食欲刺激剂使用和有效性的研究发表，但是临床上给厌食猫口服赛庚啶后，在短期内可见采食量增加。然而，由于赛庚啶在犬体内的代谢清除较快，并不明显影响犬的食欲。副作用包括具有攻击性、叫声增多和行为改变。减量或停药可以解决上述问题。

苯二氮衍生物

在犬猫临床，经静脉注射的安定或咪达唑仑，或经口服的地西泮和奥沙西泮都可作为食欲刺激剂，但是使用对象的选择有限制性（由于该类药物具有镇静和引发低血压的风险，因此不能用于严重虚弱或重症的动物）（图13.3），对犬没有作用，多次给药可能引发猫肝衰竭（Center 等，1996）。由于上述缺陷，苯二氮衍生物很少作为食欲刺激剂。

图13.3 图中的犬表现为虚弱、神志不清，因此不推荐使用有潜在镇静或降低血压等不良反应的食欲刺激剂。

醋酸甲地孕酮

醋酸甲地孕酮是一种化学合成的孕酮，用于抑制母犬发情和治疗假孕，也可治疗公犬的良性前列腺肥大。在人类医学临床，醋酸甲地孕酮可增强癌症患者的食欲、促进增重和改善生活质量（Loprinzi 等，1990；Loprinzi 等，1993）。但是有一点需要特别注意，这些患者的体重增加主要是由于机体水分潴留或／和脂肪增加，并非瘦体重的增加。尽管人类研究结果表明醋酸甲地孕酮可帮助减轻患者厌食和恶心的症状，改善生活质量（Berenstein 和 Ortiz，2009），但是尚无研究或数据证明该药治疗犬厌食的有效性。临床上，重复多次口服醋酸甲地孕酮可一定程度提高厌食患犬的采食量。醋酸甲地孕酮不能用于猫，因为该药口服能抑制猫肾上腺皮质激素释放，对猫也有肝脏毒性（Plumb，2011）。

米氮平

米氮平是一种三环类抗抑郁药，人医临床上用于治疗抑郁症。但近些年来，因该药对食欲的促进作用，受到人类医学和兽医临床广泛青睐。米氮平是5-羟色胺受体拮抗剂和 H_1 受体拮抗剂，能提高人去甲肾上腺素的分泌。通过抑制5-羟色胺受体和提高去甲肾上腺素分泌来促进采食。对因癌症而产生恶病质的病人，米氮平还可以减少恶心和刺激食欲（Riechelmann 等，2010）。此外，米氮平还可以治疗衰老引起的肌肉减少症（Fox 等，2009）。在兽医临床上使用该药，很大程度上是从人类医学临床推演而来的。最近以健康犬（Giorgi 和 Yun，2012）和患有肾脏疾病的猫（Quimby、Gustafson 和 Lunn，2011）为实验对象，进行米氮平的药代动力学研究，表明米氮平在犬猫体内的吸收、代谢和排泄与人类的相似。米氮平的肝脏代谢主要是通过与葡萄糖醛酸结合，但还没有关于猫长期应用米氮平的安全性研究。最近有一篇前瞻性观察研究给予住院犬猫米氮平后，试图量化住院犬猫的采食量（Casmian-Sorrosal 和 Warman，2010）。该研究显示使用米氮平后，86% 的患犬与 83% 的患猫的采食量增加。但是该研究尚未公开发表，不能得出有关米氮平有效性的确切结论。不过，这个研究证实了米氮平和其他食欲刺激剂一样，可以在短期内增加犬猫的采食量。

监测和并发症

治疗厌食患病动物的目的包括提高总能量摄入和最终解决厌食，增加机体瘦体重并提高生活质量。不推荐以食欲刺激剂作为改善摄食的主要或单一的治疗手段。在对疾病采取治疗措施后，动物逐渐恢复并开始表现出食欲时，给予食欲刺激剂是比较有用的。不论在门诊还是在家里，都应该每天监测动物体重和瘦体重。另外，应该建立每天的采食日志并每天查看，保证动物摄入充足的能量，同时监测动物对药物的反应。对于持续厌食或能量摄入不足（即能量摄入低于每日能量需要）超过 3 天的动物，应该调整药物治疗方案或考虑通过留置饲管进行更直接的营养支持。兽医师应至少每周评估一次门诊病例的治疗效果和药物副作用（见表 13.1 和表 13.2）。

小结

请注意厌食仅仅是疾病的一个症状，并非疾病本身，所以主要的治疗措施应该针对引发厌食的原因。当遇到以下情况时，可以考虑短时间（少于 1 周）使用食欲刺激剂：动物采食量降低但不至于完全不采食；厌食时间少于 1 周；主人不愿意内置饲管。对进行治疗后仍然持续厌食超过 3 天或需要长期营养支持（即预期厌食超过 1 周）的动物，应该考虑放置饲管（见第 3 章）。

人类医学临床对食欲刺激剂的研究结果较不统一，尽管生活质量指标能有所改善，但中位生存期和机体瘦体重都没有改善。食欲刺激剂可以让犬猫主人感到宠物的采食量增加了，但并无证据表明食欲刺激剂可以解决厌食问题。考虑到在兽医临床中，主人对动物生活质量的感受会决定他们是否要继续治疗动物，所以照顾动物主人对动物"健康"的感受，可能与治疗动物疾病和满足动物营养需要本身一样重要。

要点

- 一旦对主要疾病采取了治疗措施，就可以考虑在短时间内使用食欲刺激剂。
- 要注意对厌食的对症治疗并不能解决引起厌食的潜在病因。
- 应限制给重症或严重虚弱的患病动物使用会产生不良反应（如低血压）的食欲刺激剂。
- 使用食欲刺激剂可以让主人认为动物的"生活质量"有所提高。
- 应密切监护使用食欲刺激剂的动物，如果仍然存在持续的能量摄入不足，应调整药物治疗方案或营养方案。

参考文献

Berenstein, G. and Ortiz, Z. (2005) Megestrol acetate for the treatment of anorexia–cachexia syndrome. *Cochrane Database of Systemic Reviews*, Issue 2, No.: CD004310.

Braun, T.P. and Marks, D.L. (2010) Pathophysiology and treatment of inflammatory anorexia in chronic disease. *Journal of Cachexia, Sarcopenia and Muscle*, **1**, 135–145.

Casmian-Sorrosal, D. and Warman, S. (2010) The use of mirtazapine as an appetite stimulant in dogs and cats: a prospective observational study (Abstract). Proceedings of 53rd British Small Animal Veterinary Association Annual Congress. April 8 to 11, Birmingham, UK, p. 420.

Center, S.A., Elston, T.H., Rowland, P.H. et al. (1996) Fulminant hepatic failure associated with oral administration of diazepam in 11 cats. *Journal of the American Veterinary Medical Association*, **209**, 618–625.

Donohoe, C.L., Ryan, A.M. and Reynolds, J.V. (2011) Cancer cachexia: mechanisms and clinical implications. *Gastroenterology Research and Practice*, **60**, 14–34.

Fox, C.B., Treadway, A.K., Blaszczyk, A.T. et al. (2009) Megestrol acetate and mirtazapine for the treatment of unplanned weight loss in the elderly. *Pharmacotherapy*, **29**, 383–397.

Freeman, L.M., Rush, J.E., Kehayias, J.J. et al. (1998) Nutritional alterations and the effect of fish oil supplementation in dogs with heart failure. *Journal of Veterinary Internal Medicine*, **12**, 440–448.

Giorgi, M. and Yun, H. (2012) Pharmacokinetics of mirtazapine and its main metabolites in beagle dogs: a pilot study. *The Veterinary Journal*, **192**, 239–241.

Kuehn, N. (2008) *North American Companion Animal Formulary*, 8th edn, North American Compendiums.

Loprinzi, C.L., Ellison, N.M., Schaid, D.J. et al. (1990) Controlled trial of megestrol acetate for the treatment of cancer anorexia and cachexia. *Journal of the National Cancer Institute*, **82**, 1127–1132.

Loprinzi, C.L., Schaid, D.J., Dose, A.M. et al. (1993) Body composition changes in patients who gain weight while receiving megestrol acetate. *Journal of Clinical Oncology*, **11**, 152–154.

Morley, J.E. (2001) Anorexia, sarcopenia, and aging. *Nutrition*, **17**, 660-663.
Mantovani, G., Maccio, A., Madeddu, C. et al. (2010) Randomized phase III clinical trial of five different arms of treatment in 332 patients with cancer cachexia. *The Oncologist*, **15**, 200-211.
Perboni, S. and Inui, A. (2006) Anorexia in cancer: role of feeding regulatory peptides. *Philosophical Transactions of the Royal Society London Biological Sciences*, **361**, 1281-1289.
Plumb, D.C. (2011) *Plumb's Veterinary Drug Handbook*. 7th edn, Wiley-Blackwell Publishing.
Quimby, J.M., Gustafson, D.L. and Lunn, K.F. (2011) The pharmacokinetics of mirtazapine in cats with chronic kidney disease and in age-matched control cats. *Journal of Veterinary Internal Medicine*, **25**, 985-989.
Riechelmann, R.P. Burman, D. Tannock, I.F. et al. (2010) Phase II trial of mirtazapine for cancer-related cachexia and anorexia. *American Journal of Hospice and Palliative Care*, **27**, 106-110.

第 14 章
小动物的食物不良反应

Cecilia Villaverde 和 Marta Hervera

Servei de Dietètica i Nutrició, Fundació Hospital Clínic Veterinari, Universitat Autònoma de Barcelona, Bellaterra, Spain

简介

食物不良反应(adverse food reaction,AFR)指在消化食物成分的过程中出现的非正常反应。其中,涉及免疫介导机制的反应称为食物过敏(food allergy,FA),除此之外的非正常反应统称为食物不耐受(Gaschen 和 Merchant,2011)。可进一步将食物不耐受分为代谢性、药理性、毒性和特异反应性不耐受(表 14.1)。

表 14.1 食物不良反应的分类(改自 Verlinden 等,2006;Gaschen 和 Merchant,2011)

食物不良反应						
食物过敏			食物不耐受			
IgE 介导的(速发型和中间型超敏反应)	非 IgE 介导的(迟发型超敏反应)	特异反应性(特发性)	代谢性(如缺乏乳糖酶)	药理性(如可可碱、咖啡因)	毒性(如细菌和真菌毒素)	

尚不明确犬猫 AFR 的流行状况,一部分原因是诊断困难和临床症状的多样性。AFR 最常见的临床症状是皮肤问题,即皮肤侵害性的食物不良反应(cutaneous adverse food reactions,CAFRs)和胃肠道问题(Verlinden 等,2006;Gaschen 和 Merchant,2011)。最常见的皮肤症状是非季节性瘙痒,这种瘙痒可能是全身性的,也可能是局部的(Bryan 和 Frank,2010;Hensel,2010)。犬常见的皮肤损伤包括红斑、丘疹、抓痕、爪部皮炎和外耳炎(Watson,1998;Hensel,2010)(图 14.1),猫常见的皮肤损伤包括粟粒性皮炎、嗜酸性斑块、自发对称性脱毛和头颈部抓痕(Hobi 等,2011)。胃肠道反应包括呕吐、腹泻和腹痛(Guilford

等，2001；Verlinden 等，2006）。同时出现皮肤症状和胃肠道症状的病例通常占所有食物不良反应病例的 10%～15%（Guilford 等，1998；Chesney，2002），至少对猫来说，这些症状是非常具有提示性的。尽管小于 1 岁的犬表现出类似临床症状的概率较高，且暹罗猫有更高的发病率，但总体来说，AFR 的发生率并不具备年龄、性别或者品种倾向性（Verlinden 等，2006）。

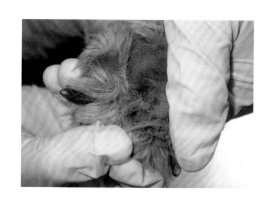

图 14.1　西高地白㹴发生食物过敏，引发了爪部皮炎。

病理生理学

AFR 具有多种病理生理学机制，无论是食物过敏还是食物不耐受都会产生相似的症状。尽管 Verlinden 等（2006）、Gaschen 和 Merchant（2011）假定犬猫发生食物过敏时，对食物抗原的正常处理过程和口服耐受情况会发生变化，但尚未完全明确犬猫食物过敏的病理生理学机制。尽管相关的数据很少，但现认为伴侣动物也存在 IgE 介导和非 IgE 介导的免疫反应。糖蛋白是最普遍的食物过敏原，因此需要界定触发过敏反应的最小分子量。在人类医学中，将触发过敏的糖蛋白的最小分子量定义为 10～70 kD，但是犬猫的研究并未给出类似数据（Cave，2006）。食物不耐受的不同不良反应的病理生理学机制也是不一样的。在这些发生食物不良反应的病例中，非蛋白质原料（例如食物添加剂）是这些临床症状的诱因。

研究表明肠道的炎性环境可能是引起食物过敏的原因之一（Philpott 等，1998）。也就是说可以假设患炎性肠病（inflammatory bowel disease，IBD）的动物可能更易发生食物过敏。一些学者认为部分患炎性肠病的动物会对食物变化较敏感，并且可以将其定义为一种食物不良反应（Cave，

2006；Fogle 和 Bissett，2007）。也可以将一些特征性的综合征定义为食物不良反应，例如爱尔兰雪达犬的谷蛋白敏感性肠病和软毛麦色㹴的蛋白丢失性肠病 – 蛋白丢失性肾病（Verlinden 等，2006）。

营养管理方案

针对 AFR 的管理方案是尽量避免使用会引起不良反应的原料。首先必须确定导致 AFR 的原料，可以在排除跳蚤过敏性皮炎、寄生虫性皮炎、脓皮病和寄生虫性腹泻之后（图 14.2），应用排除 - 激发试验识别出导致 AFR 的原料（Verlinden 等，2006；Bryan 和 Frank，2010）。排除试验的操作是先专一饲喂动物一种日粮，这种日粮使用动物从未接触过的原料。必须隔离其他过敏原（如零食、含有风味剂的药物、含有风味剂的牙膏与不可追溯来源的食物）。对患有 CAFR 的动物，这一过程需要 8～12 周，对患肠病的动物，则需要 2～4 周。如果排除试验中使用的原料不是动物首次接触的，则会出现假阴性结果，因此在排除 AFR 之前，至少应使用两种不同的日粮。

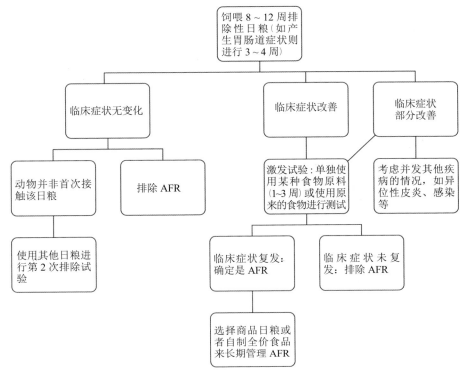

图 14.2 食物不良反应的诊断流程。

在排除试验阶段，如果动物的临床症状有所改善，那么接下来需要使用怀疑可能引发食物不良反应的单种食物成分，来刺激动物再次产生食物不良反应，这个阶段应该持续 1～3 周。也可以使用原来的食物进行激发试验，但是可能永远也无法界定引发食物不良反应的成分。如果临床症状复发，那么可确诊该动物患 AFR。有高达 35% 的犬可能对不止一种原料产生食物不良反应（Paterson，1995）。进行激发试验之后，症状未复发则排除 AFR。有一项研究表明在患慢性腹泻的猫中，20% 的猫对排除试验有反应，但对激发试验无反应（Guilford 等，2001）。作者认为原因可能是未正确找出引起 AFR 的原料，激发试验的时间过短，AFR 自愈，或者排除试验日粮的消化率或脂肪含量发生变化改善了症状。

因为排除 - 激发试验较复杂，也可尝试其他诊断方法。但血清特异性 IgE 检测的灵敏度很低（Jeffers、Shanley 和 Meyer，1991），同时尚未充分评估其他技术，如胃镜、结肠镜食物检查等方法（Mandigers 和 German，2010）。

排除日粮

日粮特点

食物的蛋白质来源和形态是疑似 AFR 患病动物的关键营养因素。最易引起犬 AFR 的原料是牛肉、奶制品、小麦、鸡蛋、鸡肉、羊肉和大豆，最易引起猫的 AFR 的原料是牛肉、奶制品、鱼和禽肉（Verlinden 等，2006）。一般来说，应避免在排除日粮内使用这些原料。但是，有研究认为这些原料与食物不良反应存在相关性，是因为在过去几年里，这些原料都是宠物食品的常用原料，动物不可避免会反复接触，而不是由于这些原料本身的"过敏原性"（Cave，2006）。不同过敏原之间可能存在交叉反应（Garcia 和 Lizaso，2011），但在兽医领域没有相关的研究。

从理论上来讲，难消化大分子肽链在肠腔内存在与滞留是消化道症状的重要诱因，而消化率对减少这些诱因至关重要。

有两种类型的排除日粮：使用不常见的原料（确保患病动物从未接触过这些原料）或使用水解蛋白质。

包含不常见原料的日粮

找到动物从未接触过的一种食物是比较困难的，特别是宠物食品的配方包含的另类蛋白质原料(如野牛肉、三文鱼肉和鹿肉)的种类越来越多。有两种食物可供选择：商品日粮和自制食物。需要在选择前仔细考虑这两种食物的优点和缺点(表14.2)。

表14.2 用于诊断和治疗食物不良反应的饮食的优点和缺点

自制食物
优点
- 不含食品添加剂
- 食品加工中产生新过敏原的概率很低
- 使动物主人参与患病动物的治疗管理
- 高消化率

缺点
- 价格昂贵
- 花费时间较长
- 动物主人难以找到原料
- 需要动物主人付出很多
- 除非是兽医营养学家出具的配方，否则营养很可能是不均衡的

包含不常见原料的商品日粮
优点
- 通常是最便宜的选择
- 全价、均衡，可以长期饲喂
- 某些产品能够满足生长需要
- 宠物主人易得

缺点
- 含有宠物食品添加剂
- 存在宠物食品加工过程中产生新过敏原的风险
- 含有微量的其他原料（如果未使用专用的生产线）

水解蛋白质食物
优点
- 适合曾经接触过多种食材、有复杂饮食史的动物
- 全价、均衡，可以长期饲喂
- 某些产品能够满足生长需要

缺点
- 含有宠物食品添加剂
- 存在宠物食品加工过程中产生新过敏原的风险
- 一些动物对某种"完整的"蛋白质过敏，那么它仍有可能对该种蛋白质的水解产物过敏

自制食物通常是单一蛋白质来源和单一碳水化合物来源的混合物。应选择动物首次接触的原料(碳水化合物原料通常也会包含一些蛋白质)，而满足这种苛刻要求的原料往往价格昂贵，并不易寻得。一些研究者认为排除日粮更适合使用自制食物，因为自制食物不包含食品添加剂(通

常认为食品添加剂可能会引起 AFR），处理温度较低（Jeffers 等，1991；Harvey，1993）。宠物食品需经过高温处理，常会形成新的抗原，这些新的抗原可能会引发 AFR（Cave 和 Marks，2004）。然而，在排除试验初期，为疑似患有 AFR 犬猫制备的大部分自制食物的营养并不全面（Roudebush 和 Cowell，1992）。这种食物除了在排除试验期间使用，并不适合长期饲喂，且绝不能用于饲喂生长期动物。如果需要长期使用，就必须向兽医咨询营养全价、充足的食物配方。自制食物的其他问题还包括价格昂贵和耗时较长。

现在市场上很少有包含不常见原料、含有单一的蛋白质和碳水化合物来源的全价、平衡的商品日粮，因为没有一种日粮能够满足所有的患病动物（表 14.3）。但是，并不是所有的产品都经过患 AFR 犬猫的测试（Leistra、Markwell 和 Willemse，2001；Leistra 和 Willemse，2002；Guilford 等，2001；Sauter 等，2006）。最近的一项研究表明不应该使用含有不常见蛋白质的商品粮，因为部分这类食品可能含有多种蛋白质来源，并含有微量在配料表中未写出、却常见的宠物食品蛋白质（Raditic、Remillard 和 Tater，2011）。

包含水解蛋白的食物

水解蛋白质的目的是充分破坏蛋白质的结构，把蛋白质降解成不会触发免疫反应的大小，这样既可避免已经对完整蛋白质过敏的动物产生免疫反应，也可保护未出现免疫反应的动物。市场上已有一些商品化的处方粮。这些日粮采用不常见的碳水化合物源或纯化淀粉。

当患病动物曾经接触过多种食材或者既往饮食史不完全时，这些日粮对它们来说是很好的选择。试验证明这些日粮对大部分犬是有效的（Loeffler 等，2006；Biourge、Fontaine 和 Vroom，2004；Mandigers 等，2010a）。但是，也有一小部分动物不仅对完整的蛋白质过敏，也对水解产物过敏（Jackson 等，2003；Olivry 和 Bizikova，2010），或者对这些日粮中的其他原料（淀粉、油脂、添加剂或新抗原）过敏。

表 14.3　美国和欧洲犬猫处方粮中的不常见原料清单

美国犬用处方粮中的不常见原料清单					
生产商	商品名	日粮种类	蛋白质来源	碳水化合物来源	脂肪来源
皇家	低敏精选蛋白 PD	干粮	鸭肉副产品粉/马铃薯蛋白	马铃薯	椰子油/植物油/鱼油
皇家	低敏精选蛋白 PD	罐头	鸭肉/鸭肉副产品粉	马铃薯	鱼油
皇家	低敏精选蛋白 PR	干粮	兔肉粉/马铃薯蛋白	马铃薯	椰子油/植物油/鱼油
皇家	低敏精选蛋白 PR	罐头	兔肉粉/马铃薯蛋白	马铃薯	植物油/鱼油
皇家	低敏精选蛋白 PV	干粮	鹿肉粉/马铃薯蛋白	马铃薯	椰子油/植物油/鱼油
皇家	低敏精选蛋白 PV	罐头	鹿肉/鹿肉粉/马铃薯蛋白	马铃薯	植物油/鱼油
皇家	低敏精选蛋白 PW	干粮	白鲑鱼粉/马铃薯蛋白	马铃薯	椰子油/植物油
皇家	低敏精选蛋白 PW	罐头	白鲑鱼/马铃薯蛋白	马铃薯	植物油
皇家	低敏精选蛋白 PW 中等能量密度	干粮	白鲑鱼粉/马铃薯蛋白	马铃薯	椰子油/植物油
希尔斯	d/d 皮肤处方粮鸭肉配方	罐头	鸭肉	马铃薯/马铃薯淀粉	大豆油/鱼油
希尔斯	d/d 皮肤处方粮羔羊肉配方	罐头	羔羊肉	米粉	大豆油/鱼油
希尔斯	d/d 皮肤处方粮三文鱼配方	罐头	三文鱼	马铃薯/马铃薯淀粉	大豆油/鱼油
希尔斯	d/d 皮肤处方粮鹿肉配方	罐头	鹿肉/马铃薯蛋白	马铃薯/马铃薯淀粉	大豆油/鱼油
希尔斯	d/d 皮肤处方粮马铃薯鸭肉配方	干粮	鸭肉/马铃薯蛋白/鸭肉副产品粉	马铃薯/马铃薯淀粉	猪肉脂肪/大豆油/鱼油
希尔斯	d/d 皮肤处方粮马铃薯三文鱼配方	干粮	三文鱼肉/马铃薯蛋白/鱼粉	马铃薯/马铃薯淀粉	猪肉脂肪/大豆油/鱼油
希尔斯	d/d 皮肤处方粮马铃薯鹿肉配方	干粮	鹿肉/马铃薯蛋白/鹿肉粉	马铃薯/马铃薯淀粉	猪肉脂肪/大豆油/鱼油
希尔斯	d/d 皮肤处方粮米饭鸡蛋配方	干粮	干燥蛋制品	酿酒米	猪肉脂肪/大豆油/鱼油

续表 14.3

美国犬用处方粮中的不常见原料清单

生产商	商品名	日粮种类	蛋白质来源	碳水化合物来源	脂肪来源
优卡	爱慕斯皮毛护理处方粮 FP	罐头	鲇鱼	变性马铃薯淀粉	鲱鱼粉/玉米油
优卡	爱慕斯皮毛护理处方粮 FP	干粮	鲇鱼	马铃薯	鲱鱼粉/动物脂肪
优卡	爱慕斯皮毛护理处方粮 KO	干粮	袋鼠肉	燕麦粉	动物脂肪/鱼油
普瑞纳	DRM 皮肤病管理	干粮	三文鱼粉/鳟鱼	酿酒米	动物脂肪

美国包含水解蛋白的犬用处方粮

生产商	商品名	日粮种类	蛋白质来源	碳水化合物来源	脂肪来源
皇家	低敏水解蛋白成犬 HP	干粮	水解大豆蛋白	酿酒米	鸡脂肪/植物油/鱼油
皇家	低敏水解蛋白小型成犬 HP	干粮	水解大豆蛋白	酿酒米	鸡脂肪/植物油/鱼油
皇家	低敏水解蛋白中等能量密度成犬 HP	干粮	水解大豆蛋白	酿酒米	鸡脂肪/植物油/鱼油
希尔斯	z/d 低敏	干粮	水解鸡肝/水解鸡肉	干马铃薯产品/马铃薯淀粉	大豆油
希尔斯	z/d 极低敏	干粮	水解鸡肝/水解鸡肉	淀粉	大豆油
希尔斯	z/d 极低敏	罐头	水解鸡肝	玉米淀粉	大豆油
普瑞纳	HA 低敏	干粮	水解大豆分离蛋白	淀粉	植物油/芥花籽油/玉米油

续表 14.3

美国包含不常见原料的猫用处方粮

生产商	商品名	日粮种类	蛋白质来源	碳水化合物来源	脂肪来源
皇家	低敏精选蛋白 PD	干粮	鸭肉副产品粉/豌豆蛋白	豌豆	椰子油/植物油/鱼油
皇家	低敏精选蛋白 PD	罐头	鸭肉/鸭肉副产品粉/豌豆蛋白	豌豆粉	鱼油
皇家	低敏精选蛋白 PR	干粮	兔肉粉/豌豆蛋白	豌豆	椰子油/植物油/鱼油
皇家	低敏精选蛋白 PR	罐头	兔肉/豌豆蛋白	豌豆粉	植物油/鱼油
皇家	低敏精选蛋白 PV	干粮	鹿肉粉/豌豆蛋白	豌豆	椰子油/植物油/鱼油
皇家	低敏精选蛋白 PV	罐头	鹿肉/鹿肉副产品/豌豆蛋白	豌豆粉	植物油/鱼油
希尔斯	d/d 皮肤处方粮鸭肉配方	罐头	鸭肉/豌豆浓缩蛋白	绿豌豆碎粒	大豆油/鱼油
希尔斯	d/d 皮肤处方粮鹿肉配方	罐头	鹿肉/豌豆浓缩蛋白	绿豌豆碎粒	大豆油/鱼油
希尔斯	d/d 皮肤处方粮鸭肉绿豌豆配方	干粮	豌豆浓缩蛋白/鸭肉	黄豌豆碎粒/绿豌豆碎粒	猪肉脂肪/鱼油
希尔斯	d/d 皮肤处方粮兔肉绿豌豆配方	干粮	豌豆浓缩蛋白/兔肉	黄豌豆碎粒/绿豌豆碎粒	猪肉脂肪/鱼油
希尔斯	d/d 皮肤处方粮鹿肉绿豌豆配方	干粮	豌豆浓缩蛋白/鹿肉	黄豌豆碎粒/绿豌豆碎粒	猪肉脂肪/鱼油
优卡	爱慕斯皮毛护理处方粮	罐头	羔羊肉/羔羊肉粉	珍珠麦碎粒	玉米油

美国包含水解蛋白的猫用处方粮

生产商	商品名	日粮种类	蛋白质来源	碳水化合物来源	脂肪来源
皇家	低敏水解蛋白成猫 HP	干粮	水解大豆蛋白	酿酒米	鸡脂肪/植物油/鱼油

续表 14.3

美国包含水解蛋白的猫用处方粮					
生产商	商品名	日粮种类	蛋白质来源	碳水化合物来源	脂肪来源
希尔斯	z/d 低敏	干粮	水解鸡肝/水解鸡肉	酿酒米	大豆油
希尔斯	z/d 极低敏	罐头	水解鸡肝	玉米淀粉	大豆油
普瑞纳	HA 低敏	干粮	水解大豆分离蛋白/水解鸡肝/水解鸡肉	大米淀粉	玉米油

欧洲包含不常见原料的犬用处方粮					
生产商	商品名	日粮种类	蛋白质来源	碳水化合物来源	脂肪来源
皇家	抗过敏	干粮	脱水鱼肉/水解禽类肝脏	木薯	动物脂肪/鱼油/大豆油
皇家	抗过敏鸡肉米饭	罐头	鸡肉	大米	鱼油/葵花籽油
皇家	抗过敏鸭肉米饭	罐头	鸭肉	大米	鱼油/葵花籽油
普瑞纳	DRM 皮肤病管理	干粮	三文鱼肉粉/鳟鱼	酿酒米	动物脂肪
希尔斯	d/d 鸭肉配方	罐头	鸭肉	马铃薯/马铃薯淀粉	植物油/鱼油
希尔斯	d/d 羔羊肉配方	罐头	羔羊肉	米粉	植物油/鱼油
希尔斯	d/d 三文鱼配方	罐头	三文鱼	马铃薯/马铃薯淀粉	植物油/鱼油
希尔斯	d/d 鹿肉配方	罐头	鹿肉/马铃薯蛋白	马铃薯/马铃薯淀粉	植物油/鱼油
希尔斯	d/d 鸭肉米饭配方	干粮	鸭肉粉/水解鸡肉	大米碎粒	动物脂肪/植物油/鱼油
希尔斯	d/d 三文鱼米饭配方	干粮	三文鱼粉/水解鸡肉	大米碎粒	动物脂肪/植物油/鱼油
希尔斯	d/d 鸡蛋米饭配方	干粮	干制全蛋粉/水解鸡肉	大米碎粒	动物脂肪/植物油/鱼油

续表 14.3

欧洲包含不常见原料的犬用处方粮					
生产商	商品名	日粮种类	蛋白质来源	碳水化合物来源	脂肪来源
优卡	皮肤病处方粮	干粮	鱼粉/鲇鱼/水解鱼肉蛋白	马铃薯	动物脂肪
优卡	皮肤病处方粮	罐头	鲇鱼/鲱鱼粉	变性马铃薯淀粉	玉米油
Affinity	低敏皮肤病处方粮	干粮	鳟鱼/脱水三文鱼蛋白	大米	动物脂肪/鱼油
Specific	CDD 食物过敏管理	干粮	鸡蛋	大米	动物脂肪/葵花籽油
Specific	CDW 食物过敏管理	罐头	羔羊肉	大米	大豆油

欧洲包含水解蛋白的犬用处方粮					
生产商	商品名	日粮种类	蛋白质来源	碳水化合物来源	脂肪来源
皇家	低敏	干粮	水解大豆蛋白/水解禽类肝脏	大米	动物脂肪/大豆油/鱼油
皇家	低敏且中等能量密度	干粮	水解大豆蛋白/水解禽类肝脏	大米	动物脂肪/大豆油/鱼油
皇家	低敏小型犬	干粮	水解大豆蛋白/水解禽类肝脏	大米	动物脂肪/大豆油/鱼油
普瑞纳	HA 低敏	干粮	水解大豆分离蛋白	淀粉	植物油/芥花籽油/玉米油
希尔斯	z/d 低敏	干粮	水解鸡肝/水解鸡肉	干马铃薯产品/马铃薯淀粉	植物油
希尔斯	z/d 极低敏	干粮	水解鸡肝	淀粉	植物油
希尔斯	z/d 极低敏	罐头	水解鸡肝	玉米淀粉	植物油
Affinity	超低敏	干粮	水解大豆蛋白	玉米淀粉	椰子油/玉米油
Specific	CωD - HY 优加过敏管理	干粮	水解三文鱼蛋白/大米蛋白	大米	鱼油/猪肉脂肪/葵花籽油

续表 14.3

欧洲包含水解蛋白的犬用处方粮

生产商	商品名	日粮种类	蛋白质来源	碳水化合物来源	脂肪来源
Specific	CYD-HY 食物过敏管理	干粮	水解三文鱼蛋白/大米蛋白	大米	猪肉脂肪/葵花籽油

欧洲包含不常见原料的猫用处方粮

生产商	商品名	日粮种类	蛋白质来源	碳水化合物来源	脂肪来源
皇家	抗过敏	干粮	脱水鸭肉/水解禽类蛋白/大米谷蛋白	大米	动物脂肪/鱼油/大豆油
皇家	抗过敏鸭肉米饭	罐头	鸭肉/大米蛋白	大米	鱼油
皇家	抗过敏鸡肉米饭	罐头	鸡肉	大米	鱼油
优卡	兽医皮肤病处方	罐头	羔羊肉	大麦	玉米油
希尔斯	d/d 皮肤处方粮鸭肉配方	罐头	鸭肉/豌豆浓缩蛋白	绿豌豆碎粒	大豆油/鱼油
希尔斯	d/d 鹿肉配方	干粮	豌豆浓缩蛋白/鹿肉粉/水解禽类肝脏	脱水豌豆	动物脂肪/植物油/鱼油
Specific	CDW 食物过敏管理	罐头	羔羊肉	大米	大豆油

欧洲包含水解蛋白的猫用处方粮

生产商	商品名	日粮种类	蛋白质来源	碳水化合物来源	脂肪来源
皇家	低敏	干粮	水解大豆蛋白/水解禽类肝脏	大米	动物脂肪/大豆油/鱼油
普瑞纳	HA 低敏	干粮	水解大豆分离蛋白/水解鸡肝/水解鸡肉	大米淀粉	玉米油
希尔斯	z/d 低敏	干粮	水解鸡肝/水解鸡肉	酿酒米	大豆油
希尔斯	z/d 极低敏	罐头	水解鸡肝	玉米淀粉	大豆油
Affinity	低敏	干粮	水解大豆蛋白/水解动物蛋白	玉米淀粉	椰子油/玉米油
Specific	FωD-HY 优加过敏管理	干粮	水解三文鱼蛋白	大米	鱼油/猪肉脂肪/葵花籽油
Specific	FDD-HY 食物过敏管理	干粮	水解三文鱼蛋白/大米蛋白	大米	猪肉脂肪/葵花籽油

注意事项

住院动物

确诊为 AFR 的住院动物

AFR 患病动物因任何原因住院时，必须在住院记录表中详细写明喂食的具体细节。必须详细询问这些患病动物的主人动物最近摄入的食物(或者可耐受的食物)，如果医院内没有储备相应的食物，应让动物主人自己准备。

患有慢性肠病的住院动物

患有肠炎(包括炎性肠病)的动物可能会暂时出现进食耐受差的情况，这种情况会加重临床症状。出于这种考虑，建议在最初的治疗阶段，给这些患病动物饲喂"牺牲蛋白"(Cave，2006)。几周之后，可将日粮更换为含有不常见原料或水解原料的商品日粮。另一个治疗方案就是饲喂水解蛋白日粮，以避免出现新的 AFR 症状，同时最小化临床症状和并发症(Cave，2006)。

因此，可为患慢性肠病或者疑似 AFR 的住院动物(如为了获得活检样品)选择几种治疗方案，包括使用高消化率和高能量密度的食物"肠道"类型日粮)，或者使用同样高消化率和有助于患病动物恢复的水解日粮。如果需要在家中进行排除试验，应避免使用患病动物在住院时使用的食物，因为这些原料可能已经引起动物过敏。

相关研究表明可给患慢性肠病的动物，包括患炎性肠病的动物长期使用包含水解原料及不常见原料的日粮，有时甚至无须使用免疫抑制剂，也可以改善临床症状(Nelson、Stookey 和 Kazacos，1998；Guilford 等，2001；Fogle 和 Bissett，2007；Mandigers 等，2010b)。一项研究对比了水解食物与肠道类型食物，发现两种食物都能改善患慢性小肠疾病犬的临床症状，但是使用水解食物的犬能够维持更长时间的无临床症状状态(Mandigers 等，2010a)。

饮食史

饮食史是诊断和治疗的关键，应包括患病动物摄取过的所有食物，包括商品日粮和人类食品、零食、点心、补充剂、咀嚼药物、人类食物和其他任何来源的食物。这能够帮助我们为疑似患 AFR 的动物选择合适的排除日粮，为确诊为 AFR 的住院动物确定禁饲食物。

了解饮食史的目的是列出患病动物可能接触过的原料清单。美国大部分的宠物食品会遵守美国饲料管理协会(Association of American Feed Control Officials，AAFCO)的规定，在配料表中列出所有的原料信息。因此，较易识别出不适合患 AFR 动物的原料。此外，也需要不断调整饮食配方，但这些调整会出现一些错误。不幸的是，我们无法控制这些错误。

在欧洲，最新的规定允许按照类别(如"谷物"和"肉类")列出原料。在这些产品中，想要列出一份患病动物确切接触过的原料详细清单几乎是不可能的。在这种情况下，最好的选择是水解食物和真正的不常见原料。

监测和并发症

最常见的并发症是原有临床症状复发。患 AFR 的动物需要持之以恒的饮食管理，避免给予易引发 AFR 的食物，并需终生使用全价、均衡的食物，这些食物可以是商品日粮或自制食物。因为动物余生的饮食将局限使用单一的食物配方，动物主人的依从性会是最大的问题，有时候动物主人会无意识(动物吃了为其他动物准备的食物、餐桌食物、未检测到来源的食物，甚至改变食物的固定配方)或是故意(动物主人喂给患病动物零食或其他食物)破坏患病动物的饮食管理。在排除试验阶段和之后的饮食管理过程中，针对消费者(动物主人)的教育是保证治疗成功的关键环节(Chesney，2002；Gaschen 和 Merchant，2011)。在进行诊断后的定期回访(每 6～12 个月)时，应询问完整的饮食史(检查动物主人是否遵医嘱)。

在诊断出 AFR 之后，一些宠物可能会因新食物中的某些成分，再次出现 AFR 症状。必须为这类病例找到合适的替代日粮。另外一种方法可能有效：成年人若在 1～2 年之内不接触过敏原，就能够帮助超过 30% 的食物过敏患者重建过敏原耐受(Pastorello 等，1989)。但在兽医领域尚无相关数据。

有报道并发过敏的现象(Paterson，1995；Loeffler 等，2004)，可能会影响临床症状的发生阈值。必须严格控制 AFR 患犬的异位性皮炎和跳蚤过敏。

小结

食物不良反应会导致犬猫产生慢性、非特异性皮肤和胃肠道临床症状，严重影响生活质量。治疗的核心是避免动物接触引起临床反应的食材，应基于此列出一份全面的、详细的饮食史，这是非常重要的。有多种食物可供选择，其中包括商品日粮和自制食物，这些食物含有非常见的食材或水解蛋白原料。同时，必须避免动物接触其他可能会导致AFR的食物（如零食、人类食物、含风味剂的药物）。为了保证动物主人遵循医嘱，避免动物临床症状的复发，进行定期监测是非常重要的。

要点

- 大部分AFR患病动物的临床症状主要表现为皮肤问题（主要是非季节性瘙痒）和非特异性胃肠道问题（比如呕吐和腹泻）。
- 诊断AFR的黄金准则是排除-激发饲喂试验。一份完整、详尽的饮食史是保证试验成功的关键。
- 患AFR动物的主要营养治疗方案是避免饲喂有可能引起AFR的食材。同样，一份完整、详尽的饮食史是保证治疗成功的关键。
- 可使用家庭自制食物或者商品日粮来诊断、治疗AFR。需要在考虑了每一种食物的优缺点之后，为患病动物选择一种特定的日粮。
- 如果需要长期使用自制食物（长于食物测试的使用时间），则需由兽医营养专家制定全价的食物配方。
- 在护理过程中，必须准确详细地跟踪、记录患AFR住院动物的饲喂顺序，避免临床症状的复发。

参考文献

Biourge, V. C., Fontaine, J. and Vroom, M. W. (2004) Diagnosis of adverse reactions to food in dogs: efficacy of a soy-isolate hydrolyzate-based diet. *Journal of Nutrition*, **134**, 2062S-2064S.

Bryan, J. and Frank, L. A. (2010) Food allergy in the cat: a diagnosis by elimination. *Journal of Feline Medicine and Surgery*, **12**, 861-866.

Cave, N. J. (2006) Hydrolyzed protein diets for dogs and cats. *Veterinary Clinics of North America: Small Animal Practice*, **36**, 1251-1268.

Cave, N. J. and Marks, S. L. (2004) Evaluation of the immunogenicity of dietary proteins in cats and the influence of the canning process. *American Journal of Veterinary Research*, **65**(10), 1427-1433.

Chesney, C. J. (2002) Food sensitivity in the dog: a quantitative study. *Journal of Small Animal Practice*, **43**, 203-207.

Fogle, J. E. and Bissett, S. A. (2007) Mucosal immunity and chronic idiopathic enteropathies in dogs. *Compendium on Continual Education for the Practicing Veterinarian*, **29**, 290-302.

Garcia, B. E. and Lizaso, M. T. (2011) Cross-reactivity syndromes in food allergy. *Journal of Investigational Allergology and Clinical Immunology*, **21**, 162-170.

Gaschen, F. P. and Merchant, S. R. (2011) Adverse food reactions in dogs and cats. *Veterinary Clinics of North America: Small Animal Practice*, **41**, 361-379.

Guilford, W. G., Jones, B. R., Markwell, P. J. et al. (2001) Food sensitivity in cats with chronic idiopathic gastrointestinal problems. *Journal of Veterinary Internal Medicine*, **15**, 7-13.

Guilford, W. G., Markwell, P. J., Jones et al. (1998) Prevalence and causes of food sensitivity in cats with chronic pruritus, vomiting or diarrhea. *Journal of Nutrition*, **128**, 2790S-2791S.

Harvey, R. G. (1993) Food allergy and dietary intolerance in dogs - a report of 25 cases. *Journal of Small Animal Practice*, **34**, 175-179.

Hensel, P. (2010) Nutrition and skin diseases in veterinary medicine. *Clinics in Dermatology*, **28**, 686-693.

Hobi, S., Linek, M., Marignac, G. et al. (2011) Clinical characteristics and causes of pruritus in cats: a multicentre study on feline hypersensitivity-associated dermatoses. *Veterinary Dermatology*, **22**, 406-413.

Jackson, H. A., Jackson, M. W., Coblentz, L. et al. (2003) Evaluation of the clinical and allergen specific serum immunoglobulin E responses to oral challenge with cornstarch, corn, soy and a soy hydrolysate diet in dogs with spontaneous food allergy. *Veterinary Dermatology*, **14**,181-187.

Jeffers, J. G., Shanley, K. J. and Meyer, E. K. (1991) Diagnostic testing of dogs for food hypersensitivity. *Journal of the American Veterinary Medical Association*, **198**, 245-250.

Leistra, M. and Willemse, T. (2002) Double-blind evaluation of two commercial hypoallergenic diets in cats with adverse food reactions. *Journal of Feline Medicine and Surgery*, **4**, 185-188.

Leistra, M. H., Markwell, P. J. and Willemse, T. (2001) Evaluation of selected-protein-source diets for management of dogs with adverse reactions to foods. *Journal of the American Veterinary Medical Association*, **219**, 1411-1414.

Loeffler, A., Lloyd, D. H., Bond et al. (2004) Dietary trials with a commercial chicken hydrolysate diet in 63 pruritic dogs. *The Veterinary Record*, **154**, 519-522.

Loeffler, A., Soares-Magalhaes, R., Bond, R. et al., (2006) A retrospective analysis of case series using home-prepared and chicken hydrolysate diets in the diagnosis of adverse food reactions in 181 pruritic dogs. *Veterinary Dermatology*, **17**, 273-279.

Mandigers, P. & German, A. J. (2010) Dietary hypersensitivity in cats and dogs. *Tijdschrift voor Diergeneeskunde*, **135**, 706-710.

Mandigers P. J. J., Biourge, V., van den Ingh, T. S. G. A. M. et al. (2010a) A randomized, open-label, positively-controlled field trial of a hydrolyzed protein diet in dogs with chronic small bowel enteropathy. *Journal of Veterinary Internal Medicine*, **24**, 1350-1357.

Mandigers, P. J., Biourge, V. and German, A. J. (2010b) Efficacy of a commercial hydrolysate diet in eight cats suffering from inflammatory bowel disease or adverse reaction to food. *Tijdschrift voor Diergeneeskunde*, **135**, 668-672.

Nelson, R. W., Stookey, L. J. & Kazacos, E. (1988) Nutritional management of idiopathic chronic colitis in the dog. *Journal of Veterinary Internal Medicine*, **2**, 133-137.

Olivry, T. and Bizikova, P. (2010) A systematic review of the evidence of reduced allergenicity and clinical benefit of food hydrolysates in dogs with cutaneous adverse food reactions. *Veterinary Dermatology*, **21**, 32-41.

Pastorello, E. A., Stocchi, L., Pravettoni, V. et al. (1989) Role of the elimination diet in adults with food allergy. *The Journal of Allergy and Clinical Immunology*, **84**, 475-483.

Paterson, S. (1995) Food hypersensitivity in 20 dogs with skin and gastrointestinal signs. *Journal of Small Animal Practice*, **36**, 529-534.

Philpott, D. J., McKay, D. M., Mak, W. et al. (1998) Signal transduction pathways involved in enterohemorrhagic Escherichia coli-induced alterations in T84 epithelial permeability. *Infection and Immunity*, **66**, 1680-1687.

Raditic, D. M., Remillard, R. L. and Tater, K. C. (2011) ELISA testing for common food antigens in four dry dog foods used in dietary elimination trials. *Journal of Animal Physiology and Animal Nutrition*, **95**, 90-97.

Roudebush, P. and Cowell, C. S. (1992) Results of a hypoallergenic diets survey of veterinarians in North America with a nutritional evaluation of homemade diet prescriptions. *Veterinary Dermatology*, **3**, 23-28.

Sauter, S. N., Benyacoub, J., Allenspach, K. et al. (2006) Effects of probiotic bacteria in dogs with food responsive diarrhoea treated with an elimination diet. *Journal of Animal Physiology and Animal Nutrition*, **90**, 269-277.

Verlinden, A., Hesta, M., Millet, S. et al. (2006) Food allergy in dogs and cats: a review. *Critical Reviews in Food Science and Nutrition*, **46**, 259-273.

Watson, T. D. (1998) Diet and skin disease in dogs and cats. *Journal of Nutrition*, **128**, 2783S-2789S.

第 15 章
犬猫短肠综合征的营养管理

Daniel L. Chan

Department of Veterinary Clinical Sciences and Services, The Royal Veterinary College, University of London, UK

简介

短肠综合征(short bowel syndrome，SBS)指切除大量小肠后，肠道营养吸收不良导致的一类临床症状(Yanoff 和 Willard，1989)。患病动物会出现以体重下降、慢性腹泻和体液、电解质紊乱为特征的营养和代谢紊乱。机体对剩余小肠的适应程度和药物、营养治疗的效果决定了患有 SBS 的动物能否长期存活(Wall，2013)。在人类医学中，需要大范围或反复切除小肠的肠道慢性炎症(如克罗恩病)、局部缺血或肿瘤性疾病常发生这类综合征。在犬猫中，需要大范围切除小肠的疾病包括线性异物、肠套叠、肠系膜扭转或嵌顿／缺血。目前尚未明确切除多少小肠后易出现 SBS，但认为切除多于 50% 小肠时，极易发生 SBS(Urban 和 Weser，1980；Wilmore 等，1997；Wall，2013)。虽然犬猫的肠道切除／吻合是相对常见的操作，但切除多于 50% 的小肠并不常见(图 15.1)。而且，仅在犬疾病模型的试验报告以及零星的病例报告里提到发生了 SBS(Wilmore 等，1971；Joy 和 Patterson，1978；Williams 和 Burrows，1981；Pawlusiow 和 McCarthy，1994；Uchiyama 等，1996；Yanoff 等，1992；Gorman 等，2006)。报告中的 SBS 患犬存在水样腹泻、体液和电解质紊乱以及体重显著下降(Pawlusiow 和 McCarthy，1994；Williams 和 Burrows，1981)。在有关犬猫的大量回顾性研究中，尚未发现切除肠管占整体肠管的比例与发生 SBS 间的关系(Gorman 等，1996)。虽然在犬猫中，关于该综合征和治疗效果的数据很少，但是仍有一些可用于发生 SBS 风险高的动物的公认的药物和营养治疗方案，详见本章之后的讨论。

图 15.1 犬猫的大量肠管切除术并不常见，但发生严重肠管坏死时（图中患犬发生肠扭转），则需要切除大量肠管。来源：Elvin Kulendra，转载经作者同意。

病理生理学

切除大量小肠后，肠道的餐后蠕动性发生改变，这会导致胃和其他节段小肠的排空延迟（Johnson 等，1996）。吸收面积的丢失会导致水、电解质和其他营养物质吸收不良。同时，营养物质的不完全消化和吸收会引起渗透性腹泻。另外，未吸收的胆汁酸和脂肪酸可能会导致大肠分泌性腹泻。SBS 的临床症状包括脱水、呕吐、腹泻、急性腹痛和体重下降。腹泻可能是间断性的或持续性的。在慢性病例中，尽管动物呈多食状态，仍然会由于分解代谢而存在明显的肌肉丢失。回肠切除病例还会存在胆汁酸和维生素 B_{12}（即钴胺素）吸收不良。虽然从血液学和生化结果来看，可能存在低白蛋白血症、轻度正细胞正色素性非再生性贫血，但这些都不是特异性的。如存在小红细胞性贫血则提示可能缺乏钴胺素。

在经过一段时间的恢复期和适应期后，小肠内的营养物质会刺激剩余小肠发生肥大和增生，这个阶段通常会持续数周至数月。肠腔内容物、内源性胃肠分泌物、胃肠激素（特别是上皮生长因子、胃泌素和肠高血糖素）的营养效应（trophic effect）、肠腔内多胺和神经因子都会促进剩余肠道进行适应性改变（Cisler 和 Buchman，2005）。肠道会扩张、变长和增厚，同时肠道隐窝上皮细胞增殖，细胞移行入肠绒毛（Thompson、Quigley 和 Adrian，1999；Cisler 和 Buchman，2005）。患有 SBS 动物的结肠会变成一个十分重要的消化器官（Jeppensen 和 Mortensen，1998）。在结肠吸收的营养物质包括钠、水、一些氨基酸以及短链脂肪酸提供的能量（Jeppensen 和 Mortensen，1998）。因此，食物必须含有一些可发酵膳食纤维，尽量减少不可溶性纤维的含量以获取最大化营养消化率，

(Roth 等，1995)。短链脂肪酸可促进黏膜增生，辅助肠适应(intestinal adaptation)。肠适应的特征为肠上皮细胞增生和肠道直径、绒毛高度、隐窝深度和肠上皮细胞密度增加。理想状况下，这些生理变化会提高肠管的吸收能力。如果肠腔内存在食物，黏膜可能会在数天内开始发生变化，肠道黏膜表面积在 2 周内会增加 4 倍(Vanderhoof 等，1992)。

营养管理方案

在大量切除肠管(如切除 50% 以上的肠管)的术后初期，须考虑使用肠外营养(parenteral nutrition，PN)支持，并在术后数天内提供少量的肠道营养(图 15.2)。长期营养管理是十分复杂的，应根据剩余肠道的功能和营养状况进行个体化治疗。除了营养摄入，SBS 的管理还包括适当的饮水以保持水合平衡，提供足量的维生素、矿物质以及适当的药物治疗。许多药物可有效地辅助食物干预治疗，如止泻药(如洛哌丁胺)、H_2 受体拮抗剂(如法莫替丁)、质子泵抑制剂(如奥美拉唑)和抗菌剂(antimicrobials)。未来治疗该病时，可能会使用胰高血糖素样蛋白 2 (glucagon-like protein 2，GLP-2)等营养因子来直接刺激肠道，促进肠适应，详细讨论见之后的内容(Bechtold 等，2014)。

图 15.2 对切除了大量小肠的患病动物(图中的患猫)，可能需要进行肠外营养支持(如图所示)，并逐渐引入肠内营养。

针对完整度不同的胃肠的特殊护理建议

如果只切除空肠，应长期全天少量多餐饲喂，这样可以改善吸收，缓解呕吐症状。应选用高消化率的食物，如一些高端粮和处方粮。由于过多的脂肪会加剧呕吐和腹泻症状，因此脂肪含量最多不能超过代谢能的 25%。膳食纤维是十分重要的，它可以促进肠适应，使结肠吸收率最大化，并结合未吸收的胆汁酸。但过多的纤维会降低消化率，影响营养吸收，并可能加重腹泻。食物中添加麦麸和车前子可能有用。但不推荐使用不可发酵纤维含量较高（如纤维素）的食物，虽然该食物中脂肪含量较低。

如果切除超过 50% 的小肠且其中包括部分回肠，则可能会发生胆盐引起的腹泻，在这种情况下，即使增加膳食纤维也可能无法控制腹泻。添加消胆胺（100～300 mg/kg，间隔 12 h 口服一次）有助于结合胆盐。由于牛磺酸与胆盐结合后，会造成牛磺酸丢失增加，须给长期使用消胆胺的犬猫补充牛磺酸。另外，还建议补充维生素 B_{12}，剂量为 250 μg（猫）或 500 μg（犬），皮下或肌肉注射，每周 1 次，连用 4 周，接着每 1～4 周 1 次。

如果完全切除空肠，必须严格限制食物的脂肪含量，食物中脂肪提供的能量应低于 20%。如接受肠道广泛切除（> 70% 的空肠和回肠），术后数天内应提供 PN 支持。应尽早使用肠内营养，这有助于肠适应，但肠道耐受的饲喂量可能比较小。在术后数天后逐渐给予肠内营养，但仅提供静息能量的 25%。此含量足以刺激营养因子（trophic factors），有益于肠道恢复。术后的动物还需要药物治疗，包括使用消胆胺、牛磺酸和注射维生素 B_{12}。

注意事项

切除回盲瓣即移除了隔离结肠中大量细菌菌群的物理屏障，这会造成小肠细菌过度繁殖。使用益生元果寡糖（fructo-oligosaccharides，FOS）有助于控制小肠细菌过度增殖，对 SBS 患病动物有益。目前市场上有低脂肪、高可发酵纤维和添加了果寡糖的商品粮，可能是 SBS 患病动物的理想日粮。

由于谷氨酰胺是肠上皮细胞的主要能量来源，所以是研究肠适应的热点（Lund 等，1990；Rhoads 等，1991；Tamada 等，1993）。在动物模型中，谷氨酰胺可增加肠绒毛长度，增强肠道吸收能力，从而促进肠适应(Lund 等，1990；Rhoads 等，1991；Tamada 等，1993)。也曾给 SBS 患者使用生长激素(重组人生长激素)，评估其增加体重和瘦体重的能力(Ellegard 等，1997；Seguy 等，2003)。在人类医学临床对 SBS 的一系列研究中，结合使用谷氨酰胺和生长激素的研究结果并不一致，需要持续用药才能达到一定的治疗效果，治疗费用昂贵且不影响整体临床结果(Bechtold 等，2014)。

研究表明替度鲁肽的治疗效果明显，它是胰高血糖素样肽 2 (glucagon-like peptide 2，GLP2)类似物，是刺激肠适应的关键药物。一系列研究证明它具有缓解腹泻，改善肠结构，降低 PN 依赖性，以及缓解一些 SBS 患者症状的作用(Jeppesen 等，2001；Haderslev 等，2002；Jeppesen 等，2011；O'Keefe 等，2013)。但这种药物并非没有严重的副作用，与肠黏膜多种营养效应相关，甚至会引起一些 SBS 患者发生部分或完全肠梗阻(Jeppesen 等，2011；O'Keefe 等，2013)。作为有效的生长因子，替度鲁肽也可促进肠道肿瘤的生长(Bechtold 等，2014)。目前没有使用替度鲁肽治疗动物 SBS 的相关报道。

监测和并发症

应每周或每 2 周评估一次接受肠道广泛切除的动物，评估内容包括动物对肠内营养的耐受情况、粪便质量和体况。另外还须评估患病动物是否存在贫血，如果存在则需要补充维生素 B_{12}。患有 SBS 动物的预后不一，在适当的医疗和营养管理下，一些患病动物的病情会趋于稳定。似乎不能根据切除肠道的长度来预测治疗效果(Gorman 等，2006)。

小结

SBS 是切除 50% 以上肠管后引起的严重的后遗症，但尚不清楚会引起犬猫 SBS 的精确肠道切除比例。动物接受肠道广泛切除后的初期，须考虑使用肠外营养，并在术后数天内逐步引入肠内营养。动物表现出 SBS 症状时，须用止泻剂、抗酸剂，注射维生素和进行营养支持。推荐的饲喂方案包括少量多次饲喂，饲喂严格限制脂肪含量和可发酵纤维含量较高的食物。关于给发生 SBS 风险高的患犬使用谷氨酰胺或生长激素的证据目前仍然不足，但该方法可能对一些 SBS 人类患者有效。将来，具有潜在营养作用的新药物可能会用于 SBS 患病动物,但还未在兽医临床应用。

要点

- 小肠广泛切除后导致严重的小肠吸收不良,常引发短肠综合征。
- 患病动物会发生一系列营养和代谢紊乱,特征是体重减轻、慢性腹泻、体液和电解质紊乱。
- 尚不清楚会引起犬短肠综合征的肠道切除比例,但认为切除超过 50% 的肠道有较高风险会引起 SBS。
- 剩余肠道和结肠的适应能力和消化、吸收的能力决定患病动物的存活情况。
- 主要的营养方案包括少量多次饲喂限制脂肪含量和可发酵纤维含量高的食物。
- 需要给一些患病动物长期使用止泻剂、抗酸剂和抗菌剂。
- 治疗目标包括改善粪便质量,减少排便量,提高体重和体况评分。

参考文献

Bechtold, M.L., McClave, S.A., Palmer, L.B. et al. (2014) The pharmacologic treatment of short bowel syndrome: New Tricks and Novel Agents. *Current Gastroenterology Reports*, **16**:392, doi: 10.1007/s11894-014-0392-2.

Cisler, J.J. and Buchman, A.L. (2005) Intestinal adaptation in short bowel syndrome. *Journal of Investigative Medicine*, **53**, 402-413.

Ellegard, L., Bosaeus, I., Nordgren, S. et al. (1997) Low-dose recombinant human growth hormone increases body weight and lean body mass in patients with short bowel syndrome. *Annals of Surgery*, **225**, 88-96.

Gorman, S.C., Freeman, L.M., Mitchell, S.L. et al. (2006) Extensive small bowel resection in dogs and cats: 20 cases (1998-2004). *Journal of the American Veterinary Medicine Association*, **228**, 403-407.

Jeppensen, P.B. and Mortensen, P.B. (1998) The influence of a preserved colon on the absorption of medium chain fat in patients with small bowel resection. *Gut*, **43**, 478-83.

Jeppesen, P.B., Hartmann, B., Thulesen, J. et al. (2001) Glucagon-like peptide 2 improves nutrient absorption and nutritional status in short-bowel patients with no colon. *Gastroenterology*, **120**, 806-815.

Jeppesen, P.B., Gilroy, R., Perkiewicz, M. et al. (2011) Randomized placebo-controlled trial of teduglutide in reducing parenteral nutrition and/or intravenous fluid requirements in patients with short bowel syndrome. *Gut*, **60**, 902-914.

Johnson, C.P., Sarna, S.K., Zhu, Y.R. et al. (1996) Delayed gastroduodenal emptying is an important mechanism for control of intestinal transit in short-gut syndrome. *American Journal of Surgery*, **171**, 90-95.

Joy, C.L. and Patterson, J.M. (1978) Short bowel syndrome following surgical correction of a double intussusception in a dog. *Canadian Veterinary Journal*, **19**, 254-259.

Haderslev, K.V., Jeppesen, P.B., Hartmenn, B. et al. (2002) Short-term administration of glucagon-like peptide-2. Effects on bone mineral density and markers of bone turnover in short bowel syndrome patients with no colon. *Scandinavian Journal of Gastroenterology*, **37**, 392-398.

Lund, P.K., Ulshen M.H., Rountree, D.B. et al. (1990) Molecular biology of gastrointestinal peptides and growth factors: relevance to intestinal adaptation. *Digestion*, **46**, Suppl 2, 66-73.

O' Keefe, S.J., Jeppesen, P.B., Gilroy, R. et al. (2013) Safety and efficacy of teduglutide after 52 weeks of treatment in patients with short bowel intestinal failure. *Clinical Gastroenterology Hepatology*, **11**, 815-823.

Pawlusiow, J.I. and McCarthy, R.J. (1994). Dietary management of short bowel syndrome in a dog. *Veterinary Clinical Nutrition*, **1**, 163-170.

Rhoads, J.M., Keku, E.O., Quinn, J. et al. (1991) L-glutamine stimulates jejunal sodium and chloride absorption in pig rotavirus enteritis. *Gastroenterology*, **100**, 683-691.

Roth, J.A., Frankel, W.L., Zhang, W. et al (1995) Pectin improves colonic function in rat short bowel syndrome. *Journal of Surgical Research*, **58**, 240-246.

Seguy, D., Vahedi, K., Kapel, N. et al. (2003) Low-dose growth hormone in adult home parenteral nutrition-dependent short bowel syndrome patients: a positive study. *Gastroenterology*, **124**, 293-302.

Tamada, H., Nezu, E.O., Quinn, J. et al. (1993) Alanyl-glutamine-enriched total parenteral nutrition restores intestinal adaptation. *Journal of Parenteral and Enteral Nutrition*, **17**, 236-242.

Thompson, J.S., Quigley, E.M. and Adrian, T.E. (1999) Factors affecting outcome following proximal and distal intestinal resection in the dog: an examination of the relative roles of mucosal adaptation, motility, luminal factors, and enteric peptides. *Digestive Disease Science*, **44**, 63-74.

Uchiyama, M., Iwafuchi, M., Matsuda, Y. et al. (1996) Intestinal motility after massive small bowel resection in conscious canines: comparison of acute and chronic phases. *Journal of Pediatric Gastroenterology and Nutrition*, **23**, 217-223.

Urban, E. and Weser, E. (1980) Intestinal adaptation to bowel resection. *Advances in Internal Medicine*, **26**, 265-291.

Vanderhoof, J.A., Lagnas, A.N., Pinch, L.W. et al. (1992) Short Bowel Syndrome. *Journal of Pediatric Gastroenterology and Nutrition*, **14**, 559-570.

Wall, E.A. (2013) An overview of short bowel syndrome management: adherence, adaptation, and practical recommendations. *Journal of the Academy of Nutrition and Dietetics*, **113**, 1200-1208.

Wilmore, D.W., Byren, T.A., Persinger R.L. et al. (1997) Short bowel syndrome: new therapeutic approaches. *Current Problems in Surgery*, **34**, 389-444.

Williams D.A. and Burrows C.F, (1981) Short bowel syndrome—a case report in a dog and discussion of the pathophysiology of bowel resection. *Journal of Small Animal Practice*, **22**, 263-265.

Yanoff S.R., Willard M.D., Boothe H.W. et al. (1992) Short-bowel syndrome in four dogs. *Veterinary Surgery*, **21**, 217-222.

Yanoff S.R. and Willard, M.D. (1989) Short bowel syndrome in dogs and cats. *Seminars in Veterinary Medicine and Surgery*, **4**, 226-231.

第 16 章
小动物的再饲喂综合征

Daniel L. Chan

Department of Veterinary Clinical Sciences and Services, The Royal Veterinary College, University of London, UK

简介

再饲喂综合征指再饲喂长时间完全厌食或严重营养不良的动物时，动物发生的一系列具有潜在致命威胁的代谢紊乱（Crook、Hally 和 Panteli，2001；Kraft、Btaiche 和 Sacks，2005）。这些代谢紊乱包括严重的低磷血症、低镁血症、低钾血症、低钠血症、低钙血症、高血糖症以及维生素缺乏（Skipper，2012）。上述异常变化的临床表现包括外周水肿、溶血性贫血、心力衰竭、神经机能障碍以及呼吸衰竭。当机体的全身营养素仍处于耗竭状态时，再饲喂会导致胰岛素突然释放（碳水化合物摄入刺激），引发上述代谢改变。因此，要成功治疗和再饲喂有长时间厌食史的动物，需谨慎运用输液治疗、频繁监测电解质、进行保守营养疗法，并支持心脏及呼吸功能。

病理生理学

当给厌食或严重营养不良的动物（图 16.1）提供肠内或肠外营养时，体液和电解质会发生改变和重新分配，而动物脆弱的心血管系统无法适应这类改变，进而引发再饲喂综合征（Skipper，2012）。检测这类患病动物的血清电解质时，可能无法发现存在于细胞内的电解质耗竭。再饲喂期间，机体会增加磷和镁的利用，来驱动底物的代谢（如糖酵解）。磷和镁也作为辅因子参与三磷酸腺苷（adenosine triphosphate，ATP）的合成。这导致细胞内对磷和镁的需求升高。胰岛素会促进葡萄糖进入细胞内，而钾和葡萄糖存在共转运关系，导致这类电解质进一步耗竭。低磷血症是再饲喂综合征最常见和最持久的异常症状，也会导致许多可见的并发症。此外，镁和钾的耗竭会引发再饲喂综合征的临床表现。随后磷酸盐

图 16.1 严重营养不良的动物(体重减少 > 20%)。如图中所示的走失6周的猫发生再饲喂综合征的风险很高,需要制定特殊的营养管理策略,确保安全的营养恢复。

的耗竭会降低神经肌肉系统、心血管系统和呼吸系统的功能表现(如膈肌疲劳、呼吸衰竭)。伴发低钙血症和低镁血症的低钾血症会引起心律失常。机体的碳水化合物代谢增强,使机体对镁和硫胺素的需求增加,这将引发神经系统或神经肌肉系统方面的并发症(Crook等,2001;Kraft等,2005;Skipper,2012)。通常再饲喂综合征发生于再饲喂后的2~5天(Skipper,2012),但也可能在再饲喂后几小时或10天才表现临床症状(Armitage-Chan、O'Toole和Chan,2006;Hofer等,2014)。

据报道,患神经性厌食的人在长期饥饿、出现严重的体重减轻时,会出现严重的心动过缓、体温降低和换气不足等全身性反应。人类出现厌食的几天内就会发生静息代谢率下降,从而引发这些改变。导致能量消耗下降的因素包括胰岛素活性降低、糖代谢减少和代谢活跃的肌肉组织减少(Crook等,2001)。骨骼肌流失和呼吸肌的功能减弱会导致机体的寒战能力降低,进一步降低换气功能和体温调节功能。最后,心肌量减少和心室收缩力降低会导致心输出量减少。据报道,患神经性厌食时,发生心血管系统相关并发症的概率很高(可高达95%),包括心动过缓、体位性低血压、液体超负荷和心律不齐,这提高了与心血管系统疾病相关的死亡率(Crook等,2001;Mehler等,2010)。

在厌食期间,进食量减少引发体内钾和镁等电解质耗竭。脂肪和肌肉的分解代谢导致电解质进一步丢失。肾脏会调节电解质的分泌量,以维持血清的电解质浓度,因此在初期可能不会表现电解质耗竭的临床症状。在再饲喂期间,摄取的碳水化合物刺激胰岛素释放,使机体由分解代谢转向合成代谢,这增加了细胞对磷、钾和水的需求。新合成的细胞需要钾来维持细胞内外的电化学梯度,因此血清内的钾和磷会运向细胞内部。被激发的糖酵解和蛋白质合成过程也需要细胞摄取磷和镁。胰岛素释放导致细胞活动增加，使细胞对镁的需求迅速增加，降低了血清镁浓度。饥饿会导致全身性电解质耗竭，而电解质的细胞内转移导致血清浓度显著下降，从而引发危及生命的并发症。ATP 和 2,3- 二磷酸甘油酸(2,3-diphosphoglycerate，2,3-DPG) 的合成需要无机磷酸盐。细胞内的许多酶促反应也需要蛋白质的磷酸化作用。低磷血症降低 ATP 的合成，导致机体供能不足，引发再饲喂综合征相关的许多症状。之前有关于猫再饲喂所致的低磷血症导致溶血性贫血的报道(Justin 和 Hohenhaus，1995)。硫胺素缺乏是人的再喂养综合征的一个重要部分，在猫也有相关报道(Justin 和 Hohenhaus，1995；Armitage-Chan 等，2006；Brenner、KuKanich 和 Smee，2011)。硫胺素缺乏引起的症状包括共济失调、前庭功能障碍和视力障碍。作为辅因子的硫胺素参与碳水化合物代谢过程中的多种酶促反应，再饲喂碳水化合物会增加硫胺素的胞内利用，从而引发硫胺素缺乏的临床症状。

目前仅有一个关于犬再饲喂综合征的报道，显示通过肠内营养给饥饿犬饲喂高营养物质，会引发低磷血症、溶血性贫血和神经症状(Silvis、DiBartolomeo 和 Aaker，1980)。然而，由于缺乏其他信息，目前尚不清楚严重营养不良犬是否易发生再饲喂综合征。

营养管理方案

再饲喂综合征的发生风险可能与前期营养不良的程度有关，但是经历短暂(48 h)饥饿的危重患者也会发生再喂养综合征(Marik 和 Bedigian，1996；Ornstein 等，2003)。推荐用于鉴别易发生再喂养综合征的人类患者的指标包括体重指数(body mass index, BMI)下降，体重在 3～6 个月内非有意地减轻超过 10%，完全不进食，喂养前的血清钾、磷或镁浓度下降(Mehler 等，2010)。预防再喂养综合征的一般原则是在未纠正体液和电解质紊乱前，不要给予营养支持。机体稳定下来后，再逐渐启动营养支持，且应慢慢加量。为预防再喂养综合征，给人启动再喂养时的推荐量每天不应超过 20 kcal/kg (Crook 等，2001)。据报道，给猫再饲喂的量仅约为每天 6 kcal/kg 时，就会发生再饲喂综合征，因此引发猫再饲喂综合征的能量摄入水平可能要比人的低(Justin 和 Hohenhaus，1995；Armitage-Chan 等，2006)。建议再饲喂前给予负荷剂量的硫胺素，之后每天注射硫胺素直到介入营养治疗的第 3 天(Solomon 和 Kirby，1990；Stanga 等，2008；Boateng 等，2010；Sriram、Manzanares 和 Joseph，2012)。

尽管有关犬猫出现再饲喂综合征的信息不足，但是可以借鉴减少人类出现再喂养综合征风险的方案。一项被欧洲临床营养与代谢学会(European Society of Clinical Nutrition and Metabolism，ESPEN)采纳的方案中(Hofer 等，2014)提到，应该谨慎地评估患者发生再喂养综合征的风险，在不使心血管系统超负荷的情况下重建体液平衡，依据经验补充磷酸盐、钾和镁(除非这些电解质在血清中的浓度已升高)，补充硫胺素、其他 B 族维生素和除铁外的微量矿物质(Hofer 等，2014)。应在 10 天内，逐渐将能量摄入由 10 kcal/kg 增加至 30 kcal/kg，并每天监测血钾、血磷、血镁和血糖水平(Hofer 等，2014)。

根据人的推荐方案和动物的补充剂推荐方案推断，如果患病动物在最初 3 天没有出现磷、钾和镁超过参考范围的情况，即可在开始治疗的 24h 内给高风险的患病动物经验性补充 0.01~0.03 mmol/(kg·h)磷酸盐、0.05 mEq/(kg·h)钾和 0.01～0.02 mEq/(kg·h)镁。应该在饲喂前每天通过皮下注射或肌内注射给予硫胺素，直到症状缓解，剂量为猫每天 25 mg，犬每天 100 mg。启动营养支持第 1 天的给予量不能超过 20% 的 RER，在 4～10 天内逐渐增加。

监测

若患病动物发生再饲喂综合征的风险较高，就需每日进行监测，以及早发现是否发生再饲喂综合征，有利于成功治疗患病动物。应密切监测体重、尿量、血清电解质(磷、钾、镁和钙)、心电图、红细胞压积、是否溶血、血糖、心血管功能和呼吸功能。如果发现代谢异常，应该及时调整营养治疗方案，同时进一步纠正血清电解质浓度。

小结

再饲喂综合征是一种给严重营养不良动物(特别是猫)进行营养支持时，动物发生的少见却有致命危险的并发症。典型的代谢紊乱包括严重的低磷血症、低镁血症、低钾血症、低钠血症、低钙血症、高血糖症和维生素缺乏。这些代谢异常的临床表现包括外周水肿、溶血性贫血、心力衰竭、神经机能障碍和呼吸衰竭。成功治疗和再饲喂长时间饥饿患病动物的方法涉及谨慎运用输液疗法、进行营养支持和给予心脏功能和呼吸功能支持。在开始饲喂患病动物之前，需先补充硫胺素、磷、钾和镁。应设定保守的能量目标（如第 1 天给予 20% 的 RER），在随后数天内逐渐增加。当谨慎管理易发再饲喂综合征的患病动物时，营养支持在动物的康复过程中便可发挥关键作用。

要点

- 与再饲喂综合征相关的代谢紊乱包括严重的低磷血症、低镁血症、低钾血症、低钠血症、低钙血症、高血糖症和硫胺素缺乏。
- 这些代谢异常的临床表现有外周水肿、溶血性贫血、心力衰竭、神经机能障碍和呼吸衰竭。
- 在整个机体营养耗竭的情况下，胰岛素突然释放（碳水化合物摄入刺激）引发这些代谢变化。
- 降低再饲喂综合征风险的推荐方案为在开始治疗的 24 h 内，经验性补充磷、钾和镁，前提是最初 3 天内患病动物的这些电解质水平并没有超出参考范围。
- 应在启动饲喂前，每日皮下注射或肌内注射补充硫胺素，直到症状缓解，猫的每日补充剂量为 25 mg，犬为 100 mg。
- 当启动营养支持时，第 1 天的给予量应不超过 20% 的 RER，并在随后数天内逐渐增加到 100%RER。

参考文献

Armitage-Chan, E.A., O' Toole, T. and Chan, D.L. (2006) Management of prolonged food deprivation, hypothermia, and refeeding syndrome in a cat. *Journal of Veterinary Emergency and Critical Care*, 16, S34-S41.

Boateng, A.A., Sriram, K., Meguid, M.M. et al. (2010) Refeeding syndrome: treatment considerations based on collective analysis of literature case reports. *Journal of Nutrition*, 26, 156-67.

Brenner, K., KuKanich, K.S. and Smee, N.M. (2011) Refeeding syndrome in a cat with hepatic lipidosis. *Journal of Feline Medicine and Surgery*, 13, 614-617.

Crook, M.A., Hally, V. and Panteli, J.V. (2001) The importance of the refeeding syndrome *Nutrition*. 17, 632-637.

Hofer, M., Pozzi, A., Joray, M. et al. (2014) Safe refeeding management of anorexia nervosa in patients: an evidence-based protocol. *Journal of Nutrition*, 30, 524-530.

Justin, R.B. and Hohenhaus, A.E. (1995) Hypophosphatemia associated with enteral alimentation in cats. *Journal of Veterinary Internal Medicine*, 9, 228-233.

Kraft, M.D., Btaiche, I.F. and Sacks, G.S. (2005) Review of the refeeding syndrome. *Nutrition in Clinical Practice*, 20, 625-633.

Marik, P.E. and Bedigian, M.K. (1996) Refeeding hypophosphatemia in critically ill patients in an intensive care unit A prospective study. *Archives of Surgery*, 131, 1043-1047.

Mehler, P.S., Winkelman, A.B., Andersen, D.M. et al. (2010) Nutritional rehabilitation: Practical guidelines for refeeding the anorectic patient. *Journal of Nutrition and Metabolism*, **pii**: 625782. doi: 10.1155/2010/625782

Ornstein, R.M., Golden, N.H., Jacobson, M.S. et al. (2003) Hypophosphatemia during nutritional rehabilitation in anorexia nervosa: implications for refeeding and monitoring. *Journal of Adolescent Health*, **32**, 83–88.

Skipper, A. (2012) Refeeding syndrome or refeeding hypophosphatemia: a systematic review of cases. *Nutrition in Clinical Practice*, **27**, 34–40.

Silvis, S.E., DiBartolomeo, A.G. and Aaker, H.M. (1980) Hypophosphatemia and neurological changes secondary to oral caloric intake: a variant of hyperalimentation syndrome. *American Journal of Gastroenterology*, **73**, 215–222.

Solomon, S. and Kirby, D. (1990) The refeeding syndrome: a review. *Journal of Parenteral and Enteral Nutrition*, **14**, 90–97.

Sriram, K., Manzanares, W. and Joseph, K. (2012) Thiamine in nutrition therapy. *Nutrition in Clinical Practice*, **27**, 41–50.

Stanga, Z., Brunner, A., Leuenberger, M. et al. (2008) Nutrition in clinical practice – the refeeding syndrome: illustrative cases and guidelines for prevention and treatment. *European Journal of Clinical Nutrition*, **2**, 687–694.

第17章
胃肠道动力紊乱患病小动物的饲喂

Karin Allenspach[1] 和 Daniel L. Chan[2]

1 Department of Clinical Science and Services, The Royal Veterinary College, University of London, UK
2 Department of Veterinary Clinical Sciences and Services, The Royal Veterinary College, University of London, UK

简介

保持胃肠道（gastrointestinal，GI）动力对正常的 GI 功能和消化是不可或缺的。因为 GI 易受疾病和各种药物的影响，所以危重患者常发的并发症之一就是 GI 动力紊乱（Adam 和 Baston，1997；Fruhwald、Holzer 和 Metzler，2007）。动物最常发的 GI 动力紊乱包括食道动力失常、胃排空延迟、功能性肠阻塞（肠梗阻）（回肠）和结肠动力异常（Washabau，2003；Boillat 等，2010）。

小动物的 GI 动力紊乱最常继发于潜在疾病或者发生在手术之后，所以在住院患病动物中很常见。为了启动合理的治疗措施，应及早确认患病动物是否发生 GI 动力紊乱。治疗措施通常包括改变营养疗法和 GI 动力纠正治疗。本章将讨论住院患病动物常发的 GI 动力紊乱及管理方法。

GI 动力紊乱的病理生理学

住院患病动物常发食道动力障碍。例如，当患病动物需要机械通气时，食道推进收缩的频率、幅度和百分比下降（Kölbel 等，2000）。食道动力紊乱最重要的临床关注点是胃食道反流、食道炎和继发误吸（Nind 等，2005）。

许多患原发性或继发性疾病的患病动物常伴发胃排空延迟或胃滞留。胃排空延迟是一种功能性紊乱，起因为肠肌层神经元和胃平滑肌功能缺陷，引发胃内食糜排空异常。目前尚未完全了解危重患者和患病小动物发生胃排空延迟的病理生理过程。正常情况下，胃内的胃窦会将蠕动波传送到后段 GI。胃体膨胀会刺激引发此种"窦泵"作用。胃体膨胀刺激机械和化学受体产生乙酰胆碱，而乙酰胆碱会兴奋传入神经，最终引发胃窦收缩。一个理论认为是原发性动力障碍（"泵故障"）导致胃排空延迟。原发性动力障碍导致胃窦动力下降，并在饲喂期间出现空腹蠕动模式（Dive 等，1994）。

另一个胃排空延迟的诱因理论认为胃排空与神经内分泌反馈机制相关。正常情况下，当肠道上皮感应到肠腔内的盐酸、氨基酸和脂肪酸后，释放胆囊收缩素（choleocystokinin，CCK），反馈作用于胃窦，让胃窦减少收缩，使胃体放松。一旦食糜到达远端小肠后，肠道上皮释放胰高血糖素样肽-1（glucagon-like peptide 1，GLP-1），同样会负反馈作用于胃排空（Hall 和 Washabau，1999）。该现象称为"回肠制动"（Lin 等，1996）。犬的胃排空速率主要受日粮成分的影响，水分、脂肪、蛋白质和碳水化合物含量均会影响胃排空速率。当犬患某些疾病时，不成比例地激发了源于小肠前段或十二指肠的抑制性反馈通路（"过度反馈"），抑制了迷走神经和脊髓传入神经元，导致胃排空延迟（Chapman、Nguyen 和 Fraser，2005）。

小肠存在三种运动模式：蠕动波——将食糜沿着长的肠道节段往远离口部的方向推送；静止收缩——将食糜分为小节段，更有利于吸收；收缩集群——将食糜往远离口部的方向推送的同时，在短的肠道节段内混合食糜。腹泻与小肠发生病理性的、与口部反方向的巨型收缩波有关。结肠运动复合波可混合结肠内容物，并将内容物往与口部相反的方向推送。

肠梗阻的特点为无肠鸣音，肠内积聚气体和液体，导致腹胀和动物不适，同时往前推送的 GI 内容物减少（Washabau，2003）。危重患者常发生功能性肠梗阻（Madl，2003）。最近的部分研究认为是蠕动波的同步协调丢失导致危重患者发生肠梗阻（Chapman 等，2007）。

这与以前的理论相反，前期理论认为是 GI 瘫痪和动力下降导致了肠梗阻。炎性介质也参与了肠梗阻的病理生理过程。

GI 动力紊乱的临床症状

胃排空紊乱的主要临床症状是呕吐，通常在进食后 10~12 h 发生呕吐。其他可见临床症状包括胃胀气、反流、腹部疼痛和疝气。部分临床症状相对不明显，包括食欲下降、恶心、嗳气和异食癖。住院患病动物常表现这些症状，因此记住一些会导致继发性胃排空紊乱的疾病是有帮助的，这样可尽早为住院患病动物启动合理的治疗措施。

GI 动力紊乱的诊断

明确诊断小动物的 GI 动力紊乱是较困难的，因为目前仍缺乏足够敏感和特异的诊断方法来完全辨别这些紊乱的特性。目前已评估了数种检测动物 GI 功能的诊断方法（Wyse 等，2003）。可以使用对比造影法来定性评估重症犬猫的胃肠道动力紊乱情况。虽已广泛应用造影评估，但在评估动物难以觉察的胃肠道动力紊乱时，该法仍存在局限性（Guilford，2000；Lester 等，1999）。与造影评估相比，超声检查在定性和半定量评估胃排空延迟和肠梗阻时更有用。但是，超声检查的主要缺点在于该法本身的主观性太强。

许多 GI 紊乱的住院动物均会放置胃饲管，因此可以测定动物的胃残余量（gastric residual volume，GRV）。GRV 指在每次饲喂后的特定时间点（新一轮饲喂前）从胃部抽出的液体体积，可以用于定量和评估肠内饲喂的胃部耐受力，也可用于推断是否存在胃排空延迟。若成年人的 GRV 在 4 h 节点时超过 150 mL，说明不耐受肠内营养（MacLeod 等，2007）。在某项研究里，当婴儿的 GRV 在 4 h 节点超过 5 mL/kg 时，说明发生胃排空延迟（Horn、Chaboyer 和 Schluter，2004）。不幸的是，目前仍未确定动物的可接受 GRV 标准。但是，在近期的一项前瞻性研究里，Holahan 等（2010）评估比较了通过鼻饲管一次性大量饲喂或持续给予食物的并发症。这些犬的 GRV 中位数为 4.5 mL/kg，分布范围为 0～213 mL/kg。GRV 值与呕吐或反流发生率升高并没有相关性。因此，目前仍不清楚可接受的或者指示动物患胃排空问题的 GRV 标准。

治疗和营养管理方案

针对 GI 动力紊乱患病动物的主要治疗措施包括鉴别和治疗潜在病因，进行早期营养干预，让动物尽早活动，纠正代谢异常，多模式疼痛管理和通过药物介入来恢复正常的 GI 动力。关于 GI 动力紊乱控制的主要研究集中于药物的使用，读者可参考他处提供的信息（Washbau，2005；Chapman 等，2007；Fraser 和 Bryant，2010）。表 17.1 列出了常用的促动力药以及用于小动物的推荐剂量。本章的重点为 GI 动力紊乱的营养调节措施。

表 17.1　用于控制小动物胃肠道动力紊乱的促动力药

药剂	剂量	作用方式
西沙必利	犬：0.2～1.0 mg/kg，每 8 h 口服一次 猫：2.5～5.0 mg/只，每 8 h 口服一次	血清素受体激动剂（$5HT_4$） 血清素受体拮抗剂（$5HT_{1,3}$）
多潘立酮	0.05～0.1 mg/kg，每 12 h 口服一次	多巴胺受体（D_2）拮抗剂
红霉素	0.5～1.0 mg/kg，静脉注射，每 8～12 h 口服一次	促胃动素激动剂 血清素受体拮抗剂（$5HT_3$）
胃复安	持续输注： 1～2 mg/(kg·天)，静脉注射 0.2～0.5 mg/kg，每 8 h 口服、静脉注射、皮下注射	多巴胺受体（D_2）拮抗剂 血清素受体激动剂（$5HT_4$）
尼扎替丁	2.5～5.0 mg/kg，每 24 h 口服一次	H_2-组胺受体拮抗剂
雷尼替丁	1.0～2.0 mg/kg，每 8～12 h 口服一次	H_2-组胺受体拮抗剂

营养管理

患 GI 动力紊乱的动物可能表现出反流、呕吐和腹泻，但尽早引入肠内营养可帮助 GI 动力恢复正常，因此提供早期肠内营养是治疗方案的关键(Stupak、Abdelsayed 和 Soloway，2012)。肠内营养对 GI 功能发挥有益作用的可能机制包括改善肠道灌注、促进碳酸氢盐以及各种肠道激素和生长因子分泌、促进肠道动力(Stupak 等，2012；Marik 和 Zaloga，2001)。

食物的实际组成成分会影响 GI 的运动情况，在给患病动物挑选日粮时，应考虑这一点。高消化率(消化率 > 95%)、高水分含量、较低至中等脂肪含量(猫粮干物质 15%，犬粮干物质 6%～15%)的配方较理想。但是，目前仍未评估过特定配方产品对 GI 功能紊乱的患病动物的使用效果。日粮内的蛋白质会促进犬和人的胃排空，延长小肠通过时间，而日粮内的脂肪会减缓犬和人的胃排空，但在猫的情况并非如此(Lin 等，1996；Zhao、Wang 和 Lin，2000)。此外，脂肪会降低食道下端括约肌的张力，导致胃食道反流和呕吐。有趣的是，最近的一项研究评估比较了用经鼻 - 肠道饲管给犬进行一次性大量饲喂和持续性饲喂的效果。研究者使用了中等至高脂肪含量的流食，这并未增加试验犬发生并发症的比率。总体而言，小动物的脂肪消化率虽然高于蛋白质或碳水化合物的消化率，但是脂肪的消化吸收是一个很复杂的过程，需要胰腺和肠道上皮细胞分泌的多种酶和碳酸氢盐参与。因此，需要关注住院动物的脂肪同化障碍情况，出现该情况时，在小肠后段和结肠的细菌会发酵脂肪。这也再次说明上述建议的必要性，应降低给这类病患饲喂日粮的脂肪含量。

日粮中的可溶性纤维在液体内会形成胶体，延长胃排空，缩短小肠通过时间(Papasouliotis 等，1993)，因此动物患 GI 动力紊乱时，应避免出现上述情况。相反的，不可溶纤维在液体内不形成胶体，对胃排空不产生影响。不可溶纤维会延长小肠通过时间，是很好的肠道膨胀剂，同时不影响营养素的吸收。这类纤维可以改善结肠健康，但也会降低日粮的消化率。作为纤维原料，果寡糖(fructo-oligosaccharides，FOS)可以减轻人类患者的肠道炎症，可能对患 GI 炎症的小动物也存在抗炎效果(Rose 等，2010)。

可以通过连续性或间歇性大量饲喂的方式饲喂流食。与间歇性大量饲喂方式相比，表现 GI 动力紊乱的危重患病动物更能耐受连续输注式饲喂。近期的一项动物研究将"饲喂不耐受"定义为动物在 24 h 内发生两次呕吐或反流(Holahan 等，2010)。连续饲喂可能有助于无法耐受高饲喂量的动物，但是近期的一项研究表明这两种饲喂方法的 GRV 和临床结果并无差异(Holahan 等，2010)。此外，Holahan 等(2010)认为当犬的 GRV 较高时，并不一定必须终止肠内饲喂，因为他们未发现 GRV 和并发症发生率之间存在相关性。

另外，许多 ICU 内 GI 疾病或 GI 动力紊乱的患病动物存在钴胺素吸收不良，导致机体严重缺乏钴胺素。钴胺素缺乏本身会导致 GI 疾病。因此，即使没有患慢性 GI 疾病的住院动物的血清钴胺素浓度检测结果，也需要通过肠外途径为这类患病动物补充钴胺素。这点对猫来说尤其重要，已发现只有给猫补充钴胺素，才能治愈猫的 GI 疾病(Ruaux 等，2005)。表 17.2 列出了钴胺素的推荐补充剂量。

表 17.2 至少连续 6 周给患慢性肠病的犬每周一次皮下补充钴胺素的推荐剂量

体重（kg）	<5	5~10	10~20	20~30	30~40	40~50
钴胺素剂量（μg）	250	400	600	800	1000	1200

小结

重症监护室内的患病小动物常表现 GI 动力紊乱，该病也会继发于 GI 疾病和许多系统性疾病。GI 动力紊乱的症状包括反流、呕吐、腹泻、腹痛、恶心和厌食。除了药物治疗外，采取营养管理措施也有助于这类动物恢复 GI 动力、减轻临床症状。虽未经过正式评估，但全天少量多餐饲喂高消化率、高水分和低脂肪的日粮，可以改善这类患病动物对肠内饲喂的耐受能力。

要 点

- 动物最常见的 GI 动力紊乱包括食道动力失常、胃排空延迟和功能性肠道阻塞（肠梗阻）。
- 小动物的 GI 动力紊乱大多数继发于潜在疾病或发生在手术之后。
- GI 动力紊乱的治疗措施包括解决潜在病因，促进肠动力，控制疼痛和营养管理。
- 尽早提供肠内营养可帮助减轻动力紊乱，应鼓励采取该措施。
- 目前还不知道适合 GI 动力紊乱患病动物的最优日粮组成，但是普遍推荐使用高水分含量、高消化率、低脂肪含量或中等脂肪含量的日粮。

参考文献

Adam, S. and Baston, S. (1997) A study of problems associated with the delivery of enteral feed in critically ill patients in five ICUs in the UK. *Intensive Care Medicine*, **3**, 261-266.

Boillat, C.S., Gaschen, F.P., Gaschen, L. et al. (2010) Variability associated with repeated measurements of gastrointestinal tract motility in dogs obtained by use of a wireless motility capsule system and scintigraphy. *American Journal of Veterinary Research*, **71**, 903-907.

Chapman, M., Fraser, R., Vozzo, R. et al. (2005) Antro-pyloro-duodenal motor responses to gastric and duodenal nutrient in critically ill patients. *Gut*, **54**, 1384-1390.

Chapman M.J., Nguyen N.Q. and Fraser R.J. (2007) Gastrointestinal motility and prokinetics in the critically ill. *Current Opinion in Critical Care*, **13**, 187-194.

Dive, A., Miesse, C., Jamart, J. et al. (1994) Duodenal motor response to continuous enteral feeding is impaired in mechanically ventilated critically ill patients. *Clinical Nutrition*, **13**, 302-306.

Fraser, R.J. and Bryant, L. (2010) Current and future therapeutic prokinetic therapy to improve enteral feed intolerance in the ICU patient. *Nutrition Clinical Practice*, **25**, 26-31.

Fruhwald, S., Holzer, P. and Metzler, H. (2007) Intestinal motility disturbances in intensive care patients pathogenesis and clinical impact. *Intensive Care Medicine*, **33**, 36-44.

Guilford, G. (2000) Gastric emptying of BIPS in normal dogs with simultaneous solid-phase gastric emptying of a test meal measured by nuclear scintigraphy. *Veterinary Radiology and Ultrasound*, **41**, 381-383.

Hall, J. A. and Washabau, R. J. (1999) Diagnosis and treatment of gastric motility disorders. *Veterinary Clinics of North America Small Animal Practice*, **29**, 377-395.

Holahan, M., Abood, S., Hautman, J. et al. (2010) Intermittent and continues enteral nutrition in critically ill dogs: A prospective randomized trial. *Journal of Veterinary Internal Medicine*, **24**, 520-536.

Horn, D.,Chaboyer, W. and Schluter, P. (2004) Gastric residual volumes in critically ill paediatric patients: a comparison of feeding regimens. *Australian Critical Care*, **17**, 98-103.

Kölbel, C.B., Rippel, K., Klar, H. et al. (2000) Esophageal motility disorders in critically ill patients: a 24-hour manometric study. *Intensive Care Medicine*, **26**, 1421-1427.

Lester, N. V., Roberts, G. D., Newell, S. M. et al. (1999) Assessment of barium impregnated polyethylene spheres (BIPS) as a measure of solid-phase gastric emptying in normal dogs-comparison to scintigraphy. *Veterinary Radiology and Ultrasound*, **40**, 465-471.

Lin, H. C., Zhao, X. T., Wang, L. et al., (1996) Fat-induced ileal brake in the dog depends on peptide YY. *Gastroenterology*, **110**, 1491-1495.

MacLeod, J.B.A., Lefton, J., Houghton, D. et al. (2007) Prospective randomized control trial of intermittent versus continuous gastric feeds for critically ill trauma patients. *Journal of Trauma*, **63**, 57-61.

Madl C.D.W. (2003) Systemic consequences of ileus. *Best Practice and Research: Clinical Gastroenterology*, **17** (3), 445-456.

Marik, P.E. and Zaloga, G.P. (2001) Early enteral nutrition in acutely ill patients: A systematic review. *Critical Care Medicine*, **29**, 2264-2270.

Nind, G., Chen, W-H., Protheroe, R. et al. (2005) Mechanisms of gastroesophageal reflux in critically ill mechanically ventilated patients. *Gastroenterology*, **128**, 600-606.

Papasouliotis, K., Muir, P., Gruffydd-Jones, T. J. et al. (1993) The effect of short-term dietary fibre administration on oro-caecal transit time in dogs. *Diabetologia*, **36**, 207-211.

Rose, D. J., Venema, K., Keshavarzian, A. et al. (2010) Starch-entrapped microspheres show a beneficial fermentation profile and decrease in potentially harmful bacteria during in vitro fermentation in faecal microbiota obtained from patients with inflammatory bowel disease. *British Journal of Nutrition*, **103**, 1514-1524.

Ruaux, C. G., Steiner, J. M. and Williams, D. A. (2005) Early biochemical and clinical responses to cobalamin supplementation in cats with signs of gastrointestinal disease and severe hypocobalaminemia. *Journal of Veterinary Internal Medicine*, **19**, 155-160.

Stupak, D.P., Abdelsayed, G.G. and Soloway, G.N. (2012) Motility disorders of the upper gastrointestinal tract in the intensive care unit: pathophysiology and contemporary management. *Journal of Clinical Gastroenterology*, **46**, 449-456.

Washabau, R. J. (2003) Gastrointestinal motility disorders and gastrointestinal prokinetic therapy. *Veterinary Clinics of North America Small Animal Practice*, **33**, 1007-1028.

Wyse C.A., McLellan J., Dickie A.M. et al. (2003) A review of methods for assessment of the rate of gastric emptying in the dog and cat: 1998-2002. *Journal of Veterinary Internal Medicine*, **17**, 609-621.

Zhao, X. T., Wang, L. and Lin, H. C. (2000) Slowing of intestinal transit by fat depends on naloxone-blockable efferent, opioid pathway. America Journal of Physiology. *Gastrointestinal and Liver Physiology*, **278**, G866-G870.

第18章
小动物的免疫调节性营养素

Daniel L. Chan

Department of Veterinary Clinical Sciences and Services, The Royal Veterinary College, University of London, UK

简介

营养支持在危重和住院动物的整体管理中发挥着重要的作用。然而，营养常被简单地当作支持性措施。最近，随着多种疾病的潜在发病机制逐渐明晰，我们认识到某些营养素具有药理学功能，进而研究营养疗法如何调节多种疾病的表现形式，改善疾病的预后，这种研究被称为"营养疗法"(Wischmeyer 和 Heyland，2010)。某些维生素、氨基酸和多不饱和脂肪酸等营养素可以调节机体的炎症和免疫反应(Cahill 等，2010；Hegazi 和 Wischmeyer，2011)。在人类医学中，目前对危重患者的营养研究聚焦于营养方案的开发，并以调节代谢途径、炎症和免疫系统为目标(Hegazi 和 Wischmeyer，2011)。此外，发掘某些营养素的药理学作用，来调节疾病的进程和预后是各项临床试验的主题，但兽医临床未十分关注这方面。营养方案改善动物疾病的益处体现在慢性肾脏疾病(如限制蛋白质和磷)(Bauer 等，1999；Brown 等，1998)和心脏疾病(如 ω-3 脂肪酸)等领域(Freeman 等，1998；Smith 等，2007)。在人类医学中，越来越多的证据表明谷氨酰胺、ω-3 脂肪酸和抗氧化剂等某些营养素可降低危重患者的发病率和死亡率。人们希望将来能进一步了解这些营养素是如何带来这些益处的，这将为治疗小动物疾病提供新思路。因此，本章的重点是回顾营养方案如何调节疾病，尤其将详细讨论营养方案在危重患病动物上的应用。

营养管理方案

ω-3 脂肪酸

炎症在很多疾病中扮演着非常重要的角色，因此治疗的核心是调节炎症反应。炎症会产生多种脂质介质，它们参与调节一系列复杂的炎症反应。脂质介质的合成通路主要有3种，分别为环氧酶、5-脂氧合酶以及细胞色素 P450 通路，这些通路以花生四烯酸(arachidonic acid，AA)、二十碳五烯酸(eicosapentaenoic acid，EPA)和γ-亚麻酸(γ-linolenic acid，GLA)等多不饱和脂肪酸(polyunsaturated fatty acids，PUFA)为底物(Mayer、Schaefer 和 Seeger，2006)。强效促炎的类花生酸、白细胞三烯和 n-2 系、n-4 系血栓素是花生四烯酸的代谢产物。过去认为要调节炎症，需用细胞膜内的 DHA 和 EPA 替代 ω-6 脂肪酸(例如 AA)。因为当 PUFA 被磷脂酶裂解和被其他酶氧化后，会形成促炎作用较弱的类花生酸，如 n-3 和 n-5 产物(Mayer 等，2006)。

然而，现在已知有生物学抗炎作用的 ω-3 脂肪酸并不是单纯地调节类花生酸的产生。换句话说，这些多不饱和脂肪酸会调节基因表达，作为核受体的配体，控制关键转录因子，以此来影响免疫细胞的反应(Singer 等，2008)。EPA 还可以在很多层面上抑制促炎转录核因子 B (NF-κB)，从而调控多种促炎因子(如细胞因子、趋化因子)和先天免疫系统的其他效应因子的表达(Singer 等，2008)。另外，最近的研究显示游离 EPA 和 DHA 还可以阻碍内毒素导致的 Toll 样受体 4 活化，进而抑制炎症反应(Lee 和 Hwang，2006)。最新发现证实 EPA 和 DHA 也是两类新介质消退素和保护素的底物，这两类因子参与炎症抑制和消退，这是一个极其精细、复杂且主动的过程(Singer 等，2008；Willoughby 等，2000)。因此，在进行疾病调控时，ω-3 脂肪酸能够帮助减少炎症介质的生成、参与抗炎和促炎症消退介质的生成，从而减弱炎症反应和先天免疫反应。

给临床危重患者使用 ω-3 脂肪酸的证据全部来源于人类医学。有报道给因急性肺损伤进行机械通气的患者经肠道补充 EPA/DHA，并配合使用抗氧化剂(Pontes-Arruda 等，2008)。另外，最近的研究表明此操作可以改善早期败血症的预后(Pontes-Arruda 等，2011)。事实上，还没有确凿的数据证明此观点，特别是通过静脉给予 ω-3 脂肪酸时。最近的一份研究肠外给予 ω-3 脂肪酸的荟萃分析报告指出 ω-3 脂肪酸不会对死亡率、感染或 ICU 停留时间产生显著的统计学差异，仅有较少的证据表明可缩短总住院天数 (Palmer 等，2013)。但是这个分析涵盖的试验不足 10 个，其中有 6 个试验的患者不足 50 人，因此有关肠外使用 ω-3 脂肪酸的效果还需要更多的数据支持 (Palmer 等，2013)。因为这个分析很可能没有覆盖全部的补给时间(疾病早期补给或者晚期补给)，这会影响结果，因此没有太大的意义。该分析中的很多试验使用了败血性休克患者，因此很难体现治疗效果 (Palmer 等，2013)。在最新的 INTERSEPT 研究 (Pontes-Arruda 等，2011) 中，肠内给予 EPA/DHA 的试验支持了这种假设，这些参与试验的患者处于器官尚未衰竭的败血症早期阶段，治疗能不同程度地改善疾病预后。目前，还未有在危重患病动物中使用 ω-3 脂肪酸的相关数据。鉴于 ω-3 脂肪酸在调节炎症和患者预后方面有诸多潜能，未来一定会有相关研究。

抗氧化剂

与炎症类似，肿瘤、心脏疾病、创伤、烧伤、严重胰腺炎、败血症和危重疾病的情况下，氧化应激也是疾病进程中突出而常见的特征。在多种病理生理阶段，尤其是以炎症反应为代表的阶段里，中性粒细胞、巨噬细胞、嗜酸性粒细胞等免疫细胞会产生活性氧自由基 (reactive oxygen species，ROS) 和活性氮自由基 (reactive nitrogen species，RNS)。随着正常抗氧化功能减弱，机体更容易受到自由基的伤害，而发生细胞和亚细胞结构损伤 (如 DNA 和线粒体损伤) (Manzanares 等，2012)。在人类医学中，在一定程度上，抗氧化功能损耗程度可反映疾病的严重程度 (Alonso de Vega、Serrano 和 Carbonell，2002)。氧化应激不仅会促进炎症反应，也是导致多器官衰竭的重要因素 (Manzanares 等，2012)。

可以尝试补充抗氧化剂，来减轻 ROS 和 RNS 引发的损伤。抗氧化剂分为 3 种：(i) 抗氧化蛋白，如白蛋白、触珠蛋白、铜蓝蛋白。(ii) 抗氧化酶，如超氧化物歧化酶、谷胱甘肽过氧化物酶、过氧化物酶。(iii) 非酶、小分子抗氧化剂，如抗坏血酸(维生素 C)、α- 生育酚(维生素 E)、谷胱甘肽、硒、番茄红素、β- 胡萝卜素。N- 乙酰半胱氨酸是谷胱甘肽的前体，对很多患者有积极的正向作用。使用 N- 乙酰半胱氨酸治疗，不仅能清除 ROS，还能产生谷胱甘肽，甚至抑制炎性因子的转录 (Manzanares 等，2012)。

有关临床危重患者的一些荟萃分析显示，使用抗氧化微量营养素(包括单独治疗、联合治疗或抗氧化鸡尾酒疗法)可降低死亡风险，减少对机械性通气的依赖，但仅能轻微地减轻感染性并发症(Manzanares 等，2012；Heyland 等，2005；Visse、Labadarios 和 Blaauw，2011)。有趣的是，主要在那些预期死亡率很高的病例上，体现出抗氧化剂降低死亡率的作用，但如果危重患者和对照组的死亡率差异小于 10%，则体现不出抗氧化剂降低死亡率的作用(Manzanares 等，2012)。给危重患者使用抗氧化剂的数据并不都体现正面作用。在最近的有关给患败血症和全身性炎症反应综合征(systemic inflammatory responses syndrome，SIRS)的成年患者使用 N-乙酰半胱氨酸的 Cochrane 综述(Szakmany、Hauser 和 Radermacher，2012)中，作者得出的结论是给败血症和 SIRS 患者静脉输注 N-乙酰半胱氨酸作为辅助疗法存在安全隐患。最好的结果是，N-乙酰半胱氨酸不会降低此类患者的死亡率和减少并发症(Szakmany 等，2012)。分析还强调了在出现症状的 24 h 后，使用 N-乙酰半胱氨酸会抑制心血管系统(Szakmany 等，2012)。然而，Cochrane 综述内的分析方法过于保守，很少给危重患者使用新的干预治疗方案。因此，未来研究需进一步探究调节危重患者氧化应激的最适方法。

尽管氧化应激在多种动物疾病中有重要作用，但针对抗氧化剂在疾病进程中应用效果的评估是有限的。抗氧化剂在一些氧化应激的疾病模型中表现出积极作用，这些疾病包括充血性心力衰竭(Amado 等，2005)、急性胰腺炎(Marks 等，1998)、胃扩张-扭转(Badylak、Lanz 和 Jeffries，1990)、肾脏移植(Lee、Son 和 Kim，2006)、庆大霉素引起的肾脏毒性损伤(Varzi 等，2007)以及对乙酰氨基酚中毒(Webb 等，2003；Hill 等，2005)。单独给猫饲喂维生素 E 无法防止洋葱粉或丙二醇引发的氧化损伤(如发展为海恩茨小体性贫血)，但同一组研究人员发现猫发生对乙酰氨基酚中毒时，同时使用维生素 E 和半胱氨酸可以减少高铁血红蛋白血症的产生(Hill 等，2005)。

抗氧化剂对慢性瓣膜性疾病(Freeman 等，1998)和肾功能不全(Plevraki 等，2006)等自然发生的疾病也有积极作用，但仍需进一步评估。遗憾的是，尚无关于给危重患病动物使用抗氧化剂的文献发表。

免疫调节性氨基酸

在机体中氨基酸具有多种功能，主要作用是合成蛋白质，参与各种化学反应。某些氨基酸具有免疫调节功能，有助于维护免疫细胞功能的完整性、帮助伤口愈合和组织修复。在某些细胞中，氨基酸还可提供能量。最典型的例子就是谷氨酰胺是肠上皮细胞和免疫细胞首选的能量来源。在疾病状态下，机体的底物代谢会发生显著改变，可能导致缺乏这些氨基酸。在应激状态下，机体对某些氨基酸的需求可能显著增加，例如精氨酸和谷氨酰胺。在健康状态下，机体可合成足够的氨基酸，但发生严重创伤、感染或炎症时，这些氨基酸无法满足机体需求，即会成为"条件性必需"氨基酸，必须从食物中获得足够的这些氨基酸。鉴于这些氨基酸的重要性，且机体在疾病状态下会突然消耗这些重要底物，因此产生了在疾病状态下，通过食物补充这些氨基酸可以改善预后这一假说。此外，由于核苷酸衍生物的合成速度受限，因此发生损伤、组织修复、细胞快速增殖时，机体核苷酸可能会耗尽（Hegazi 和 Wischmeyer，2011）。

精氨酸

精氨酸是条件性必需氨基酸，是合成多胺（用于细胞生长和增殖）、脯氨酸（用于伤口愈合）和一氧化氮前体（免疫细胞的信号分子）所必需的。当出现大面积损伤或接受手术之后，骨髓产生的未成熟细胞可产生精氨酸酶-1（可分解精氨酸）。精氨酸缺乏与T淋巴细胞功能抑制有关（Popovic、Zeh 和 Ochoa，2011）。同时补充 ω-3 脂肪酸和精氨酸时，能提高T细胞的数量和功能。还有一些数据表明进行大手术后，补充精氨酸有助于预后。与使用常规营养支持相比，补充精氨酸的临床优势是能降低感染性并发症风险，减少留院时间（Hegazi 和 Wischmeyer，2011）。

严重败血症可能是精氨酸治疗的禁忌症（Hegazi 和 Wischmeyer，2011），原因是精氨酸会促进合成过多的一氧化氮，恶化心血管张力，减少组织灌注（Hegazi 和 Wischmeyer，2011）。

谷氨酰胺

谷氨酰胺是另一种条件性必需氨基酸，是循环中含量最多的游离氨基酸，但危重患者会快速消耗体内储存的谷氨酰胺。谷氨酰胺缺乏会损害机体的一些重要防御机能。给危重患者补充谷氨酰胺，可很好地改善预后。有足够的证据证明应给任何正进行肠外营养支持的危重患者补充谷氨酰胺（Wernerman，2011；McClave 等，2009；Kreymann 等，2006）。谷氨酰胺改善预后的机制包括：(i) 保护组织（如热休克蛋白的表达，维护肠道屏障的完整性和功能，减少细胞凋亡）；(ii) 抗炎和免疫调节（如减少细胞因子产生，抑制 NF-κB 通路）；(iii) 维持代谢功能（如提高胰岛素敏感性，ATP 合成）；(iv) 抗氧化作用（如增加谷胱甘肽的产生）；(v) 弱化诱导型一氧化氮合酶的活性（Wischmeyer 和 Heyland，2010）。

曾有绝对的证据支持给危重患者使用谷氨酰胺，但最近发表的一项研究采用大量的随机样本、安慰剂对照、双盲试验来评估高剂量谷氨酰胺和抗氧化剂对危重患者的作用（Heyland 等，2013）。在这份原创性研究中，研究对象超过 1200 位，均是至少两个器官发生进行性衰竭，并需要机械性通气的危重患者。这些患者被随机地分入谷氨酰胺组和安慰剂组，以及抗氧化剂组和安慰剂组。出乎预料的是，使用谷氨酰胺有增加患者死亡率的趋势（Heyland 等，2013）。谷氨酰胺不能降低器官衰竭和感染性并发症的发生率，抗氧化剂在这方面也无明显的作用（Heyland 等，2013）。现在并不完全了解导致死亡率呈上升趋势的真正原因，但值得注意的是，该研究使用的剂量比之前研究的剂量高很多，且在该研究中，还存在患者出现休克但未达到血液动力学稳定前，就先给患者提供营养支持的操作。推荐在危重患者心血管系统稳定后，再给予营养（无论肠内还是肠外）支持（McClave 等，2009）。

尽管人类医学已经有很多关于谷氨酰胺治疗的指南，但动物医学方面却没有相关的文献指导。这可能是因为相关数据缺乏和肠外谷氨酰胺的应用受限。到目前为止，只有几篇有关给犬猫使用谷氨酰胺（肠内或肠外）的临床评估试验报道。在一项给猫使用甲氨蝶呤的临床试验中，肠内给予谷氨酰胺没有起到降低肠道通透性和保护肠道的作用，也没有改善临床症状（Marks 等，1999）。另一个临床试验的对象是患有辐射诱导黏膜炎的病例，肠内给予谷氨酰胺未对血浆谷氨酰胺和前列腺素 E_2 浓度产生显著的正面影响（Lana 等，2003）。在这两项研究中，治疗失败的原因可能是药物剂量不合适或剂型不合适，在上述情况下肠内给予谷氨酰胺效果不佳。相反，最近 Ohno 等（2009）以肠梗阻术后的犬为实验模型，评估谷氨酰胺对于恢复肠在消化间期的移行收缩的作用，结果表明谷氨酰胺治疗组的恢复收缩时间显著缩短。作者的假设是谷氨酰胺有维持谷胱甘肽浓度的作用，可抵消手术创伤、炎症和氧化应激带来的伤害。他们推断进行胃切除术后，给予谷氨酰胺能缩短肠梗阻（这是危重患者最主要的术后问题之一）的持续时间，并能保护机体抵抗手术应激。鉴于这些正面结果，将来的研究应评估给肠梗阻患犬和其他自然发生的胃肠道动力紊乱患犬补充谷氨酰胺的益处。

最近 Kang、Kim 和 Yang（2011）发现肠外给予 L- 丙氨酰 -L- 谷氨酰胺之后，能改善高剂量甲泼尼龙琥珀酸钠引发的免疫抑制。该研究设计的初衷是为了解决高剂量糖皮质激素应用中的问题，也就是免疫抑制。这些模型试验表明高剂量糖皮质激素会抑制氧化暴发活性和中性粒细胞的吞噬功能。尽管该研究使用的是实验模型，但仍提示了给犬肠外使用谷氨酰胺有调节免疫的功能，未来的临床试验应进行进一步研究。遗憾的是，在北美地区不容易获得肠外谷氨酰胺，因此在欧洲和亚洲开展了大部分评估肠外使用谷氨酰胺的研究。

核苷酸

这些低分子量的细胞内化合物（如嘧啶和嘌呤）是合成 DNA、RNA、ATP 和参与重要代谢反应的关键性辅酶的原料。和氨基酸一样，核苷酸有从头合成途径，也有回收合成途径。我们之所以在本章讨论核苷酸的营养疗法作用，是因为在疾病和损伤状态下，组织修复需要快速地进行细胞增生，这会消耗大量的核苷酸（Hegazi 和 Wischmeyer，2011）。食物补给核苷酸能够抵消这种损耗，有利于细胞增生和分化。最容易发生核苷酸缺乏的细胞是免疫细胞和胃肠道细胞，所以"增强免疫力的饮食"中常常添加核苷酸。有关食物中添加核苷酸益处的证据主要来自前期临床试验和啮齿类动物模型，因此仍需要进一步研究证实（Hess 和 Greenberg，2012）。从病理生理的角度讲，给长期厌食动物补充核苷酸有特殊的意义，因为给啮齿类动物模型补充核苷酸可以促进肠道修复、恢复刷状缘酶活性和提高肠道防御机能（Hess 和 Greenberg，2012）。另外，补充核苷酸有利于改善肠道菌群、胃肠道微循环、免疫功能和缓解炎症（Hess 和 Greenberg，2012）。即便缺乏确切的研究结果，鉴于核苷酸有诸多好处而没有明显害处，常在提高免疫力的鸡尾酒疗法中使用它也就不足为奇了。尽管大部分提高免疫力的鸡尾酒疗法的临床试验结果是正面的，但仍不清楚这是各组分协同作用的结果，还是各个组分作用的单纯叠加。迄今为止，兽医领域尚未评估给危重患病动物使用核苷酸的潜在效用。

益生菌

益生菌是活的微生物，摄入足量的益生菌对宿主健康有积极的影响。其中的一些积极作用包括减少有毒的细菌代谢产物的产生，增加某些维生素的产生，抑制细菌繁殖和增强宿主的天然防御功能。益生菌还可缩短感染的持续时间或降低宿主对病原体的易感性(Morrow、Gogineni 和 Malesker，2012)。益生菌产生积极作用可能的机制包括恢复胃肠屏障功能，通过诱导宿主细胞产生抗菌肽(即防御素)或释放益生菌抗菌因子(如细菌素、小菌素)来调整肠道菌群，竞争上皮细胞黏附位点以及调节免疫功能(Morrow 等，2012)。因此益生菌有平衡肠道菌群和增强宿主对致病菌抵抗力的作用。值得注意的是，益生菌的剂量、菌株和菌种均会影响有效性(Petrof 等，2012)。在人类医学使用的益生菌包括数种乳酸菌(*Lactobacillus*)、双歧杆菌(*Bifidobacterium*)和链球菌(*Streptococcus*)等(Morrow 等，2012)。批准用于动物饲料的益生菌包括芽孢杆菌(*Bacillus*)、肠球菌(*Enterococcus*)和乳酸菌(*Lactobacillus*)的菌株。

益生菌增强肠道屏障功能的机制可能为某些细菌(如乳酸菌)能刺激黏蛋白的产生，从而抑制病原菌入侵和黏附于肠道上皮(Morrow 等，2012)。使用益生菌的风险是某些微生物，比如肠球菌可能传递抗生素耐药质粒，导致抗生素耐药问题。给危重患者使用益生菌是有争议的，指导方针建议在给危重患者使用之前，应先进行安全性试验(Petrof 等，2012)。

在人类医学的危重患者护理中，曾用益生菌来治疗抗生素相关的腹泻、艰难梭菌(*Clostridium difficile*)感染和呼吸机相关性肺炎(Morrow 等，2012)。布拉迪酵母菌(*Saccharomyces boulardii*)产生的蛋白酶可降解艰难梭菌的毒素，也可以刺激 IgA 的分泌来对抗艰难梭菌的毒素(Petrof 等，2012)。唯一一份评估益生菌对预防呼吸机相关性肺炎的荟萃分析报告显示，益生菌可以显著减少呼吸机相关性肺炎的发生率和 ICU 停留时间(Siempos、Ntaidou 和 Falagas，2010)。截至目前，评估益生菌对危重患者作用的临床试验只证明了益生菌有减少 ICU 死亡率的趋势(Petrof 等，2012)。

理论上使用益生菌存在的风险包括抗生素耐药基因转移，从小肠转移到其他区域或通过与宿主微生物群的相互作用产生不良反应。但尚无危重患者使用益生菌后患菌血症的报道，只有一例免疫抑制患者发生了益生菌菌株感染(Boyle、Robbins-Browne 和 Tang，2006)。

在动物医学领域中，未有给危重患病动物使用益生菌的临床评估试验，但有针对具有胃肠道症状患犬的试验。一项前瞻性安慰剂对照试验使用一种犬特异性的益生菌混合物，该产品包括三种不同的乳酸菌菌株和一种新型蛋白质日粮。试验结果表明换用此日粮后临床症状显著改善，但无其他益处（Sauter 等，2006）。其他研究也显示出一些积极的影响，例如能改善免疫学指标或促进肠道菌群的恢复。然而这些试验主要使用的是健康犬，因而无法确定这些益生菌产品是否能改善危重患犬的临床症状。

小结

尽管存在诸多不完善之处，但疾病的营养调控是伴侣动物的一种潜在的有效治疗方法。但是，在临床试验可以阐明一定剂量的某种营养物质有益于患病动物之前，我们仍需谨慎对待该方法。物种的差异可能导致营养调控对患病动物的影响大相径庭，需要对此进行特别关注。在推荐兽医给患病动物使用免疫调节性营养素之前，有许多问题仍待解决。待解决的主要问题是安全性、纯度和有效性问题。然而，随着我们逐渐了解营养素与疾病发展的相互影响，我们可能发现可调控严重疾病的关键营养物质。基于临床营养学的发展情况，营养可对疾病的治疗发挥积极作用，这是毋庸置疑的。此外，在未来的某一天，营养疗法可能在伴侣动物的某些特定疾病的治疗中发挥重要作用。

要点
- 最近，人们发现某些特定的营养物质具备药理学功能，可在多种状态下发挥调节作用。
- 使用营养素来调控疾病被称为"营养疗法"。
- 某些维生素、氨基酸、多不饱和脂肪酸等营养素可以调节炎症和免疫反应。
- 人们希望能更清楚地了解这些营养物质发挥积极作用的机理，这将为治疗小动物疾病提供新思路。

参考文献

Alonso de Vega, J.M., Serrano, E. and Carbonell, L.F. (2002) Oxidative stress in critically ill patients with systemic inflammatory response syndrome. *Critical Care Medicine*, **30**, 1782-1786.

Amado, L.C., Saliaris, A.P., Raju, S.V. et al. (2005) Xanthine oxidase inhibition ameliorates cardiovascular dysfunction in dogs with pacing induced heart failure, *Journal of Molecular Cell Cardiology*, **39**, 531-536.

Badylak, S.F., Lanz, G.C. and Jeffries, M. (1990) Prevention of reperfusion injury in surgical induced gastric dilatation volvulus in dogs. *American Journal of Veterinary Research*, **51**, 294-299.

Bauer, J.E., Markwell, P.J , Rauly, J.M. et al. (1999) Effects of dietary fat and polyunsaturated fatty acids in dogs with naturally developing chronic renal failure. *Journal of the American Veterinary Medical Association*, **215**, 1588-1591.

Boyle, R.J., Robbins-Browne, R.M. and Tang, M.L.K. (2006). Probiotic use in clinical practice: what are the risks? *American Journal of Clinical Nutrition*, **83**, 1256-1264.

Brown, S.A., Brown, C.A., Crowel, W.A. et al. (1998) Beneficial effects of chronic administration of dietary omega-3 polyunsaturated fatty acids in dogs with renal insufficiency. *Journal of Laboratory Clinical Medicine*, **131**, 447-455.

Cahill, N.E., Dhaliwal, R., Day, A.G. et al. (2010) Nutrition therapy in the critical care setting: what is "best achievable" practice? An international multicenter observational study. *Critical Care Medicine*, **38**, 395-401.

Freeman, L.M., Rush, J.E., Khayias, J.J. et al. (1998) Nutritional alterations and effect of fish oil supplementation in dogs with heart failure. *Journal of Veterinary Internal Medicine*, **12**, 440-448.

Hegazi, R.A. and Wischmeyer, P.E. (2011) Clinical review: optimizing enteral nutrition for critically ill patients –a simple data-driven formula. *Critical Care*, **15**, 234-245.

Hess, J.R. and Greenberg, N.A. (2012) The role of nucleotides in the immune and gastrointestinal systems: potential clinical applications. *Nutrition Clinical Practice*, **27**, 281-294.

Heyland, D.K., Dhaliwal, R., Suchner, U. et al. (2005) Antioxidants nutrients: a systematic review of trace elements and vitamins in the critically ill patient. *Intensive Care Medicine*, **31**, 327-337.

Heyland, D., Muscedere, J., Wischmeyer, P.E. et al. (2013) A randomized trial of glutamine and antioxidants in critically ill patients. *New England Journal of Medicine*, **368**, 1489-1497.

Hill, A.S., Rogers, Q.R., O' Neill, S.L. et al. (2005) Effects of dietary antioxidant supplementation before and after oral acetaminophen challenge in cats. *American Journal of Veterinary Research*, **66**, 196-204.

Kang, J.H., Kim, S.S. and Yang, M.P. (2011) Effect of parenteral L-alanyl-L-glutamine administration on phagocytic responses of polymorphonuclear neutrophilic leukocytes in dogs undergoing high-dose methylprednisolone sodium succinate treatment. *American Journal of Veterinary Research*, **73**, 1410-1417.

Kreymann, K.G., Berger, M.M., Deutz, N.E. et al. (2006) ESPEN guidelines on enteral nutrition: intensive care. *Clinical Nutrition*, **25**, 210-223.

Lana, S.E., Hansen, R.A., Kloer, L. et al. (2003) The effects of oral glutamine supplementation on plasma glutamine concentrations and PGE2 concentrations in dogs experiencing radiation-induced mucositis. *Journal of Applied Research in Veterinary Medicine*, **1**, 259-265.

Lee, J.I., Son, H.Y. and Kim, M.C. (2006) Attenuation of ischemia-reperfusion injury by ascorbic acid in the canine renal transplantation. *Journal of Veterinary Science*, **7**, 375-379.

Lee, J.Y. and Hwang, D.H. (2006) The modulation of inflammatory gene expression by lipids: mediation through Toll-like receptors. *Molecular Cell*, **21**, 176-185.

Manzanares ,W., Dhaliwal, R., Jiang, X. et al. (2012) Antioxidant micronutrients in the critically ill: a systemic review and meta-analysis. *Critical Care*, **16**, R66.

Marks, J.M., Dunkin, B.J., Shillingstad, B.L. et al. (1998) Preteratment with allopurinol diminishes pancreatography-induced pancreatitis in a canine model. *Gastrointestinal Endoscopy*, **48**, 180-183.

Marks, S.L., Cook, A.K., Reader, R. et al. (1999) Effects of glutamine supplementation of an amino acid-based purified diet on intestinal mucosal integrity in cats with methotrexate-induced enteritis. *American Journal of Veterinary Research*, **60**, 755-763.

Mayer, K., Schaefer, M.B. and Seeger, W. (2006) Fish oil in the critically ill: from experimental to clinical data. *Current Opinion on Clinical Nutrition Metabolic Care*, **9**, 140-148.

McClave, S.A., Martindale, R.G., Vanek, V.W. et al. (2009) Guidelines for the provision and assessment of nutritional support therapy in adult critically ill patient: Society of Critical Care Medicine (SCCM) and the American Society for Parenteral and Enteral Nutrition (ASPEN). *Journal of Parenteral and Enteral Nutrition*, **33**, 277-316.

Morrow, L.E., Gogineni, V. and Malesker, M,A, (2012) Probiotics in the intensive care unit. *Nutrition Clinical Practice*, **27**, 235-241.

Ohno, T., Mochiki, E., Ando, H. et al. (2009) Glutamine decreases the duration of postoperative ileus after abdominal surgery: an experimental study of conscious dogs. *Digestive Disease Science*, **54**, 1208-1213.

Palmer, A.J., Ho, C.K.M., Ajinola, O. et al. (2013) The role of omega-3 fatty acid supplemented parenteral nutrition in critical illness in adults: a systemic review and meta-analysis. *Critical Care Medicine*, **41**, 307-316.

Petrof, E.O., Dhaliwal, R., Manazanares, W. et al. (2012) Probiotics in the critically ill: a systematic review of the randomized trial evidence. *Critical Care Medicine*, **40**, 3290-3302.

Plevraki, K., Koutinas, A.F., Kaldrymidou, H. et al. (2006) Effects of allopurinol treatment on the progression of chronic nephritis in canine leishmaniosis (*Leishmania infantum*). *Journal of Veterinary Internal Medicine*, **20**, 228-233.

Pontes-Arruda, A., Demichele, S., Seth, A. et al. (2008) The use of an inflammation-modulating diet in patients with acute lung injury or acute respirator distress syndrome: a meta-analysis of outcome data. *Journal of Parenteral and Enteral Nutrition*, **32**, 596-605.

Pontes-Arruda, A., Martins, L.F., de Lima, S.M. et al. (2011) Enteral nutrition with eicosapentaenoic acid, gamma-linolenic acid and antioxidants in the early treatment of sepsis: results from a multicenter, prospective, randomized, double-blinded, controlled study: the INTERSEPT Study. *Critical Care*, **15**, R144.

Popovic, P.J., Zeh, H.J. and Ochoa, J.B. (2011) Arginine and immunity. *Journal of Nutrition*, **136**, 1681S-1686S.

Sauter, S.N., Benyacoub, J., Allenspach, K. et al. (2006) Effects of probiotic bacteria in dogs with food responsive diarrhoea treated with an elimination diet. *Journal of Animal Physiology and Animal Nutrition*, **90**, 269-277.

Siempos, I., Ntaidou, T.K. and Falagas, M.E. (2010) Impact of the administration of probiotics on the incidence of ventilator-associated pneumonia: a metaanalysis of randomized, controlled trials. *Critical Care Medicine*, **38**, 954-962.

Singer, P., Shapiro, H., Theilla, M. et al. (2008) Anti-inflammatory properties of omega-3 fatty acids in critical illness: novel mechanisms and an integrative perspective. *Intensive Care Medicine*, **34**, 1580-1592.

Smith, C.E., Freeman, L.M., Rush, J.E. et al. (2007) Omega-3 fatty acids in Boxer dogs with arrhythmogenic right ventricular cardiomyopathy. *Journal of Veterinary Internal Medicine*, **21**, 265-273.

Szakmany, T., Hauser, B., and Radermacher, P. (2012) N-acetylcysteine for sepsis and systemic inflammatory response in adults.*Cochrane Database of Systematic Reviews*. **9**, CD006616.

Varzi, H.N., Esmailzadeh, S., Morovvati, H. et al. (2007) Effect of silymarin and vitamin E on gentamycin-induced nephrotoxicity in dogs. *Journal of Veterinary Pharmacology and Therapeutics*, **30**, 477-481.

Visse, J., Labadarios, D. and Blaauw, R. (2011) Micronutrient supplementation for critically ill adults: a systemic review and meta-analysis. *Nutrition*, **27**, 745-758.

Webb, C.B., Twedt, D.C., Fettman, M.J. et al. (2003) S-adenosylmethionine (SAMe) in a feline acetaminophen model of oxidative injury. *Journal of Feline Medicine and Surgery*, **5**, 69-75.

Wernerman, J. (2011) Glutamine supplementation. *Annals of Intensive Care*, **1**, 25-31.

Willoughby, D.A., Moore, A.R., Colville-Nash, P.R. et al. (2000) Resolution of inflammation. *International Journal of Immunopharmacology*, **22**, 1131-1135.

Wischmeyer, P.E. and Heyland, D.K. (2010) The future of critical care nutrition therapy. *Critical Care Clinics*, **26**, 433-441.

第 19 章
犬表皮坏死性皮炎的营养管理

Andrea V. Volk 和 Ross Bond

Department of Clinical Sciences and Services, The Royal Veterinary College, University of London, UK

简介

表皮坏死性皮炎（superficial necrolytic dermatitis，SND）（又名肝脏 - 皮肤综合征、代谢性表皮坏死、犬糖尿病性皮肤病、坏死松解性游走性红斑以及胰高血糖素瘤综合征）是犬的一种罕见皮肤病，占康奈尔大学病理服务病例记录中非肿瘤性皮肤病的 0.3%（10/3 387）（Miller 等，1990）。该病的特征是具有对称性的皮肤病变，最常见与某种特殊肝病有关（Byrne，1999；Outerbridge，2013，pp.143-145）。首例病例由 Ehrlein、Loeffler 和 Trautwein（1968）报道。随后 Walton、Center 和 Scott（1986）又报道了 4 例病例。他们赋予了此类疾病不同的名字，这反映出人们尚未完全了解该病的发病机理。

在人类医学，Becker、Kahn 和 Rothman（1942）首次报道具有相同皮肤组织病理学特征的类似综合征，最常表现为胰高血糖素瘤相关的副肿瘤综合征，该肿瘤主要起源于胰腺（Stacpoole，1981）。极少有研究报道典型的皮肤病变与胰腺外胰高血糖素瘤（右肾，Gleeson 等，1971；近端十二指肠，Roggli、Judge 和 McGavran，1979）、肝硬化（Doyle、Schroeter 和 Rogers，1979）或小肠绒毛萎缩及吸收不良综合征（Goodenberger、Lawley 和 Strober，1979）相关。与之相比，大多数患犬患有肝脏疾病而不是胰腺疾病；在一份犬的 SND 病例综述中，在 75 例病例中，仅有 5 例患胰腺肿瘤（Scott、Miller 和 Griffin，2001）。

猫患 SND 的报道极罕见（Patel、Whitbread 和 McNeil，1996；Day，1997；Byrne，1999；Godfrey 和 Rest，2000；Mauldin、Morris 和 Goldschmidt，2002；Kimmel、Christiansen 和 Byrne，2003；Asakawa、Cullen 和 Linder，2013）。临床表现差异很大，且没有关于治疗的信息。此外还有 1 例患肝脏脂质沉积症的红狐患 SND 的报道（van Poucke 和

Rest，2005），以及一些关于捕获黑犀牛具有相似皮肤表现的报道，但该报道有争议（Munson 等，1998；Dorsey 等，2010）。

临床症状

SND 是老年犬的一种常见疾病，平均发病年龄大约为 10 岁（Miller，1992；Gross、Song 和 Havel，1993；Outerbridge，2013）。后来的报道显示小型品种和雄性动物的发病率更高（Byrne，1999；Outerbridge、Marks 和 Rogers，2002）。首次就诊时，最常见的特点是足垫皮肤出现严重的过度角化，并伴有开裂（图 19.1），由此造成动物跛行或不愿走动。鼻镜、口角及唇部也会有类似的过度角化及皮肤开裂。其他皮肤病变包括糜烂及溃疡引起的进行性结痂、趾间红斑、外周部位边界清晰的圆形红斑、水疱、中心秃毛以及色素沉积（Outerbridge，2013）。病变经常侵袭面部皮肤黏膜交界处（唇部、眼部周围）、耳缘、腹侧面、两侧、四肢远端、骨骼隆凸处、外生殖器以及尾部的腹侧面。在人常见胃炎，但在犬非常少见（Gross 等，1993）。若发生瘙痒，提示可能有继发的细菌或真菌感染。

(a)

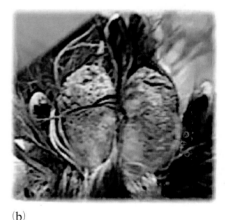
(b)

图 19.1 治疗前及治疗后的表皮坏死性皮炎（SND）患犬的足垫。(a) SND 患犬的足垫部位出现特征性的过度角化及深部皮肤开裂。(b) 在第三次静脉给予氨基酸／必需脂肪酸后，图 (a) 中犬的足垫过度角化现象明显减轻，且在足垫边缘可见新生皮肤出现。

沉郁、食欲下降、体重下降、多饮/多尿、肌肉流失、外周淋巴结病变等全身性症状可能比皮肤症状先出现，或在就诊后很快出现（Miller，1992；Bond 等，1995；Torres、Johnson 和 McKeever，1997b；

Cerundolo、McEvoy 和 McNeil，1999；Allenspach 等，2000；Koutinas 等，2001；Outerbridge 等，2002；Bexfield 和 Watson，2009；Mizuno、Hiraoka 和 Yoshioka，2009；Papadogianniakis、Frangia 和 Matralis，2009；Brenseke、Belz 和 Saunders，2001）。

诊断

诊断通常基于患犬病史、临床表现及皮肤组织病理学（Miller，1992；Gross 等，1993；Byrne，1999；Outerbridge，2013），同时配合常规血液学检查及肝脏和胰腺的影像学评估（Gross 等，1993；Bond 等，1995；Cerundolo 等，1999；Koutinas 等，2001；Mizuno 等，2009；Papadogiannakis 等，2009；Brenseke 等，2011）。鉴别潜在的病变（肝脏与胰腺病变），就可进行针对性治疗（表 19.1）。

表 19.1 疑似表皮坏死性皮炎患犬的诊断流程

诊断流程	典型表现
皮肤传染病及感染的检查（如刮片、拔毛、细胞学、细菌或真菌的培养）	不显著，可能确诊存在继发感染
皮肤组织病理学	角化不全伴过度角化（parakeratotic hyperkeratosis）（"红"），细胞内和细胞间水肿导致角化细胞过度苍白，从而出现了中间层褪色（"白"）以及不规则的表皮增生（"蓝"），伴有轻度的浅层血管周围单核细胞性皮炎（"法国国旗"；Gross 等，2005)
血液学	通常变化不显著（早期）或较轻，通常表现非再生性贫血
血清生化	碱性磷酸酶（alkaline phosphatase，ALP）和丙氨酸转氨酶（aminoalanine transferase，ALT）变化不明显（早期）或活性升高，高血糖，低白蛋白症，低血钙（Gross 等，1993；Bond 等，1995；Cerundolo 等，1999；Koutinas 等，2001）
腹部超声	（a）"蜂巢"/"瑞士奶酪"样肝脏（Jacobson 等，1995；Nyland 等，1996；Scott 等，2001；Outerbridge 等，2002；超声是一种高灵敏度的工具），随后的肝脏活组织检查（超声引导下或手术取样）可见肝细胞出现空泡变性，形成结节，周围分布有塌陷的实质组织（Gross 等，1993；Allenspach 等，2000；Outerbridge 等，2002；Brenseke 等，2011）
在超声检查无显著变化时可考虑进一步的影像学检查，如 CT	（b）不显著或出现胰腺肿物或肿物转移（罕见）（Miller，1992；Bond 等，1995）

病理生理学

尽管尚不完全明确发病机理，所有犬 SND 病例的常见问题是严重的低氨基酸血症（Outerbridge，2013）。因为氨基酸对于维持表皮稳定性（Dorsey 等，2010）、生长和透明角质颗粒形成（Byrne，1999）具有重要作用，Gross 等（1993）推测血浆氨基酸浓度降低造成了表皮层蛋白质的流失及随后的坏死，在 SND 病灶部位的组织病理学也体现了相应的特征。

与胰高血糖素瘤相关的 SND 患病动物的血浆胰高血糖素浓度升高，造成肝脏糖异生和尿素生成水平上调，从而消耗血液循环中的氨基酸（Cellio 和 Dennis，2005）。将人的角化细胞与胰高血糖素进行体外孵育，可引起花生四烯酸水平升高，因此 SND 患者的严重的表皮层炎性反应可能与胰高血糖素相关（Peterson 等，1984）。

相比之下，以目前可用的检测手段而言，肝脏相关的 SND 患犬的血清胰高血糖素浓度都是正常的，但也有人提出胰腺及肠道来源的胰高血糖素可以经肝门静脉影响肝脏，但在外周血液样本中无法检测到这些胰高血糖素（Gross 等，1993）。

肝脏相关 SND 与胰高血糖素瘤相关 SND 患犬的显著区别之一是肝脏的病变表现。在与胰高血糖素瘤相关的 SND 病例中，肝脏没有明显的异常（不包含可能出现散在的原发肿瘤转移的情况）。但在大多数没有胰高血糖素瘤的 SND 病例中，肝脏具有特征性的病变，肝细胞出现空泡变性，肝脏实质塌陷。与胰高血糖素瘤病例相似，这种肝脏病变的出现与低氨基酸血症有关，且约 25% 的患病动物患有糖尿病（Outerbridge 等，2002）。原发性肝病患犬都很少出现 SND 的这些皮肤特征性症状和生化上的改变，这些更常见于内分泌、代谢性或营养性疾病（Miller，1992；Gross 等，1993；Outerbridge 等，2002；Turek，2003）。尤其是患有急性和慢性肝脏疾病的犬的血液氨基酸水平会升高（Outerbridge 等，2002）。因此，现在仍然不清楚肝脏相关 SND 的发病机理。

某些 SND 病例可能与肝脏毒性损伤有关，包括真菌毒素（Little、McNeil 和 Robb，1991）、抗惊厥药物（Bloom、Rosser 和 Dunstan，1992；March、Hillier 和 Weisbrode，2004）和（例如人类）严重的胃肠道疾病（Florant 等，2000）。在停药后，"毒素"相关病例出现的皮肤损伤可完全恢复（Little 等，1991；Bloom 等，1992；March 等，2004）。

某些作者推测皮肤或血液中的必需脂肪酸（Blackford 等，1991；Outerbridge 等，2002）、锌（Gross 等，1993）以及维生素 B（van Beek 等，

2004)浓度降低，可能促进了皮肤病变，但补充这些营养素的效果不一。1例人的病例报道描述了通过静脉给予氨基酸和脂肪乳剂(intralipid)(必需脂肪酸来源)，成功治疗了胰高血糖素瘤综合征的坏死性游走性红斑(Alexander等，2002)。

最近，Bach和Glasser(2013)报道通过静脉给予氨基酸的同时，给予必需脂肪酸治疗SND患犬，缩短了治疗间隔，促进了疾病的改善。

营养管理

在与肝脏相关的SND病例中，尽管通常无法逆转特异性的肝病，但也应充分考虑解决肝脏疾病病因(如霉菌毒素、抗惊厥药)。在对这些犬进行姑息治疗过程中，纠正低氨基酸血症十分重要。可采用饮食调整或静脉输注氨基酸的方法。Outerbridge等(2002)报道给某些犬静脉补充氨基酸的反应要比口服的更好。一种可能的解释是在皮肤获得氨基酸之前，胃肠道吸收氨基酸能力受到影响，或氨基酸更多的是被肝脏代谢掉(Alexander等，2002)。不同的商品化氨基酸肠外营养品的使用流程不同(表19.2)。

尽管使用中心静脉导管存在发生血栓性静脉炎的风险，但动物对这些治疗方法的耐受程度良好。目前仍然不明确所有的商品化注射液是否含有个体治疗所需的最佳氨基酸成分(Outerbridge等，2002；Cave，2007)。

高质量蛋白质饮食对辅助治疗SND非常重要(Norton等，1979；Stacpoole，1981；Shepherd等，1991)。对难以经静脉给予氨基酸的患病动物，可以在食物中加入乳清蛋白粉，作为蛋白质和氨基酸的来源。恢复期日粮可作为适口性良好的蛋白质来源(Jacobson、Kirberger和Nesbit，1995；Byrne，1999；Koutinas等，2001)，饲喂鸡蛋也是一种选择(Gross等，1993；Jacobson等，1995；Byrne，1999；Koutinas等，2001；Scott等，2001；Bexfield和Watson，2009)。口服补充必需脂肪酸似乎作用有限(Bond等，1995；Jacobson等，1995；Outerbridge等，2002；Mizuno等，2009)。但将必需脂肪酸和氨基酸溶液一起经中心静脉导管给予动物，似乎是有效的(Bach和Glasser，2013；Dan Chan，个人交流)。在人类医学尚不十分明确补充必需脂肪酸或锌的潜在优势，但给酒精中毒的假性胰高血糖素瘤综合征的患者补充锌(Delaporte等，1997)或同时补充锌和必需脂肪酸(Blackford等，1991)，可令皮肤损伤自行恢复。

表 19.2 可用的商品化氨基酸注射液的成分及用于犬表皮坏死性皮炎的推荐给药流程

	Ispol 12%(Daigo Eiyo Co. Tokyo, Japan)	Aminosyn 10% (Hispora, Inc., Lake Forest, IL, USA)	Aminoven 25(Fresenius Kabi Ltd., Runcorn, UK)
	25 mL/kg,每周2次,给药时间超过6～8 h,连续使用3周;之后评估效果(Mizuno等,2009)	3 mL/(kg·h),给药时间超过24 h;用药6天后评估效果(Oberkirchner 等,2010)	3～4 mL/(kg·h)与10 mL/kg的20%脂肪乳剂联合用药,颈静脉给予,给药时间超过24～48 h,用药6天后评估效果(笔者与Dan Chan交流)
氨基酸	mg/100 mL	mg/100 mL	mg/100 mL
L-异亮氨酸	845	760	520
L-亮氨酸	1175	1200	890
盐酸赖氨酸	1032	677	1110
L-甲硫氨酸	540	180	380
L-苯丙氨酸	1280	427	550
L-苏氨酸	596	512	860
L-色氨酸	218	180	160
L-缬氨酸	865	673	550
盐酸L-精氨酸	1200	1227	2000
盐酸L-组氨酸	600	312	730
L-天冬氨酸	600	527	—
L-谷氨酸	180	820	—
L-丙氨酸	480	698	2500
L-胱氨酸	24	—	—
甘氨酸	1825	385	1850
L-脯氨酸	240	812	1700
L-丝氨酸	240	495	960
L-酪氨酸	60	44	40
牛磺酸	—	70	200

辅助治疗

在初期治疗时,糖皮质激素可缓解皮肤的瘙痒和炎性反应,但会增加发生显性糖尿病的风险(Miller, 1992;Torres等,1997b),因此不建议使用。肝脏病例常用的S-腺苷甲硫氨酸(Mizuno等,2009;Bexfield和Watson,2009)、熊去氧胆酸和谷胱甘肽(Mizuno等,2009)(Flatland,2009),用于SND病例时,很少能起效。

全身性或局部使用抗生素可以减少继发感染或治疗已经发生的继发感染(细菌和/或马拉色菌),根据细胞学所见的微生物特性或培养结果选择药物。治疗用的外用药包括氯己定、咪康唑/氯己定合剂,以及磺胺嘧啶银盐制剂。

外用保湿剂可软化过度角化的足垫、鼻镜和唇部皮肤,减少皮肤开裂、疼痛以及继发感染。笔者所在团队更青睐含有大豆油、棕榈油、白树油和尿囊素的产品。[1]

注意事项

在人类医学，可通过肿瘤减积或肿瘤切除来治疗与胰高血糖素瘤相关的 SND 患者，尽管通常难以完全切除肿瘤，但这对改善皮肤症状至关重要(Stacpoole，1981)。在一只犬的病例中，切除胰腺肿瘤后 45 天内，皮肤症状得到改善，并在之后的 6 周内没有复发(Torres、Caywood 和 O'Brien，1997a)。术前出现肿瘤转移和术后胰腺炎会影响手术成功的可能性(Koutinas 等，2001)。

皮下注射奥曲肽(一种长效的生长抑素同类物，可以拮抗胰高血糖素的作用)治疗人的胰高血糖素瘤的效果十分有限(Long 等，1979；Shepherd 等，1991)。最近，一只转移性胰高血糖素瘤的犬使用奥曲肽治疗 10 天(2 μg/kg，每天两次，皮下注射；Oberkirchner 等，2010)后，皮肤症状出现了显著改善。此前，有给犬使用生长抑素而治疗成功的病例(6 μg/kg，皮下注射，每 8 h 用药)，但最终因费用问题和肾功能衰竭，该病例采取了安乐死(Scott 等，2001)。Mizuno 等(2009)在一只病例中观察到，给患犬使用生长抑素类似物 [2 μg/kg Sandostatin (Novartis)] 进行治疗，每日皮下注射用药 2 次，连续用药 2 周后，患犬的病情改善程度非常有限。该药物在犬和人类都可能出现的副作用是食欲下降，可通过调整剂量(1 μg/kg，每日 4 次，Oberkirchner 等，2010)或使用食欲刺激剂及止吐药物(Lamberts、van der Lely 和 de Herder，1996)来减轻该副作用。

SND 患犬的预后较差，在一项针对 36 只犬的调查中，平均存活时间为 6.4 个月，其中 18% 的犬的存活时间超过 12 个月(Outerbridge 等，2002)。通过营养管理，大部分犬仅能在短时期内控制部分症状，但最终还是会因足垫的皮肤过度角化，造成动物跛行，在引发全身症状影响动物的生活质量之前，动物就会被安乐死。在极少数早期未转移患病动物中，手术切除胰高血糖素瘤可能有效。动物主人及主治兽医师应持续评估这些动物治疗期间的福利情况。

小结

表皮坏死性皮炎是犬的一种罕见皮肤病，其特征为对称性皮肤病变，常与肝病相关。该病的皮肤表现为足垫皮肤严重的过度角化、开裂，在鼻镜、口角、唇部也有类似症状。通常会并发肝脏疾病，但在没有原发性肝脏疾病的情况下，该病也可能发生，例如动物患胰高血糖素瘤时。该病的特征是严重的低氨基酸血症，进行营养管理时，可以经静脉给予氨基酸注射液，以及增加食物的蛋白质摄入量。虽然营养管理可以暂时改善临床症状，但患病动物预后通常较差。

> **要点**
> - SND 是犬的一种十分罕见的疾病，但通常为衰竭性疾病。
> - 尚不完全清楚这种疾病的发病机理，但最常与肝脏疾病有关，偶见与胰高血糖素瘤相关。
> - 由于该病的病变非常典型且具有特征性，因此对具有相关临床症状的患犬，最有效的检查方法是皮肤组织病理学和腹部超声。
> - 虽然可用信息非常有限，但经静脉补充氨基酸（可能同时补充必需脂肪酸），或在饮食中补充氨基酸，都可暂时性改善患病动物的症状。
> - 大多数 SND 患病动物的预后较差。

注释

1 Dermoscent BioPalm Aventix, Laboratoire de Dermo-Cosmétiquie Animale, Technopôle Castres-Mazamet-Castres-France.

参考文献

Allenspach, K., Arnold, P., Glaus, T. et al., （2000）Glucagon-producing neuroendocrine tumour associated with hypoaminoacidaemia and skin lesions. *Journal of Small Animal Practice*, **41**,402–6.

Alexander, E.K., Robinson, M., Staniec, M. et al. （2002）Peripheral amino acid and fatty acid infusion for the treatment of necrolytic migratory erythema in the glucagonoma syndrome. *Clinical Endocrinology*, **57**, 827–31.

Asakawa, M.G., Cullen, J.M. and Linder, K.E. （2013）Necrolytic metabolic erythema associated with a glucagon-producing primary hepatic neuroendocrine carcinoma in a cat. *Veterinary Dermatology*, **24**, 466–469.

Bach, J.F. and Glasser, S.A. （2013）A case of necrolytic migratory erythema managed for 24 months with intravenous amino acids and lipid infusions. *Canadian Veterinary Journal*, **54**, 873–875.

Becker, S.W., Kahn, D. and Rothman, S. （1942）Cutaneous manifestations of internal malignant tumors. A.M.A. *Archives of Dermatology and Syphilology*, **45**, 1069–80.

Bexfield, N. and Watson, P. （2009）Treatment of canine liver disease 2. Managing clinical signs and specific liver disease, *Practice*, **31**, 172–180.

Blackford, S., Wright, S. and Roberts, D.L. （1991）Necrolytic migratory erythema without glucagonoma: the role of dietary essential fatty acids. *British Journal of Dermatology*, **125**, 460–462.

Bloom, P., Rosser, E.J. and Dunstan, R. （1992）Anti-convulsant hepatitis-induced necrolytic migratory erythema （Abstract）. Proceedings of the Second World Congress of Veterinary Dermatology. May 13 to 16, Montreal, Canada. p. 56.

Bond, R., McNeil, P.E., Evans, H. et al., （1995）Metabolic epidermal necrosis in two dogs with different underlying diseases. *Veterinary Record*, **136**, 466–477.

Brenseke, B.M., Belz, K.M. and Saunders, G.K. （2011）Pathology in practice. *Journal of the American Veterinary Medical Association*, **238** （4）, 445–447.

Byrne, K.P. （1999）Metabolic epidermal necrosis-hepatocutaneous syndrome. *Veterinary Clinics of North America Small Animal Practice*, **29**, 1337–1355.

Cave, T.A., Evans, H., Hargreaves, J. and Blunden, A.S. （2007）Metabolic epidermal nectosis in a dog associated with pancreatic adenocarcinoma, hyperglucagonaemia, hyperinsulinaemia and hypoaminoacidaemia. *Journal of Small Animal Practice*, **48**, 522–526.

Cellio, L.M. and Dennis, J. (2005) Canine superficial necrolytic dermatitis. *Compendium on Continuing Education for the Practicing Veterinarian*, **27**, 820-825.

Cerundolo, R., McEvoy, F. and McNeil, P.E. (1999) Ultrasonographic detection of a pancreatic glucagon-secreting multihormonal islet cell tumour in a dachshund with metabolic epidermal necrosis. *Veterinary Record*, **145**, 662-666.

Day, M.J. (1997) Review of thymic pathology in 30 cats and 36 dogs. *Journal of Small Animal Practice*, **38**, 393-403.

Delaporte, E., Catteau, B. and Piette, E. (1997) Necrolytic migratory erythema-like eruption in zink deficiency associated with alcoholic liver disease. *British Journal of Dermatology*, **137**,1027-1028.

Dorsey, C.L., Dennis, P., Fascetti, A.J. et al. (2010) Hypoaminoacidemia is not associated with ulcerative lesions in Black Rhinoceroses, Diceros Bicornis. *Journal of Zoo and Wildlife Medicine*,**41** (1), 22-27.

Doyle, J.A., Schroeter, A.L. and Rogers, R.S. (1979) Hyperglucagonemia and necrolytic migratory erythema in cirrhosis - possible pseudoglucagonoma syndrome. *British Journal of Dermatolology*, **100**, 581-587.

Ehrlein, H.J., Loeffler K., and Trautwein, G. (1968) Ekzem und Lebererkrankung beim Hund (hepatodermales Syndrom) [eczema and liver disease in the dog (hepatodermal syndrome)]. *Kleintierpraxis*, **13**, 123-128.

Flatland B. (2009) Hepatic support therapy. in *Kirk's Current Veterinary Therapy XIV*, (sds J.D.Bonagura and D.C. Twedt) W.B. Saunders, Philadelphia, pp. 554-557.

Florant, E., Guillot, J., DeGorce-Rubialis, F. et al. (2000) Four cases of canine metabolic epidermal necrosis (Abstract). Free Communications of the Fourth World Congress of Veterinary Dermatology. Aug 30 to Sept 02, San Francisco, USA, p. 18.

Gleeson, M.H., Bloom, S.R., Polak, J.M. et al. (1970) An endocrine tumor in kidney affecting small bowel structure, motility, and function. *Gut*, **11**, 1060.

Godfrey, D.R. and Rest, J.R. (2000) Suspected necrolytic migratory erythema associated with chronic hepatopathy in a cat. *Journal of Small Animal Practice*, **41**, 324-328.

Goodenberger, D.M., Lawley and T.J., Strober, W. (1979) Necrolytic migratory erythema without glucagonoma. *Archive of Dermatology*, **115**, 1429-1432.

Gross, T.L., Ihrke P.J., Walder E.J. et al. (2005) Skin Diseases of the Dog and Cat, 2nd edn, Blackwell Publishing, pp. 86-91.

Gross, T.L., Song, M.D. and Havel, P.J. (1993) Superficial necrolytic dermatitis (Necrolytic Migratory Erythema) in dogs. *Veterinary Pathology*, **30**, 75-81.

Kimmel, S.E., Christiansen W., and Byrne, K.P. (2003) Clinicopathological, ultrasonographic, and histopathological findings of superficial necrolytic dermatitis with hepatopathy in a cat. *Journal of the American Animal Hospital Association*, **39**, 23-27.

Jacobson, L.S., Kirberger, R.M. and Nesbit, J.W. (1995) Hepatic ultrasonography and pathological findings in dogs with hepatocutaneous syndrome: new concepts. *Journal of Veterinary Internal Medicine*, **6**, 399-404.

Koutinas, C.K., Koutinas, A.F., Saridomichelakis, M.N. et al. (2001) Metabolic epidermal necrosis (hepatocutaneous syndrome) in the dog: A clinical and pathological review of 6 spontaneous cases. *European Journal of Companion Animal Practice*, **12** (2),163-171.

Lamberts, S.W., van der Lely, A.J. and de Herder, W.W. (1996) Octreotide. *New England Journal of Medicine*, **334**, 246-254.

Little, C.J.L., McNeil, P.E. and Robb, J. (1991) Hepatopathy and dermatitis in a dog associated with the ingestion of mycotoxins. *Journal of Small Animal Practice*, **32**, 23-26.

Long, R.G., Adrian, T.E., Brown, M.R. et al. (1979) Suppression of pancreatic endocrine tumour secretion by long-acting somatostatin analogue. *Lancet*, **2**, 764.

March, P.A., Hillier, A. and Weisbrode, S.E. (2004) Superficial necrolytic dermatitis in 11 dogs with a history of phenobarbital administration (1995-2002). *Journal of Veterinary Internal Medicine*, **18**, 65-74.

Mauldin, E.A., Morris, D.O. and Goldschmidt, M.H. (2002) Retrospective study: the presence of Malassezia in feline skin biopsies. A clinicopathological study. *Veterinary Dermatology*, **13**, 7-14.

Miller, W.H. (1992) Necrolytic migratory erythema in dogs: A cutaneous marker for gastrointestinal disease. in *Current Veterinary Therapy XI*, (eds R.W. Kirk and J.D. Bonagura) W.B. Saunders,Philadelphia, pp. 561-562.

Miller, W.H., Scott, D.W., Buerger, R.G. et al., (1990) Necrolytic migratory erythema in dogs: A hepatocutaneous syndrome. *Journal of the American Animal Hospital Association*, **26**,573-581.

Mizuno, T., Hiraoka, H. and Yoshioka, C. (2009) Superficial necrolytic dermatitis associated with extrapancreatic glucagonoma in a dog. *Veterinary Dermatology*, **20**, 72-79.

Munson, L., Koehler, J.W., Wilkinson, J.E. et al. (1998) Vesicular and ulcerative dermatopathy resembling superficial necrolytic dermatitis in captive black rhinoceroses (*Diceros bicornis*). *Veterinary Pathology*, **35**, 31-42.

Norton, J.A., Kahn, C.R., Scheibinger, R. et al. (1979) Amino acid deficiency and the skin rash associated with glucagonoma. *Annals of Internal Medicine*, **91**, 213-215.

Nyland, T.G., Barthez, P.Y., Ortega, T.M. et al. (1996) Hepatic ultrasonographic and pathologic findings in dogs with canine superficial necrolytic dermatitis. *Veterinary Radiology and Ultrasound*, **37** (3), 200-205.

Oberkirchner, U., Linder, K.E., Zadrozny, L. et al. (2010) Successful treatment of canine necrolytic migratory erythema (superficial necrolytic dermatitis) due to metastatic glucagonoma with octreotide. *Veterinary Dermatology*, **21** (5), 510-516.

Outerbridge, C.A., Marks, S.L. and Rogers, Q.R. (2002) Plasma amino acid concentrations in 36 dogs with histologically confirmed superficial necrolytic dermatitis. *Veterinary Dermatology*, **13**, 177-186.

Outerbridge, C.A. (2013) Cutaneous manifestations of internal disease. *Veterinary Clinics of North American Small Animal Practice*, **43**, 135-152.

Papadogiannakis, E., Frangia, K. and Matralis, D. (2009) Superficial necrolytic dermatitis in a dog associated with hyperplasia of pancreatic neuroendocrine cells. *Journal of Small Animal Practice*, **50**, 318.

Patel, A., Whitbread, T.J. and McNeil, P.E. (1995) A case of metabolic epidermal necrosis in a cat. *Veterinary Dermatology*, **7**, 221-226.

Peterson, L.L., Shaw, J.C., Acott, K.M. et al. (1984) Glucagonoma syndrome: in vitro evidence that glucagon increases epidermal arachidonic acid. *Journal of the American Academy of Dermatology*, **11**, 468-73.

Roggli, V.L., Judge, D.M. and McGavran M.H. (1979) Duodenal glucagonoma: A case report. *Human Pathology*, **10** (3), 350-353.

Scott, D.W., Miller, W.H. and Griffin, C.E. (2001) Necrolytic migratory erythema. in *Muller &Kirk's Small Animal Dermatology*. 6th edn. W.B. Saunders, Philadelphia. pp. 868-873.

Shepherd, M.E., Raimer, S.S., Tyring, S.K. et al. (1991) Treatment of necrolytic migratory erythema in glucagonoma syndrome. *Journal of the American Academy of Dermatology*, **25** (5), 925-928.

Stacpoole, P.W. (1981). The glucagonoma syndrome: clinical features, diagnosis and treatment. *Endocrine Review*, **2** (3), 347-361.

Torres, S.M.F., Caywood, D.D. and O' Brien, T.D. (1997a) Resolution of superficial necrolytic dermatitis following excision of a glucagon - secreting pancreatic neoplasm in a dog. *Journal of the American Animal Hospital Association*, **33**, 313-319.

Torres, S., Johnson, K. and McKeever, P. (1997b) Superficial necrolytic dermatitis and a pancreatic endocrine tumor in a dog. *Journal of Small Animal Practice*, **38**, 246-50.

Turek, M.M. (2003) Cutaneous paraneoplastic syndromes in dogs and cats: a review of the literature. *Veterinary Dermatology*, **14**, 279-296.

Van Beek, A.P., de Haas, E.R., van Vloten, W.A. et al. (2004) The glucagonoma syndrome and necrolytic migratory erythema: a clinical review. *European Journal of Endocrinology*, **151**, 531-537.

Van Poucke, S. and Rest, J.R. (2005) Superficial necroytic dermatitis associated with hepatic lipidosis in a red fox (*Vulpes vulpes*). *Veterinary Record*, **156**, 54-55.

Walton, D.K., Center, S.A. and Scott, D.W. (1986) Ulcerative dermatosis associated with diabetes mellitus in the dog: a report of four cases. *Journal of the American Animal Hospital Association*, **22**, 79-88.

第 20 章
犬猫急性肾损伤的营养支持

Denise A. Elliott

Waltham Centre for Pet Nutrition, Waltham on the Wolds, Leicestershire, UK

简介

急性肾损伤(acute kidney injury，AKI)是一种以快速发展的氮质血症，体液、电解质和酸碱平衡调节紊乱，急性肾功能下降为特征的临床综合征。急性肾损伤的病因是多因素的，可能包括血液动力学变化、感染、免疫介导、肿瘤以及肾脏的脉管系统、肾小球、肾小管上皮或肾间质的毒性损伤等。急性肾损伤常与其他外科或内科疾病并发，可成为引起多器官功能衰竭的全身性炎症反应的诱因。

病因、严重程度及可引起肾损伤的并发症决定了临床是否出现急性尿毒症。应整合病例数据、体格检查、实验室检查、影像学诊断以及(有的病例)组织病理学来进行诊断。急性肾损伤的症状除了表现氮质血症外，还与高血钾、低血钙、中度至重度代谢性酸中毒以及高血磷相关。传统意义上，急性肾损伤综合征的特征为少尿和无尿，但也会出现非少尿性急性肾损伤。在及时诊断和恰当治疗时，急性肾损伤是可逆的。延误或不能成功使用特定的支持疗法可能会导致不可逆的肾损伤或死亡。急性尿毒症的管理包括治疗肾损伤的潜在病因，消除持续存在可能导致肾损伤的风险因子(如药物、血流供应不足和并发症)，纠正尿毒症中毒，纠正体液、电解质和酸碱平衡，产生足量的尿液以及提供营养支持，直至肾功能恢复。

营养管理方案

急性肾损伤可能引发尿毒症，临床症状包括食欲减退、恶心、呕吐。动物进食低品质的日粮时，由于摄入的蛋白质能量不足，会延长急性肾损伤的恢复期。因此，管理急性肾损伤动物时，早期营养评估与建立营养支持十分重要。应根据不同个体设计营养支持方案，纠正特定的蛋白质、碳水化合物和脂质的代谢异常，以及急性肾损伤特有的体液、电解质和酸碱平衡紊乱。急性肾损伤患者的营养管理比较复杂，而表现少尿和无尿病例的管理则更加复杂。

根据疾病的变化，急性肾损伤患者的代谢状态各有不同(Fiaccadori、Parenti 和 Maggiore，2008)。但大多数患者存在一定程度的蛋白质分解代谢和负氮平衡(Mitch、May 和 Maroni，1989a)。患有尿毒症时，促进蛋白质分解的内分泌因素包括胰岛素抵抗、继发甲状旁腺机能亢进和儿茶酚胺、胰高血糖素和皮质类固醇的循环浓度增加(Fiaccadori 等，2008)。炎性介质包括中性粒细胞衍生循环蛋白酶、白介素和肿瘤坏死因子，这些介质都会加速分解代谢。在急性肾损伤中，通过糖皮质激素依赖性通路作用的代谢性酸中毒也是引起肌蛋白降解的重要因素(Mitch 等，1989b)。总的来说，这些分解代谢与显著的蛋白质分解恶化了高血钾、高血磷、酸中毒与氮质血症，进而引发尿毒综合征。

因此，给急性肾损伤患者进行营养管理时，第一步是确保提供足够能量，防止内源蛋白质分解。不同的潜在性或并发性疾病，急性肾损伤的能量代谢有所不同。但通常认为急性肾损伤的能量消耗降低而不是升高(Kreymann 等，2006)。可以用间接测热法评估患病动物的能量消耗，但还未在宠物临床广泛使用这项技术(O' Toole 等，2001)。可以根据静息能需求公式 $70\times[$ 体重 $(kg)]^{0.75}$ 计算患病动物所需的能量，并对动物的体重和体况评分进行连续的临床评估，根据个体需要调整需求量。由于碳水化合物和脂肪代谢增加会产生更多的 CO_2，要避免呼吸功能受损的动物(如尿毒症性肺炎)摄入过多的能量。日粮中的碳水化合物和脂肪提供的是非蛋白质来源的能量。针对肾衰设计的日粮通常有较高的脂肪含量，因为每克脂肪可以提供的能量大约是碳水化合物的 2 倍，增加日粮的能量密度即可让动物从较少量的食物中获取足够的能量。

日粮蛋白质和内源蛋白质降解产生的蛋白代谢物(含氮废物)累积后，会引发氮质血症和尿毒症。理论上，蛋白质的摄入量应与分解代谢量相匹配，以促进正氮平衡，从而避免发生蛋白质能量不足，同时减少尿毒症毒素的产生，改善尿毒症的临床症状。根据氮平衡理论估算的日粮蛋白质需要量不适用于处于重症监护的急性肾损伤病例。逻辑上，应至少给每只急性肾损伤的动物饲喂最低需要量的蛋白质，即猫 4 g/100 kcal，犬 2 g/100 kcal (NRC，2006)。然而，只有在动物患有严重的尿毒症时，才有必要进行这种程度的限制。可以逐步调整大多数患病动物的蛋白质摄入量，最终达到每日推荐量，即猫 5 g/100 kcal，犬 2.5 g/100 kcal（NRC，2006）。应在满足蛋白质摄入的同时使尿毒症的严重程度最小化。在限制蛋白质的日粮配方中，需要使用高品质的蛋白质原料，使必需氨基酸不足的风险最小化。

应限制日粮磷的摄入，帮助控制高磷血症。在日粮中，大多数磷存在于蛋白质中，因此限制日粮的蛋白质含量，可以同时减少磷的摄入。不幸的是，仅限制日粮的蛋白质含量无法改善急性肾损伤的高磷血症，故需在食物中添加肠内磷结合剂。AKI 动物的钾离子浓度变化范围大，每天排尿量（无尿、少尿或多尿）不同，离子水平会出现波动，因此进行血钾检测以及根据情况调整钾的摄入量是非常重要的。AKI 的常见并发症是严重代谢性酸中毒，受潜在病因以及动物呕吐、腹泻和呼吸变化程度的影响，可能发展为不同程度的原发或混合性酸碱平衡紊乱。在日粮中补充柠檬酸盐，有助于管理代谢性酸中毒，也有必要进行药物治疗。水溶性维生素通过尿液排出，因此在急性肾损伤的恢复期，多尿可能会导致水溶性维生素不足。二十碳五烯酸和二十二碳六烯酸等长链 ω-3 脂肪酸可以与花生四烯酸产生竞争反应，从而改变类花生酸的产物。因 ω-3 脂肪酸要发挥作用，必须先整合成为细胞膜的一部分，因而还不清楚补充 ω-3 脂肪酸是否对调节急性期的炎症有效。理论上，补充外源性抗氧化剂可以抵抗氧化应激和自由基损伤。

已广泛使用针对慢性肾脏疾病设计的日粮，通常是根据急性肾病动物来调整日粮的营养物质含量。管理急性肾损伤患病动物所需面对的挑战并不是选择日粮，而是伴随重症的厌食和拒食，若动物出现少尿或无尿，管理方案将更加复杂。可以选用带香味的食物或饲喂之前加热食物，来刺激采食，或者轻拍、抚摸动物以鼓励进食。可以考虑使用食欲刺激剂（见第 13 章），但只有通过肠内或肠外营养，才能让大多数患病动物摄入充足的食物。

对不能自主采食足量食物的患病动物，通过放置鼻饲管或食道造口饲管提供肠内营养是一种高效的处理方式（见第 4 章和第 5 章）。推荐给所有可接受饲管的患病动物使用饲管，因为肠内营养可帮助维持胃肠屏障，防止细菌易位与全身性感染（Deitch、Winterton 和 Berg，1987）。可以将适当的肾脏疾病日粮与水混合后，使用注射泵进行间断或连续饲喂。为降低发生再饲喂综合征的风险，要在 2～3 天内逐渐增加食物给予量，直至达到所需量(Justin 和 Hohenhaus，1995)。需每 2~4 h 对胃进行一次抽吸，以确保胃排空和肠蠕动正常，防止发生呕吐和误吸。急性肾损伤患病动物的体液平衡状况通常是不稳定的，尤其是在少尿或无尿时。应注意使用最小量的水来混合商品粮。对特别虚弱的患病动物，可使用适宜的商品化营养液代替水与日粮混合。此时，应注意咨询兽医营养学家，确保混合这两种商品化产品后，仍能够满足患病动物的营养需要。可以考虑给动物使用某些人用的肾脏疾病肠内营养配方，但这些产品的蛋白质和其他必需营养素的含量通常是不足的，如牛磺酸、精氨酸和花生四烯酸，应用于犬猫时，要注意这一点。

当肠内营养不能满足动物所需，同时动物可耐受额外的液体负荷时，提示启动肠外营养(Cano 等，2009)。外周静脉营养(peripheral parenteral nutrition，PPN)为通过外周静脉而非中心静脉给予等渗营养液。由于为避免发生血栓性静脉炎选择使用等渗的营养液，使得 PPN 不能为患病动物提供充足的营养(见第 11 章)。因难以控制体液平衡，故很少给急性肾损伤病例使用 PPN。

中心静脉营养(central parenteral nutrition，CPN)通过中心静脉提供适当的营养补充，所用营养液为高渗的，必须通过中心静脉如腔静脉输入。体液平衡仍是使用 CPN 的挑战，但与 PPN 需要使用大量液体相比，其挑战性显然要小很多。AKI 的肠外营养可使用改良的氨基酸配方，但未有研究证实改良的氨基酸溶液比标准氨基酸溶液更有效。

注意事项

输液疗法是治疗急性肾损伤的基础。目标是恢复体液平衡、解决血液动力不足和促进尿液形成。急性肾损伤动物由于厌食、呕吐和腹泻，常出现脱水和低血容量。应在 2~4 h 内，经静脉输入生理盐水或多离子平衡溶液，纠正血容量不足。此时绝对不适合使用皮下补液纠正脱水。要调节并发心血管疾病的动物的输液速度，防止发生循环性充血或心衰。若出现失血，可以输血型相配的血来恢复血容量、血压和血细胞比容。如果在按照先前评估的动物脱水量补充体液后，尿量未增多至 1 mL/(kg·h) 以上，则需要重新评估患病动物的水合状态，确保纠正动物的脱水状态。进一步的体液管理，应使用平衡电解质溶液进行缓慢扩容(3%~5% 体重)。恢复血容量后给予维持液量时，必须使用等渗液体纠正持续丢失液(尿液、呕吐物、粪便)，口服或静脉给予 5% 葡萄糖纠正不可感失水(每天 20~25 mL/kg)。

若通过输液疗法仍然不能产生足够的尿液,则提示严重的肾脏损伤。很多治疗药物(如甘露醇、速尿、多巴胺)可以减轻肾损伤的程度,促进少尿或无尿患病动物生成尿液。但这些药物的效果尚存争议,所以不应用来替代适当、及时的输液治疗。需要注意的是,当少尿和无尿转变为非少尿阶段时,并不代表肾功能已得到改善或恢复,但可明显纠正体液、电解质和酸碱平衡紊乱,也可减轻肠内或肠外营养支持疗法的难度。如果恢复血容量并使用甘露醇、速尿和/或多巴胺后 4~6 h 内,还未出现足量的尿液或不能维持足量的尿液,则再增加输液或用药也不安全,同时几乎不可能有效,此时应考虑使用透析。

应使用止吐药控制持续性呕吐。对尿毒症和顽固性呕吐的患病动物,使用组胺受体阻断剂(如西咪替丁、雷尼替丁、法莫替丁)或质子泵阻断剂(如奥美拉唑)等胃肠道保护剂可防止出现严重的食道炎和胃溃疡。用 0.1% 洗必泰冲洗口腔有益于治疗尿毒症口炎和口腔溃疡。应使用降压药治疗系统性高血压,防止视网膜脱落和大脑出血。

监测和并发症

急性肾损伤是会明显影响全身的一种动态状态。要确保给患病动物正确使用日粮和药物,定期检查和营养评估至关重要(Elliott,2008)。并发症通常与体液、电解质和酸碱失衡以及食物摄取不足有关。制定简洁明了的治疗计划,持续评估患病动物的情况,可将发生错误的可能性降至最低(Remillard 等,2001)。需在病历中记录动物的采食量,也应记录呕吐与腹泻的发生。至少每天记录 1 次体重,根据体重调整食物量,避免体重减轻。急性肾损伤动物会出现体液平衡变化,这会误导兽医对体重变化的判定。因此,除体重变化外,临床兽医也应根据肌肉含量的变化情况来指导临床治疗。应根据体重变化和水合情况,定期评价体液平衡情况,以指导后续的输液疗法。少尿或无尿的动物无法排出输入的过量液体,因此需要注意避免超负荷输液。血容量过载的后果是很严重的,还可能引发危及生命、难以或不可纠正的并发症。

小结

管理急性肾损伤病患是一项复杂的医学挑战。在诊断和治疗急性尿毒症导致的复杂代谢障碍时,可能忽略患病动物的营养需要。此外,大多数病例没有体重减轻的病史,也未出现体况变差的情况。然而,预测患病动物的营养需要极其重要。尿毒症会对食欲和代谢产生明确、严重的影响。不要采取"等等，再看看"的态度。为使分解代谢最小化与促进恢复，可以在患病动物住院后几个小时之内就开展营养支持疗法。

要 点

- 急性尿毒症与体液、电解质和酸碱平衡紊乱有关。
- 常在诊断与治疗急性肾损伤时，忽视患病动物的营养需求。
- 急性肾损伤患病动物常发生营养不良和消瘦，这会导致预后不良。
- 急性肾损伤患病动物的住院治疗计划的基本组成应包含及时恰当的营养方案。

参考文献

Cano, N.J., Aparicio, M., Brunori, G. et al. (2009) ESPEN Guidelines on parenteral nutrition:adult renal failure. *Clinical Nutrition*, **28**, 401-414.

Deitch, E.A., Winterton, J. and Berg, R. (1987) Effect of starvation, malnutrition, and trauma on the gastrointestinal tract flora and bacterial translocation. *Archives of Surgery*, **122**,1019-1024.

Elliott, D. A. (2008) Nutritional assessment. in *Small Animal Critical Care Medicine*. (eds D.Silverstein and K. Hoppe). Elsevier, St Louis, pp. 856-858.

Fiaccadori, E., Parenti, E. and Maggiore, U. (2008) Nutritional support in acute kidney injury. *Journal of Nephrology*, **21**, 645-656.

Justin, R.B. and Hohenhaus, A.E. (1995) Hypophosphatemia associated with enteral alimentation in cats. *Journal of Veterinary Internal Medicine*, **9**, 228-233.

Kreymann, K.G., Berger, M.M., Deutz, N.E. et al., (2006) ESPEN Guidelines on enteral nutrition:Intensive care. *Clinical Nutrition*, **25**, 210-223.

Mitch, W.E., May, R.C. and Maroni, B.J. (1989a) Review: mechanisms for abnormal protein metabolism in uremia. *Journal of the American College of Nutrition*, **8**, 305-309.

Mitch, W.E., May, R.C., Maroni, B.J. et al., (1989b) Protein and amino acid metabolism in uremia: influence of metabolic acidosis. *Kidney International, Supplement* **27**, S205-S207.

National Research Council of the National Academies (2006) *Nutrient Requirements of Dogs and Cats*, National Academies Press, Washington DC.

O' Toole, E., McDonell, W.N., Wilson, B.A. et al. (2001) Evaluation of accuracy and reliability of indirect calorimetry for the measurement of resting energy expenditure in healthy dogs. *American Journal of Veterinary Research*, **62**, 1761-1767.

Remillard, R.L., Darden, D.E., Michel, K.E. et al. (2001) An investigation of the relationship between caloric intake and outcome in hospitalized dogs. *Veterinary Therapeutics*, **2**, 301-310.

第 21 章
犬猫肝衰竭的营养支持

Renee M. Streeter[1] 和 Joseph J. Wakshlag[2]

1 Liverpool, NY, USA
2 Cornell University College of Veterinary Medicine, Ithaca, NY, USA

简介

　　肝脏是调节新陈代谢与解毒的主要器官。因此，当肝脏出现明显病变时，对患病动物进行营养管理有重要意义。虽然患不同肝脏疾病的住院犬猫的营养管理方案不尽相同，但通常都以蛋白质的耐受程度为基础。在患早期和慢性肝硬化、胆管炎、三体炎(triaditis)和猫脂肪肝等肝脏疾病时，通常不需要限制蛋白质的摄入量，但患先天性和获得性的血管分流和晚期肝硬化时，需要严格限制蛋白质摄入量。

急性肝脏疾病：肝硬化、肝炎与胆汁淤积

　　肝脏是营养代谢的中枢，因此一旦发生肝衰竭，一些特定营养物质的需要量就会发生改变。肝脏在蛋白质代谢中的作用包括合成白蛋白、球蛋白、血清铜蓝蛋白、铁蛋白、多种血清酶与凝血因子。此外，肝脏还能调节氨基酸代谢，参与氨的解毒，并负责后续的尿素合成(Biourge, 1997; LaFlamme, 2000)。因此，在肝脏疾病早期，不应该降低日粮的蛋白质浓度。限制蛋白质摄入会引起内源性肌肉组织的分解代谢，从而增加动物体内的氨蓄积，增加发生肝性脑病的风险(Biourge, 1997; LaFlamme, 2000)。肝脏发生病变时，肝脏对氨基酸动态平衡的调节作用改变，同时糖原的储存可能会减少。提供适当的日粮蛋白质可以使氨基酸更快地转化为糖原，有助于填补由肝脏疾病引起的低糖原储备，改善能量不足的情况(Silk、O' Keefe 和 Wicks, 1991)。因此，应给患慢性肝脏疾病的动物选择一种含有高品质蛋白质，且蛋白质含量适度提高的日粮。如需使用低蛋白质日粮，则犬粮的蛋白质含量不应低于 2.1 g/kg（体重），猫粮的不应低于 4 g/kg（体重）(Center, 1998; LaFlamme, 2000)。很多临床兽医倾向以干物质或者饲喂量为基础，来估算食物的营养素含量。但在计算蛋白质需要量时，以每千克体重为基础计算会更合理。因而，更可取的方式是基于能量摄入量计算蛋白质需要量。可通

过能量摄入量（如 100 kcal 或 1 000 kcal）和产品说明来计算绝大多数患病动物的具体蛋白质需要量。表21.1列举了如何在已知能量消耗的情况下，以体重为基础计算动物需要从食物摄入的蛋白质（g/kg）。

表21.1 以体重为基础计算所需蛋白质含量（g/kg）

假设一只 10 kg 犬的维持能量需要（maintenance energy requirement，MER）大约为 629 kcal。
标准的肝脏处方粮的蛋白质含量可能为 18%。
如果产品成分表里列出的蛋白质含量为 4.2 g/1000 kcal，
   则每千克体重所需蛋白质为 42 g×0.629 Mcal=26 g/10 kg=2.6 g/天；
如果产品成分表里列出的蛋白质含量为 4.2 g/100 kcal，
   则每千克体重所需蛋白质为 4.2 g×6.29 Mcal=26 g/10 kg=2.6 g/天。

脂肪在提供能量的同时，可以增加食物适口性，帮助厌食患者增加食欲，还有助于防止内源性蛋白质发生分解代谢。但是，应限制胆结石和胆汁淤积患病动物的食物脂肪含量。日粮中的脂肪会刺激十二指肠释放胆囊收缩素和胃动素，引发的胆囊收缩有可能会加重胆管阻塞病例的病情（Center，2009）。现已发现胆固醇含量较高的日粮会导致草原犬鼠产生结石，同时也会导致犬产生色素性胆结石（Holzbach 等，1976；Englert 等，1977）。因为肝胆病变会阻碍脂质代谢，长链甘油三酯的消化吸收率会下降30%~50%，所以应限制患肝胆疾病动物的脂肪摄入量。过量摄入脂肪会引起腹泻，进一步消耗养分（LaFlamme，2000）。已有试验证明给患胆囊黏液囊肿的喜乐蒂牧羊犬饲喂低脂日粮后，病情会得到改善（Aguirre 等，2007；Walter 等，2008）。尽管这些试验并没有给出日粮脂肪的推荐含量，但是低脂日粮一般指犬日粮干物质的脂肪含量低于10%，猫日粮干物质的脂肪含量低于15%，这类日粮适用于阻塞性胆汁淤积患病动物。

肝脏疾病的病理学特征之一是肝铜含量异常。胆汁淤积性肝脏疾病或原发性肝铜排出障碍都可导致肝脏的铜含量较高。与铜相关的原发性肝病的易发品种包括斯凯犭、西高地白犭、杜宾犬、拉布拉多寻回犬和贝灵顿犭。通过管理肝铜含量较高的患病动物，可以降低肝细胞的线粒体损伤和脂质过氧化程度（Sokol 等，1989）。传统治疗方案包括减少日粮的总铜含量、增加锌的含量，以及螯合疗法（Hoffmann 等，2009）。锌可参与螯合作用，锌的推荐补充量范围很广，从 1.5 mg/kg（元素锌）到 100 mg/kg（元素锌）不等（Brewer 等，1992；Thornburg，2000；Plumb，2008）。但是，目前仅有一项研究表明为患犬补充锌，能够阻止铜的吸收,该研究先以 100 mg/kg 的剂量补充元素锌 3 个月,随后降低为 50 mg/kg(元素锌)(Brewer 等,1992)。虽然可通过补锌来减少铜的吸收,但是使用低铜日粮即使不会获得更好的效果也可以取得同样的效果。最近一项调查发现,与单独使用低铜日粮相比,给患与铜相关肝病的拉布拉多寻回犬补充 10 mg/kg 元素锌后,并未显著减少肝铜蓄积(Hoffmann 等,2009)。但是,还未有研究评估长期补锌的效果,以及同时补充 100 mg 元素锌与限制日粮铜含量对患病动物的影响。因此,给一些顽固性病例补充高剂量的锌,仍然可能有利于改善病情。锌的剂型也很重要,因为不同补锌药物(如葡萄糖酸锌和醋酸锌)每毫克的元素锌含量不同。锌的剂量应以药片和胶囊中锌元素的含量计,因为所用的锌化合物不同,锌元素的含量也会有差异。

对早期肝硬化或三体炎进行营养管理的另一个目标是预防肝细胞坏死和纤维化。可使用一些营养保健品,如多不饱和磷脂胆碱(polyenylphosphatidylcholine,PEP)、S-腺苷甲硫氨酸(S-adenosylme-thionine,SAMe)、维生素 E 和水飞蓟素。PEP 是由多不饱和磷脂组成的,可作为抗氧化剂和胶原酶刺激剂来减少肝细胞纤维化(Aleynik 等,1997)。同时,PEP 还可降低活性氧自由基(reactive oxygen species,ROS)的产生,减少线粒体氧化和肝细胞膜损伤,以此保存肝细胞中的内源性抗氧化剂——谷胱甘肽(glutathione,GSH)。由人类的使用剂量推算出犬猫的 PEP 推荐剂量为每天 25～50 mg/kg,大型犬的使用剂量不能超过 3 g(Center,2004)。

SAMe 能在肝细胞中生成,并参与肝细胞的甲基化反应。SAMe 的作用包括减缓肝脏疾病进程,增加肝脏 GSH 储存,提高机体对自由基的耐受力,改善胆汁淤积和再灌注损伤,还可促进肝细胞再生和提高蛋白质合成能力。现已发现许多患肝脏疾病的动物都会伴发 GSH 损耗,这在猫尤其明显,应将 SAMe 作为标准的治疗干预药物(Center,2004;Center 等,2005)。对患肝硬化和脂肪肝的猫,SAMe 的建议使用剂量是 20～55 mg/kg,需空腹口服饲喂。犬的使用剂量是 17～20 mg/kg(Center,2004;Center 等,2005)。

早期肝脏疾病的辅助治疗包括使用维生素 E。维生素 E 可以防止所有细胞的细胞膜脂质过氧化,并且能抑制炎性细胞活性,减少自由基对肝细胞造成的损伤(Cantürk 等,1998;Center,2004)。维生素 E 可以抑制血管平滑肌增殖,并抑制已发生炎症或已受损肝脏的胶原蛋白基因表达(Chojkier 等,1998;Center,2004)。在试验中发现维生素 E 不仅具有抗炎作用，而且虽然肝硬化患者的血清 α- 生育酚的浓度正常，但肝脏的 α- 生育酚浓度比对照组的低 3 倍，因此需要保证给肝脏疾病患者补充足量的维生素 E（Von Herbay 等，1994）。患肝脏疾病动物的 α- 生育酚推荐量为每天 10 IU/kg（Center，2004）。

水飞蓟素是从水飞蓟中提取的黄酮木脂素混合物，包括水飞蓟宾、异水飞蓟宾、水飞蓟宁和水飞蓟丁。水飞蓟素的作用机制包括预防 ROS 引起的脂质过氧化，起到抗氧化作用（Center，2004）。同时，它还可以促进基因的转录、翻译以及 DNA 合成，从而提高肝细胞的再生速率。水飞蓟素可以抑制星状细胞活化和增殖，并抑制 I 型胶原的合成信号，同时通过产生组织抑制剂金属酶 I，来减缓纤维变性。此外，水飞蓟素可帮助扩张内源性胆盐池，诱导胆汁分泌，这其中还包括有保肝作用的胆汁酸——熊去氧胆酸（Center，2004）。虽然目前尚无犬猫相关研究，但现已证明给患胆管阻塞的大鼠每日使用 40 ~ 50 mg/kg 的水飞蓟素后，可以有效控制肝脏纤维变性，且有大量证据表明犬的水飞蓟素安全使用剂量为 50 ~ 150 mg/kg（Center，2004）。水飞蓟宾的商业制剂（Marin[1]）中混合了卵磷脂，卵磷脂可提高犬对水飞蓟素的生物利用率（Filburn、Kettenacker 和 Griffin，2007）。虽然上述试验的使用剂量是 14.6 ~ 17.3 mg/kg，但 Marin（还含有锌和维生素 E）的推荐使用剂量为犬 1.3 ~ 2.8 mg/kg，猫 1.5 ~ 2.6 mg/kg。

熊去氧胆酸最早是在中国黑熊的胆囊中发现的，是一种无毒的亲水性二羟基胆酸。熊去氧胆酸的作用包括代替有毒性的胆汁酸、保护肝脏细胞和胆管上皮细胞、抗氧化、调节免疫、减少胆汁酸分泌、促进胆管排出有毒物质和抑制纤维变性（Kumar 和 Tandon，2001）。现已使用熊去氧胆酸治疗肝硬化、胆管炎和非阻塞性胆汁淤积（Kumar 和 Tandon，2001）。对存在坏死性炎性肝脏疾病的患病动物，如果诊断排除了存在胆道阻塞的可能，那么熊去氧胆酸的建议治疗剂量为每天 10 ~ 15 mg/kg，可以每日一次或分成两次混于食物中饲喂（Center，2004）。

慢性肝脏疾病：慢性肝硬化晚期、肝门静脉短路和血管发育不良

肝硬化晚期和肝门静脉短路的治疗目标是预防发生肝性脑病，同时提供合适的营养，防止出现肌肉流失和充分利用现存的肝脏功能。现已发现在为肝硬化晚期和肝门静脉短路的患者配制食物时，用植物蛋白和乳制品蛋白代替肉类蛋白可以显著减少氨的产生（Bianchi 等，1993）。

饲喂时建议减少患病动物日粮的总蛋白质含量(犬：2～4 g/kg 体重；猫：4～6 g/kg 体重)(Tillson 和 Winkler，2002)。同时，需提高日粮蛋白质的整体质量，应使用不含过多氮和血红蛋白的高度易消化的蛋白质，因为氮和血红蛋白过多都会加重肝性脑病(Bianchi 等，1993；Douglass、Mardini 和 Record，2001)。测定蛋白质最小需要量的方法为逐渐增加蛋白质的量，直到在尿中能够看到重尿酸铵盐(ammonium biurate)结晶或出现肝性脑病症状为止。

患肝脏疾病时，也需补充水溶性 B 族维生素，如维生素 B_{12}、叶酸、核黄素、烟酰胺、硫胺素、泛酸和吡哆醇。这些维生素都储存在肝脏中，但肝脏疾病会改变对这些维生素的储存和利用(Biourge，1997)。维生素 B_{12} 对肝脏的众多代谢活动至关重要，因此建议给患胆管炎和三体炎的动物每 7～28 天皮下注射 1 mg 的维生素 B_{12}(Center，1998)。建议给严重的肝硬化和肝门静脉短路晚期的患病动物使用 2 倍维持需要量的复合维生素 B(Center，1998)。

患某些肝脏疾病时，肝脏合成维生素减少，凝血因子代谢速率加快(即消耗性凝血病)，这可能会引发维生素 K 缺乏；同时，使用抗生素也会减少产维生素 K 的肠道细菌的数量，或降低肝脏中合成凝血因子的酶的活性，从而导致维生素 K 的产量减少(Peetermans 和 Verbist，1990；Lisciandro、Hohenhaus 和 Brooks，1998；Conly 和 Stein，1994)。给凝血时间正常的肝病动物每 12 h 皮下注射 0.5～1.0 mg/kg 的维生素 K，连用 2 天即可有效预防维生素 K 缺乏(Center，1998)。

使用乳果糖和可溶性纤维(如果胶、车前草纤维和菊粉)可以阻止结肠对氨的吸收，并预防肝性脑病。增加可发酵纤维素可以促进嗜酸性细菌的增殖，如乳酸杆菌(*Lactobacillus*)。这类细菌产氨较少，并且能降低结肠的 pH(Crossley 和 Williams，1984；Center，1998)。pH 下降可促使分子形态的氨迅速转化为离子形态(NH_4^+)，因大肠不能吸收 NH_4^+，最终只能随粪便排出(Center，1998)。已有试验证明摄入的果胶确实有上述功效(Herrmann、Shakoor 和 Weber，1987)，推荐每 150～200 kcal 犬粮添加 5～10 mL 果胶(Center，1998)。车前草纤维、菊粉与果胶有相似的可发酵特性，也可选用车前草纤维和菊粉，剂量分别为每 10 kg(体重) 1～2 茶匙(3～6 g)和每天 0.5～1 茶匙(1.5～3.0 g)。乳果糖的推荐使用方法是每 6～8 h 口服 0.5～1.0 mL/kg，直到动物每天排泄 2～3 次软便为止(Brent 和 Weise，2010)。猫口服饲喂 0.25～1 mL 的乳果糖后，需逐渐增加饲喂量，直到产生半成形的粪便(Scavelli、Hornbuckle 和 Roth，1986)。

SAMe 有助于恢复肝硬化晚期和肝门静脉短路晚期患者的肝脏谷胱甘肽水平,因此对肝细胞的解毒机能非常重要(Center 等,2005)。但是,SAMe 也会额外提供一种可能会导致肝性脑病的氨基酸——蛋氨酸,因此对一些存在肝性脑病风险的病例,需慎用 SAMe(Center,2004)。如上文所述,在肝脏疾病的早期,经常混合使用 PEP、维生素 E、水飞蓟素、SAMe 和熊去氧胆酸,作为慢性肝病的抗氧化剂。

猫的脂肪肝及其治疗方法

脂肪肝最常发生于猫。当外周脂肪分解加速而肝脏的极低密度脂蛋白(very low density lipoproteins,VLDL)的输出相对减少时,就会引发脂肪肝。现认为蛋白质摄入不足会导致蛋白质缺乏,从而影响载脂蛋白的合成和转运。如不进行治疗,肝内脂肪积聚,会导致胆小管扩张,最终引起严重的肝内胆汁淤积和肝衰竭。

首要营养治疗方案是以满足静息能量为目标,快速补充大量蛋白质(如果无肝性脑病症状出现)、适量碳水化合物和适量脂肪。通过检测底物的利用率发现日粮蛋白质能够改善病情,因此应优先解决患猫的进食问题,尤其对于大多数出现严重黄疸和厌食的患猫(Biourge 等,1994)。由于患病动物食欲不振,兽医也不愿意采取会引起动物厌食的其他措施等,在患猫病情稳定且能够耐受食道造口术或胃造口术时,就应立即放置鼻-食道饲管。通过饲管给予肠内营养可能需要持续 3~6 周,或持续使用到患猫可以自主进食。

饲喂时,建议搅碎蛋白质含量较高的恢复期日粮或饲喂肠内流体处方粮。进行再饲喂时,应在刚开始饲喂的 3 天内,缓慢增加饲喂量。第一天饲喂 RER 的 1/3,第二天饲喂 RER 的 2/3,第三天饲喂 RER 的全量。这种饲喂方式可以预防发生高血氨症和再饲喂综合征。现已发现给患肝脏疾病如脂肪肝的猫使用肠内饲喂时,会发生低磷血症,因此需重点监测血液的电解质变化(Justin 和 Hohenhaus,1995)。如果怀疑患病动物发生高血氨,则可观察是否出现肝性脑病的症状或检测血氨浓度。如确认发生高血氨,则建议将日粮改为低蛋白质日粮,并使用乳果糖和可溶性纤维素。

补充左旋肉碱可以改善全身的脂肪代谢,有效预防脂肪肝和酮病。所以在动物患脂肪肝时,即使血清和肝脏的左旋肉碱含量并未减少,也需及时补充(Jacobs 等,1990;Center,1998;Center,2004;Blanchard 等,2002)。目前尚不明确肉碱的作用机制,但是倾向认为肉碱可以帮助外周组织利用酮体和脂肪酸作为供能物质,或减少肝脏产生酮体(Blanchard 等,2002)。左旋肉碱的推荐使用剂量为 250 mg/天(Center,1998)。

因为肝脏疾病会改变水溶性维生素的储存和利用,所以建议按照维持量 2 倍的剂量来补充 B 族维生素(Biourge,1997)。如患猫出现颈部向腹侧弯曲等硫胺素缺乏症状时,建议每天在猫食物中补充 50~100 mg 的硫胺素,连续补充 1 周。大多数脂质沉积患病动物体内的叶酸和维生素 B_{12} 浓度通常会明显或稍低于正常浓度,需经常检测血清叶酸和维生素 B_{12} 浓度。给患猫每 7~28 天补充 1 mg 维生素 B_{12},即可维持血清维生素 B_{12} 浓度(Center,1998)。

在一些慢性肝脏疾病中,机体会消耗由肝脏产生的维生素 K 依赖性凝血因子(Center,1998)。因此,需要保证补充足够的维生素 K,来弥补肝脏发生脂质沉积产生的凝血因子不足。维生素 K 的推荐补充剂量为 0.5~1.5 mg/kg,肌肉注射或皮下注射,前三次给药每 12 h 一次,之后每周注射一次,连续注射 2 周(Center,1998)。

急性肝中毒

许多毒素都会造成肝损伤。造成急性肝炎的两种常见原因分别是对乙酰氨基酚中毒和误食毒鹅膏(*Amanita phalloides*)。对乙酰氨基酚中毒常用的解毒剂为 N-乙酰半胱氨酸,使用方法是先将 140 mg/kg(负荷剂量)的 N-乙酰半胱氨酸稀释成 5% 溶液后静脉输注,随后按 70 mg/kg 剂量给药 7 次。对病情严重的动物,可先按 280 mg/kg 剂量输注,后按维持量 70 mg/kg 连续治疗 14 天。SAMe 也是对乙酰氨基酚的有效解毒剂,使用方法是先按 40 mg/kg(负荷剂量)口服,随后按维持量 20 mg/kg 服用,每 24 h 1 次,连续口服 7 天(Wallace 等,2002)。毒鹅膏是一种蕈类,如误食可造成急性肝坏死。水飞蓟素可有效缓解毒鹅膏中毒,现已证明 50 mg/kg 的剂量即可减轻肝脏的坏死性炎性损伤,并可提高实验比格犬的存活率(Vogel 等,1984)。图 21.1 阐述了不同肝脏疾病治疗方案的选择,表 21.2 和表 21.3 列出了犬猫的主要营养补充剂的剂量。

小结

肝脏疾病的主要治疗方案是营养管理。在治疗肝性脑病时,管理主要营养素(如蛋白质和纤维素等)的摄入很重要,而在治疗阻塞性胆管肝病(cholangiohepatopathy)时,日粮的脂质含量会影响疾病发展。某些矿

表 21.2　犬的主要营养补充剂的剂量

补充剂/药品	剂量	用药频率	适应症
锌元素	起始剂量为 100 mg/kg，口服 3 个月；随后调整为 50 mg/kg	每天一次	铜蓄积
多不饱和磷脂胆碱（PEP）	每天 25～50 mg/kg，不超过 3 g，口服	每天	肝硬化/肝炎
S-腺苷甲硫氨酸（SAMe）	17～20 mg/kg，口服	每天	肝硬化/肝炎、胆汁淤积
维生素 E	10 IU/kg，口服	每天	肝硬化/肝炎、胆汁淤积
Marin（内含水飞蓟宾 A 和 B）	每天 1.3～2.8 mg/kg，口服	每天	肝硬化/肝炎、胆汁淤积
熊去氧胆酸（犬）	10～15 mg/kg，口服	每天一次	非阻塞性胆管炎
维生素 K	0.5～1 mg/kg，肌肉或皮下注射	开始的三次给药每 12 h 一次，之后每周注射一次	肝硬化/肝炎、肝门静脉短路
果胶（犬）	150～200 kcal 5～10 mL，口服	每天	高血氨症
车前草	1～3 茶匙，口服	每天	高血氨症
乳果糖	15～30 mL，口服，需摸索有效剂量	每天 4 次	高血氨症

表 21.3　猫的主要营养补充剂的剂量

补充剂/药品	剂量	用药频率	适应症
多不饱和磷脂胆碱（PEP）	每天 25～50 mg/kg	每天	肝硬化/肝炎
S-腺苷甲硫氨酸（SAMe）	20～40 mg/kg，口服	每天	肝硬化/肝炎、胆汁淤积
维生素 E	10 IU/kg，口服	每天	肝硬化/肝炎、胆汁淤积
Marin（内含水飞蓟宾 A 和 B）	每天 1.5～2.6 mg/kg，口服	每天	肝硬化/肝炎、胆汁淤积
维生素 K	0.5～1.5 mg/kg，肌肉或皮下注射	开始的三次给药每 12 h 一次，之后每周注射一次	肝硬化/肝炎、脂肪肝
果胶	150～200 kcal 5～10 mL，口服	每天	高血氨症
车前草	1～3 茶匙，口服	每天	高血氨症
乳果糖	0.25～1 mL，口服，需摸索有效剂量	每天一次	高血氨症
维生素 B_{12}	1 mg，皮下注射	每 7～28 天一次	胆管炎、肝炎、肝门静脉短路
复合维生素 B	50～100 mg，口服	每天	脂肪肝
左旋肉碱（猫）	250 mg，口服	每天	脂肪肝

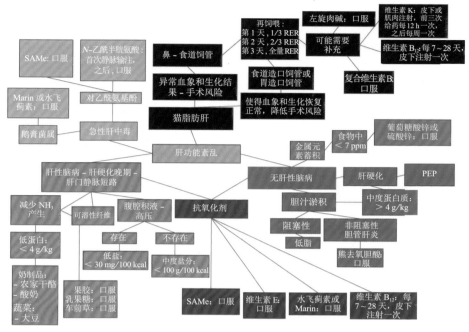

图 21.1 治疗方案选择。

物质，如铁和铜，会引起严重的肝脏损伤，但另外一些矿物质，如锌，则有助于某些患病动物的治疗。抗氧化剂可以有效扭转细胞的过氧化损伤，恢复胶原酶活性，并可以减轻纤维变性。补充肝脏依赖性的微量营养素，也可以预防自身损耗产生的系统性症状。无论患何种肝病，营养介入都可以改善症状，甚至提高治愈率。

要 点

- 肝脏是营养代谢的中枢，因此一旦发生肝衰竭，一些特定营养物质的需要量就会发生改变。
- 患不同肝脏疾病的住院犬猫的营养管理方案不尽相同，但通常都以蛋白质的耐受程度为基础。
- 不需要限制某些肝脏疾病患病动物的蛋白质摄入量，包括早期或慢性肝硬化、胆管炎、三体炎和猫脂肪肝。但是，对先天性或获得性的血管分流和晚期肝硬化等另一些疾病的患病动物，则需要严格限制蛋白质摄入量。
- 在控制或预防肝性脑病时，需要重点管理摄入日粮的主要营养素（如蛋白质和纤维素）。
- 如果需要减少日粮的蛋白质含量，则犬粮需至少含有 2.1 g/kg（体重）蛋白质，猫粮需至少含有 4 g/kg（体重）蛋白质。
- 虽然关于多不饱和磷脂胆碱、S-腺苷甲硫氨酸、维生素 E 和水飞蓟素等营养保健品临床效果的证据有限，但仍会将这些物质用作保肝药。

注释

1.Marin：Nutramax Laboratories, Inc. Edgewood, MD.

参考文献

Aguirre, A.L., Center, S.A., Randolph, J.F. et al. (2007) Gallbladder disease in Shetland Sheepdogs 38 cases (1995-2005). *Journal of the American Veterinary Medical Association*, **231**, 79-88.

Aleynik, S.I., Leo, M.A., Ma, X. et al. (1997) Polyenylphosphatidylcholine prevents carbon tetrachloride-induced lipid peroxidation while it attenuates liver fibrosis. *Journal of Hepatology*, **27**, 554-561.

Bianchi, G.P., Marchesini, G., Fabbri, A. et al. (1993) Vegetable versus animal protein in diet in cirrhotic patients with chronic encephalopathy. A randomized cross-over comparison. *Journal of Internal Medicine*, **233**, 385-392.

Biourge, V.C. (1997) Nutrition and Liver Disease. *Seminars in Veterinary Medicine and Surgery: Small Animal*, **12**, 34-44.

Biourge,V.C., Massat, B., Groff, J.M. et al. (1994) Effects of protein, lipid, or carbohydrate supplementation on hepatic lipid accumulation during rapid weight loss in obese cats. *American Journal of Veterinary Research*, **10**, 1406-1415.

Blanchard, G., Paragon, B.M., Milliat, F. et al. (2002) Dietary L-carnitine supplementation in obese cats alters carnitine metabolism and decreases ketosis during fasting and induced hepatic lipidosis. *Journal of Nutrition*, **132**, 204-210.

Brent, A.C. and Weisse, C. (2010) Hepatic vascular anomalies. in *Textbook of Veterinary Internal Medicine*, 7th edn (eds S.J. Ettinger and E.C. Feldman) W.B. Saunders, Philadelphia.pp. 1649-1672.

Brewer, G.J., Dick, R.D., Schall, W. et al. (1992) Use of zinc acetate to treat copper toxicosis in dogs. *Journal of the American Veterinary Medical Association*, **201**, 564-568.

Canturk, N.Z., Canturk, Z., Utkan, N.Z. et al. (1998) Cytoprotective effects of alpha tocopherol against liver injury induced by extrahepatic biliary obstruction. *East African Medicine*, **75**, 77-80.

Center, S.A. (1998) Nutritional support for dogs and cats with hepatobiliary disease. *American Society for Nutritional Sciences*, 2733S-2746S.

Center, S.A. (2004) Metabolic, antioxidant, nutraceutical, probiotic and herbal therapies relating to the management of hepatobiliary disorders. *Veterinary Clinics of North America: Small Animal Practice*,**34**, 67-172.

Center, S.A. (2009) Diseases of the gallbladder and biliary tree. *Veterinary Clinics of North American: Small Animal Practice*, **39**, 543-598.

Center, S.A., Randolph, K.L., Warner, J. et al. (2005) The effects of S-Adenosylmethionine on clinical pathology and redox potential in the red blood cell, liver, and bile of clinically normal cats. *Journal of Veterinary Internal Medicine*, **19**,303-314.

Chojkier, M., Houglum, K., Lee, K.S. et al. (1998) Long- and short-term D-alpha-tocopherol supplementation inhibits liver collagen alpha1(1) gene expression. *American Journal of Physiology*, **275**, G1480-G1485.

Conly, J. and Stein, K. (1994) Reduction of vitamin K2 concentrations in human liver associated with the use of broad spectrum antimicrobials. *Clinical and Investigative Medicine*, **17**, 531-539.

Crossley, I.R. and Williams, R. (1984) Progress in the treatment of chronic portosystemic encephalopathy. *Gut*, **25**, 85-98.

Douglass, A., Mardini, H.A. and Record, C. (2001) Amino acid challenge in patients with cirrhosis: a model for the assessment of treatments for hepatic encephalopathy. *Journal of Hepatology*, **34**, 658-664.

Englert, E,, Harman, C.G., Freston, J.W. et al. (1977) Studies on the pathogenesis of diet-induced dog gallstones. *Digestive Diseases*, **22**, 305-314.

Filburn, C.R., Kettenacker, R. and Griffin, D.W. (2007) Bioavailability of a silybin-phosphatidylcholine complex in dogs. *Journal of Veterinary Pharmacology and Therapeutics*, **30**, 132-188.

Herrmann, R., Shakoor, T. and Weber, F.L. (1987) Beneficial effects of pectin in chronic hepatic encephalopathy. *Gastroenterology*, **92**,1795 (abs.)

Hoffman, G., Jones, P.G., Biourge, V. et al. (2009) Dietary management of hepatic copper accumulation in Labrador retrievers. *Journal of Veterinary Internal Medicine*, **23**, 957-963.

Holzbach, R.T., Corbusier, C., Marsh, M. et al. (1976) The process of cholesterol cholelithiasis induced by diet in the prarie dog: a physiochemical characterization. *Journal of Laboratory Clinical Medicine*, **87**, 987-998.

Jacobs, G., Cornelius, K., Keene, B. et al. (1990) Comparison of plasma, liver, and skeletal muscle carnitine concentrations in cats with idiopathic hepatic lipidosis and in healthy cats. *American Journal of Veterinary Research*, **51**, 1349-1351.

Justin, R.B. and Hohenhaus, A.E. (1995) Hypophosphatemia associated with enteral alimentation in cats. *Journal of Veterinary Internal Medicine*, **9**, 228-233.

Kumar, D. and Tandon, R.K. (2001) Use of ursodeoxycholic acid in liver disease. *Journal of Gastroenterology and Hepatology*, **16**, 3-14.

LaFlamme, D.P. (2000) Nutritional management of liver disease. in *Kirk's Current Veterinary Therapy XIII: Small Animal Practice*. (ed. J.D. Bonagura) Saunders, Philadelphia, pp. 693-697.

Lisciandro, S.C., Hohenhaus, A. and Brooks, M. (1998) Coagulation abnormalities in 22 cats with naturally occurring liver disease. *Journal of Veterinary Internal Medicine*, **12**, 71-75.

Peetermans, W. and Verbist, L. (1990) Coagulation disorders cuased by cephalosporins containing methylthiotetrazole side chains. *Acta Clinica Belgica*, **45**, 327-333.

Plumb D.C. (2008) Zinc. in *Plumb's Veterinary Handbook*, 6th edn (ed. D. C. Plumb) PharmaVet Inc, Stockholm, WI, pp. 1261-1263.

Scavelli, T.D., Hornbuckle, W.E. and Roth, L. (1986) Portosystemic shunts in cats: seven cases (1976-1984). *Journal of the American Veterinary Medical Association*, **189**, 317-325.

Silk, D.B.A., O'Keefe, S.J.D. and Wicks, C. (1991) Nutritional support in liver disease. *Gut* Supplement, S29-S33.

Sokol, R.J., Devereaux, M.W., Traber, M.G. et al. (1989) Copper toxicity and lipid peroxidation in isolated rate hepatocytes: effect of vitamin E. *Pediatric Research*, **25**, 55-62.

Tillson D.M. and Winkler, J.T. (2002) Diagnosis and treatment of portosystemic shunts in the cat. *Veterinary Clinics of North America: Small Animal Practice*, **32**, 881-899.

Thornburg, L.P. (2000) A perspective on copper and liver disease in the dog. *Journal of Veterinary Diagostic Investigation*, **12**, 101-110.

Vogel, G,, Tuchweber, B., Trost, W. et al. (1984) Protection by silibinin against *Amanita phalloides* intoxication in beagles. *Toxicology and Applied Pharmacology*, **72**, 355-362.

Von Herbay A, de Groot H,Hegi U, et al. (1994) Low vitamin E content in plasma of patients with alcoholic liver disease, hemochromatosis and Wilson's disease. *Journal of Hepatology*, **20**,41-46.

Wallace, K.P., Center, S.A., Hickford, F.H. et al. (2002) S-adenosyl-L-methionine (SAMe) for the treatment of acetaminophen toxicity in a dog. *Journal of the American Animal Hospital Association*, **38**, 246-254.

Walter, R., Dunn, M.E., d'Anjou M.A. et al. (2008) Nonsurgical resolution of gallbladder mucocele in two dogs. *Journal of the American Veterinary Medical Association*, **232**,1688-1693.

第22章
败血症的营养管理

Daniel L. Chan

Department of Veterinary Clinical Sciences and Services, The Royal Veterinary College, University of London, UK

简介

败血症是指机体对抗病原时出现的暴发性全身炎症反应。细胞因子风暴驱动该病,同时会影响能量和底物代谢。考虑到败血症的一系列后果,通过营养支持维持营养状况或逆转营养状况恶化是非常重要的治疗手段之一。但是,评估营养介入对败血症患病动物治疗作用的研究非常少,大多数是从危重人类患者外推而来的推荐使用。败血症的营养支持目标应是改善营养不良的影响和提高康复率。然而,要设计针对败血症患者的最佳营养方案难度很大。主要面临3个难题:营养支持的方式、开始介入营养支持的时间以及日粮的组成。证据显示不论在何种情况下,肠内饲喂都是首选方式。早期(48 h内)肠内营养效果似乎要优于延迟进行。虽然近年来对改善营养组成的研究有许多重要突破(如添加谷氨酰胺、鱼油和抗氧化剂),但这些方案仍具争议,大部分未在兽医临床应用。

败血症引起的代谢紊乱

败血症是动物最严重的疾病过程之一,会引发一系列复杂的代谢紊乱。有时候,机体会出现过激的反应,对代谢产生严重影响。最初的应激反应可能以高代谢状态为特征,导致耗氧量增加、高血糖、高乳酸血症和蛋白质分解增强(Biolo等,1997;Marik,2005)。这些代谢变化是炎症细胞因子和调节激素、反调节激素的作用结果,并且在一例犬败血症模型的研究中得到证实(Shaw和Wolfe,1984)。

危重患者几天内就会发生骨骼肌耗损加速。人类研究显示瘦体重的快速耗损是死亡的一项预测性指标(Biolo等,1997;Marik,2005)。在危重病早期,机体会先利用肝糖原和肌糖原供能。储存的糖原快速耗尽后，会由糖异生生成新的葡萄糖，并导致肌肉蛋白质发生分解。蛋白质代谢发生变化时，也伴随着碳水化合物代谢的变化，包括外周葡萄糖摄取和利用增加、高乳酸血症、葡萄糖生成增加、糖原生成减少、葡萄糖不耐受和胰岛素抵抗(Biolo等，1997)。"应激高血糖症"最重要的机制可能是葡萄糖生成量超过葡萄糖清除量(Krenitsky，2011)。发生败血症时，因为肝脏葡萄糖输出量增加引起高血糖，而并非因组织摄取葡萄糖减少。对危重患者的这类高血糖引发的后果尚存在争议。众所周知，糖尿病性高血糖会降低中性粒细胞和巨噬细胞的功能，增加感染风险，提高患病率和死亡率。然而，并不是非常清楚非糖尿病性高血糖的影响。因为有时使用胰岛素治疗的后果更糟，对使用胰岛素来控制危重患者的高血糖也存在争议(Song等，2014)。

虽然应激通常与糖异生增强有关，但是证据显示败血症患者可能存在与之不同的双向反应：在致死性败血症动物模型的研究中发现，最初的时候会出现高血糖症，此时糖异生增强，接下来葡萄糖生成受到抑制，出现低血糖症(Polk和Schwab，2011)。大鼠内毒素诱导性低血糖症与糖异生的限速酶活性降低有关。另外有人推测细胞因子对造成败血症时的低血糖也发挥了重要作用。同时外周葡萄糖利用率升高也参与了这个过程，败血症动物模型的研究证明尽管肝脏葡萄糖生成增多，仍然会出现低血糖症(Polk和Schwab，2011)。尽管动物常见低血糖症，但在人类患者少见。

有趣的是，发生败血症时，机体更倾向利用脂肪氧化供能。给健康机体输注葡萄糖可抑制脂肪氧化供能，但给发生败血症的机体输注葡萄糖后，对脂肪氧化供能的抑制无法达到与之相同的水平(Biolo等，1997；Leyba等，2011；Cohen和Chin，2013)。发生败血症时，脂肪代谢改变的特征是高甘油三酯血症和脂肪氧化增强(Biolo等，1997；Marik，2005；Leyba、Gonzalez和Alonso，2011；Cohen和Chin，2013)。一些紊乱是某些器官衰竭所致，另一些则是宿主反应的结果。同时，TNF-α与脂肪代谢改变关系密切。TNF-α会直接或通过其他激素增强脂肪分解(Biolo等，1997；Marik，2005)。儿茶酚胺和皮质醇也会促进脂肪分解。极低密度脂蛋白(very low density lipoprotein，VLDL)升高促发了败血症时的高甘油三酯血症。败血症的另一个特征是脂蛋白脂肪酶活性受抑制(也是由内毒素和TNF-α引起的)，这可能会使血清VLDL清除率降低。在细胞因子的影响下，肝脏生成更多的甘油三酯。

正常情况下，只有外周脂肪组织会分泌非酯化脂肪酸（non-esterified fatty acid，NEFA），以满足代谢能量需要，而脂肪分解和脂肪组织血流量会调节血浆 NEFA 浓度。在败血症时，这些调节机制可能被改变。内毒素会影响细胞因子和激素，提高血浆 NEFA 浓度（Biolo 等，1997；Marik，2005）。

考虑到败血症伴发的多种代谢和激素紊乱的复杂性，应通过营养支持尝试调整这些紊乱，这是明智的选择。近年来，人类医学临床的确已开始关注通过营养介入治疗危重患者，包括早期肠内营养和免疫调节营养（Yuan 等，2011；Kaur、Gupta 和 Minocha，2005；Galban 等，2000；Leyba 等，2011）。虽然临床越来越多的人类医学证据支持在病情严重（包括败血症）时使用营养管理，但将这类方法应用到兽医临床时仍应谨慎。

人和犬败血性腹膜炎的区别

在大多数证明营养支持对败血症患者有积极作用的研究里，并未特别指出是"败血性腹膜炎"患者，这是一个必须提及的重要区别。之所以要特别提及这点，是因为大多数人类败血症与"败血性腹膜炎"无关，所以这两类患者群体是不能等同的。与之相反，败血性腹膜炎是犬最常见的败血症，而人类更常引发败血症的疾病是肺炎。因此，在人类医学，虽然有许多证据表明营养支持对危重败血症患者有积极作用，但很少有研究评估营养支持对败血性腹膜炎患者的影响。事实上，与犬败血性腹膜炎最接近的人类病症是肠外瘘和非创伤性穿孔腹膜炎。评估营养支持对这类患者作用的研究相对较少（Kaur 等，2005；Yuan 等，2011）。在研究中量化的正面指标包括腹壁闭合时间更早、感染并发症更少、术后肠梗阻概率降低以及氮平衡改善（Kaur 等，2005；Yuan 等，2011）。

败血症患者的营养管理方案

败血症患者的最佳营养方案还在不断更新，但重点仍在营养支持的方式、开始营养介入的时间和日粮的组成。关于支持方式，除非机体完全不能耐受，应更倾向给败血症患者应用肠内营养（enteral nutrition，EN）（表 22.1）。关于应用时间，应在败血症患者完全苏醒后 48 h 内，尽早开始。低血压患者可能会因低血压引发内脏灌注降低，有可能会出现 EN 诱导的肠道局部缺血；不过，这种风险的发生概率非常低（Zaloga、

表 22.1 给严重败血症患者进行 EN 支持的好处和拒绝进行 EN 支持的后果

进行 EN 支持的生理好处	拒绝进行 EN 支持的后果
促进内脏血流和灌注	降低内脏血流灌注，导致局部缺血、丧失活力
促进分泌型 IgA 的分泌，抑制病原菌吸附于上皮细胞	促进病原菌吸附和侵入，导致肠道屏障瓦解
促进共生菌群，减少细菌毒素，抑制病原菌增殖	促进病原菌过度增殖
促进肠道收缩，下行排出细菌，控制整体菌群繁殖	促进胃肠道动力障碍，加速细菌过度繁殖
保持肠上皮功能和结构完整	损害上皮细胞之间的细胞旁路通道（paracellular channel），增大肠道通透性，使细菌内毒素可以内流

Roberts 和 Marik，2003；Leyba 等，2011）。目前建议在患者完全苏醒后开始 EN，或至少待心血管系统稳定后（例如当多巴胺和去甲肾上腺素等血管活性物质的浓度稳定后）再开始。在条件允许的情况下，应该尽早为危重患病动物提供肠内营养。一些兽医研究了在入院后 10 h 内开始提供肠内营养的影响（Mohr 等，2003）。虽然很难评估这些措施是否会影响预后，但已证实曾被认为需要"肠道休息"的患病动物实际上是可以耐受早期肠内饲喂的。关于患细小病毒性肠炎的幼犬、急性胰腺炎患猫和近期的严重急性胰腺炎患犬的研究证明了这一观点（Mohr 等，2003；Klaus、Rudloff 和 Kirby，2009；Mansfield 等，2011）。因此，即使有些动物存在严重的胃肠道功能紊乱，给败血症动物进行肠内饲喂也是合理的。

　　研究结果表明可以给许多患者提供早期 EN，实际上应该给每一个患者提供。尽管早期的一篇兽医研究摘要发现给败血性腹膜炎患犬进行早期营养支持并没有任何优势，但最近的一篇研究证明早期营养支持可以缩短败血性腹膜炎患犬的住院时间（Hackndahl 和 Hill，2007；Liu、Brown 和 Silverstein，2012）。尽管这篇研究的设计初衷并不是评估早期肠内营养对预后的影响，但却证明了这个方案的可行性，并且不会造成任何不良影响。考虑到目前可用的证据都显现营养支持对败血症患者有积极作用，除非有更多研究推翻该观点，否则应给败血症患者进行早期肠内营养支持（Mohr 等，2003；Campbell 等，2010；Brunetto 等，2010；Liu 等，2012）。

应考虑给不能耐受 EN 的动物使用肠外营养支持(parenteral nutritional support，PN 支持)。但是，即使人类医学临床对 PN 的介入时间都存在争议。最近发表的关于 PN 介入时间的专门研究表明，早期 PN 介入(即进入 ICU 的 48 h 内)与患病率和死亡率升高有关(Casaer 等，2011)。其他与 EN 进行对比的研究并未发现在进入 ICU 的 36 h 内开始 PN 支持有任何有害影响，而且还发现使用 PN 后，能降低低血糖和呕吐的发生概率(Harvey 等，2014)。然而，还需谨慎将这些从危重人类患者得出的结论应用于动物。首先，这些研究结果得出的差异很小(存活出院率仅高 6%，$P=0.04$)，需考虑这种较小差异的临床相关性(Casaer 等，2011)。

关于营养支持的一个更重要的区别是最佳能量目标。人类医学和兽医临床都有充足的证据表明过度饲喂会提高患病率甚至死亡率(O'Toole 等，2004；Pyle 等，2004；Marik，2005；Stappleton、Jones 和 Heyland，2007；Dickerson，2011)。

考虑到这些因素，近年来兽医推荐以静息能量需求(resting energy requirement，RER)为标准(见第 2 章)。尽管在人类 ICU 中也有类似的推荐，但最近分析能量目标的研究显示预后不良的患者基本上都"过度进食"，在这些研究中患者在 ICU 的时间和住院时间均延长。仅在初始的 8 天内给患者提供肠内营养，且基本上都为低能量摄入(过去被证明是有益的)；如果 8 天后的摄入能量低于目标量的 50% 才使用 PN (Marik，2005；Casaer 等，2011)。这与在 48 h 内摄入更高能量的 PN 组相反。因此，有理由质疑这些并发症与过度饲喂有关，而非 PN 的介入时间。未来需要使用能量水平与此相同的日粮来证实或推翻这一发现。在动物临床中，结合使用肠内和肠外营养，使总能量目标低于 RER 时，更有利于预后(Chan 等，2002)。因此，只要总能量目标不超过 RER，经 PN 补充营养可能对预后有积极作用。

最后，败血症的最佳营养支持方案应考虑的因素是日粮的营养组成。考虑到败血症出现的代谢变化，应该以脂肪作为优先的能量来源(Biolo 等，1997)。然而，败血症患病动物常见胃肠道动力紊乱(见第 17 章)，而高脂肪的日粮会延迟胃排空，引起患病动物不适，抑制食欲，加重呕吐和反流，进而增加吸入性肺炎的发生风险。从实际操作角度出发，用于犬猫康复期的肠内日粮通常是高脂肪的，以此来提高能量密度，因此这类食物并不适合败血症患病动物。临床兽医应该平衡考虑给予败血症患病动物高脂肪食物的益处和可能风险。

由于败血症患病动物的肌肉分解加快，蛋白质丢失过多（例如开放性腹腔引流、创伤引流），需要大量的蛋白质（Biolo 等，1997）（图 22.1）。虽然关于败血症犬猫蛋白质需要量的数据非常少，但是最新的指导量是犬 6 g/100 kcal（25% 总能量需要），猫 8 g/100 kcal（35% 总能量需要）（Michel 和 Eirmann，2014）。幸运的是，大多数用于犬猫康复期的食物蛋白质含量都很高。

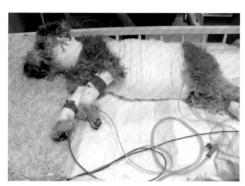

图 22.1 进行开放性腹腔引流的败血性腹膜炎患犬存在蛋白质渗出丢失，所以需要大量的蛋白质。这类患病动物的营养支持需要额外提供蛋白质。

败血症患病动物日粮中的碳水化合物同样非常重要。碳水化合物是方便易吸收的能量来源。需要密切监测发生高血糖的风险。尽管已研究过给人类败血症患者使用胰岛素强化治疗，但这种治疗方法仍存在争议，因为相比这种治疗方法的预后益处来说，带来的并发症更多（Song 等，2014）。迄今为止，也没有关于给败血症犬猫使用胰岛素强化治疗的研究。因此，并不推荐使用这种方法。然而，仍有必要避免出现高血糖症，所以应该考虑日粮中碳水化合物的合理含量。

在人类医学临床，给败血症患者使用免疫调节性营养素（如谷氨酰胺、ω-3 脂肪酸、核苷酸和抗氧化剂）（见第 18 章）的研究非常少，而且结果不一。在大多数研究中，败血症组的样本过小，无法评估潜在益处或有害影响（Kieft 等，2005；Heyland 等，2001；Montejo 等，2003）。一项总结了这些研究的荟萃分析提出，给败血症患者使用免疫调节性营养素可以降低死亡率，减少二次感染，缩短 ICU 住院时间。然而，在真正使用前，仍然需要前瞻性研究来证实这种治疗方法（Marik 和 Zaloga，2008）。一项小型前瞻性研究的数据最令人满意，在早期败血症患者的食物中添加 ω-3 脂肪酸和抗氧化剂，可以降低呼吸和心血管并发症（Pontes-Arruda 等，2011）。到目前为止，还没有关于在兽医临床使用免疫调节营养物质的研究，所以不推荐使用。

小结

因缺乏特定的证据，败血症患病动物的营养支持仍然是兽医临床的一个难题。目前，从其他物种的研究结果来看，最合理的建议是给败血症患病犬猫实行早期肠内饲喂、满足保守的能量目标和提供充足的蛋白质。迫切需要更多关于败血症患病动物的能量需要、营养物质需要和免疫调节性营养素对败血症患病动物作用的研究。

要 点

- 败血症是一种严重的、能够威胁生命的疾病过程，典型特征是暴发式的炎症反应，并发显著的能量和底物代谢紊乱。
- 治疗败血症患病动物时应考虑的重要方面是通过营养支持维持营养状况或逆转营养状况的恶化。
- 败血症患病动物的最佳营养方案还在不断更新，但重点仍为营养支持的方式、开始营养介入的时间和日粮的组成。
- 目前建议在患病动物心血管系统稳定后，再开始进行肠内营养支持。
- 对败血症患病犬猫的最佳日粮组成还没有定论，但是根据目前的证据，应让日粮含有限的脂肪（虽然没有限制），犬粮的蛋白质含量为 6 g/100 kcal，猫粮的蛋白质含量为 8 g/100 kcal。
- 还需要更多的研究评估是否需要给败血症患病犬猫的日粮添加免疫调节性营养素，所以目前并不推荐使用。

参考文献

Biolo, G., Toigo, G., Ciocchi, B. et al. (1997) Metabolic response to injury and sepsis: changes in protein metabolism. *Nutrition*, **13**, 52S-57S.

Brunetto, M.A., Gomes, M.O., Andre, M.R. et al. (2010) Effects of nutritional support on hospital outcome in dogs and cats. *Journal of Veterinary Emergency Critical Care*, **20**, 224-231.

Campbell, J.A., Jutkowitz, L.A., Santoro, K.A.,et al. (2010) Continuous versus intermittent delivery of nutrition via nasoenteric feeding tubes in hospitalized canine and feline patients: 91 patients (2002-2007). *Journal of Veterinary Emergency Critical Care*, **20**, 232-236.

Casaer, M.P., Mesotten, D., Hermans, G. et al. (2011) Early versus late parenteral nutrition in critically ill adults. *New England Journal of Medicine*, **365**, 506-517.

Chan, D.L., Freeman, L.M., Labato, M.A. et al. (2002) Retrospective evaluation of partial parenteral nutrition in dogs and cats. *Journal of Veterinary Internal Medicine*, **16**, 440-445.

Cohen, J. and Chin, W.D.M. (2013) Nutrition and Sepsis. *World Review of Nutrition Dietetics*, **105**, 116-125.

Dickerson, R.N. (2011) Optimal caloric intake for critically ill patients: First, do no harm. *Nutrition in Clinical Practice*, **26**, 48-54.

Galbán, C., Montejo, J.C., Mesejo, A., et al. (2000) An immune-enhancing enteral diet reduces mortality rate and episodes of bacteremia in septic intensive care unit patients. *Critical Care Medicine*, **28**, 643-648.

Hackndahl, N.H. and Hill, R.C. (2007) Enteral feeding in dogs with septic peritonitis (Abstract).

Journal of Veterinary Internal Medicine, **21**, 356.

Harvey, S.E., Parrott, F., Harrison, D.A., et al. (2014) Trial of the route of early nutritional support in critically ill adults. *The New England Journal of Medicine*, **371** (18), 1673-1684.

Heyland, D.K., Novak, F., Drover, J.W. et al. (2001) Should immunonutrition become routine in critically ill patients: a systematic review of the evidence. *Journal of the American Medical Association*, **286**, 944-953.

Kaur, N., Gupta, M.K. and Minocha, V.R. (2005) Early enteral feeding by nasoenteric tubes in patients with perforation peritonitis. *World Journal of Surgery*, **29**, 1023-1027.

Kieft, H., Roos, A.N., Van Drunen, J.D. et al. (2005) Clinical outcome of immunonutrition in a heterogeneous intensive care population. *Intensive Care Medicine*, **31**, 524-532.

Klaus, J.A., Rudloff, E. and Kirby, R. (2009) Nasogastric tube feeding in cats with suspected acute pancreatitis: 55 cases (2001-2006). *Journal of Veterinary Emergency and Critical Care*, **19**, 327-346.

Krenitsky, J. (2011) Glucose control in the intensive care unit: a nutrition support perspective. *Nutrition in Clinical Practice*, **26**, 31-43.

Leyba, C. O., Gonzalez, J.C.M. and Alonso, C.V. (2011) Guidelines for specialized nutritional and metabolic support in the critically-ill patient. Update. Consensus SEMICYUC-SENPE: Septic patient. *Nutricion Hospitalaria*, **26**, S67-S71.

Liu, D.T., Brown, D.C. and Silverstein, D.C. (2012) Early nutritional support is associated with decreased length of hospitalization in dogs with septic peritonitis: A retrospective study of 45 cases (2000-2009). *Journal of Veterinary Emergency Critical Care*, **22**, 453-459.

Mansfield, C.S., James, F.E., Steiner, J.M. et al. (2011) A pilot study to assess tolerability of early enteral nutrition via esophagostomy tube feeding in dogs with severe acute pancreatitis. *Journal of Veterinary Internal Medicine*, **25**, 419-425.

Marik, P.E. (2005) Nutritional support in patients with sepsis. in (eds R.H. Rolandelli, R. Bankhead, J.I. Boullata, J.I. et al.) *Clinical Nutrition: Enteral and Tube Feeding*. 4th edn, Elsevier Saunders, Philadelphia, pp. 373-380.

Marik, P.E. and Zaloga, G.P. (2008) Immunonutrition in critically ill patients: a systematic review and analysis of the literature. *Intensive Care Medicine*, **34**, 1980-1990.

Michel, K.E. and Eirmann, L. (2014) Parenteral nutrition. in *Small Animal Critical Care Medicine*, 2nd edn, (eds D.C. Silverstein and K. Hopper) Elsevier Saunders, St Louis, pp. 687-690.

Mohr, A.J., Leisewitz, A.L., Jacobson, A.S. et al. (2003) Effect of early enteral nutrition on intestinal permeability, intestinal protein loss, and outcome in dogs with severe parvoviral enteritis. *Journal of Veterinary Internal Medicine*, **17**, 791-798.

Montejo, J.C., Zarazaga, A., Lopez-Martinez, J. et al. (2003) Spanish society of Intensive Care Medicine and Coronary Units. Immunonutrition in the intensive care unit. A systematic review and consensus statement. *Clinical Nutrition*, **2**, 221-233.

O' Toole, E., Miller, C.W., Wilson, B.A. et al. (2004) Comparison of the standard predictive equation for calculation of resting energy expenditure with indirect calorimetry in hospitalized and healthy dogs. *Journal of American Veterinary Medical Association*, **225**, 58-64.

Pontes-Arruda, A., Martins, L. F., de Lima, S.M. et al. (2011) Enteral nutrition with eicosapentaenoic acid, gamma-linolenic acid and antioxidants in the early treatment of sepsis: results from a multicenter, prospective, randomized, double-blinded, controlled study: The INTERSEPT study. *Critical Care*, **15**, R144. doi: 10.1186/cc10267.

Polk, T.M. and Schwab, C.W. (2011) Metabolic and nutritional support of the enterocutaneous fistula patient: a three-phased approach. *World Journal of Surgery*, **36**, 524-533.

Pyle, S.C., Marks, S.L., Kass, P.H. et al. (2004) Evaluation of complication and prognostic factors associated with administration of parenteral nutrition in cats: 75 cases (1994-2001). *Journal of the American Veterinary Medical Association*, **225**, 242-250.

Shaw, J.H. and Wolfe, R.R. (1984) A conscious septic dog model with hemodynamic and metabolic responses similar to responses of humans. *Surgery*, **95**, 553-561.

Song, F., Zhong, L.J., Han, L. et al. (2014) Intensive insulin therapy for septic patients: a meta-analysis of randomized controlled trials. *Biomedical Research International*, 698265.

Stappleton, R.D., Jones, N. and Heyland, D.K. (2007) Feeding critically ill patients: What is the optimal amount of energy? *Critical Care Medicine*, **35**, S535–S540.

Yuan, Y., Ren, J., Gu, G. et al. (2011) Early enteral nutrition improves outcomes of open abdomen in gastrointestinal fistula patients complicated with severe sepsis. *Nutrition in Clinical Practice*, **26**, 688–694.

Zaloga, G.P., Roberts, P.R. and Marik, P. (2003) Feeding the hemodynamically unstable patient: a critical evaluation of the evidence. *Nutrition in Clinical Practice*, **18**, 285–293.

第23章
急性胰腺炎的营养支持

Kristine B. Jensen[1] 和 Daniel L. Chan[2]

1 Djursjukhuset Malmö, Cypressvägen Malmö, Sweden
2 Department of Veterinary Clinical Sciences and Services, The Royal Veterinary College, University of London, UK

简介

急性胰腺炎(acute pancreatitis, AP)是犬猫的常见疾病。虽然大多数AP病例是轻度且具有自限性的，但某些病例会出现全身性并发症，并可能死亡。该病的诊断较为复杂，对猫而言更是如此，多种因素决定治疗能否成功。AP患者和患病动物的试验和临床数据都说明了营养管理具有重要的治疗意义(Mansfield等，2011；Qin等，2007；Petrov、Kukosh和Emelyanov，2006)。尽管并不明确犬猫AP的最佳营养管理方案，有待进一步研究，但与之前的认知不同，应更早地为大多数患者提供肠内营养(enteral nutrition, EN)。虽然肠外营养支持(parenteral nutritional support, PN支持)不再是必须的，但是当出现EN不耐受时，仍需要使用PN。

病理生理学

目前并未完全明确AP的潜在病理生理机制，但已知涉及两个关键变化：溶酶体功能异常导致的腺泡细胞内集聚空泡和腺泡内胰蛋白酶原等消化酶活化异常(Gukovskaya和Gukovsky，2012；Gukovsky、Pandol和Gukovskaya，2011)。这两种情况会导致胰腺腺泡细胞内的无活性的酶原和溶酶体蛋白酶相互作用，活化胰蛋白酶，从而将其他酶原激活为活化酶。活化的胰酶释放到胰腺中，紧接着便出现炎症反应。

营养管理方案

经典的 AP 营养方案的理论前提是：禁食可以减少胰腺刺激和胰酶释放，从而减轻胰腺的自体消化(Simpson 和 Lamb，1995；Williams，1995)。但是，目前已明确胰腺炎的触发因素是蛋白水解酶在细胞内的提前活化，而不是胰腺刺激。通过禁食来减轻胰腺刺激可能是没有依据的，这种方式不仅会造成营养不良，可能还会潜在地损害胃肠道屏障功能，从而恶化病情(Nathens 等，2004；Ioannidis、Lavrentieva 和 Botsios，2008；Curtis 和 Kudsk，2007)。在试验性啮齿动物模型和自然发病的人的研究中，已经证实在患胰腺炎期间，胰腺的外分泌功能会降低，且炎症越严重下降的幅度越大(Niederau 等，1990；O'Keefe 等，2005)。由此，更加肯定应该考虑给 AP 患病动物提供特殊的营养支持。

急性胰腺炎期间的肠内营养

人类医学已证实营养支持对 AP 患者的治疗具有至关重要的作用。EN 会刺激胰腺分泌，恶化炎症反应和延迟康复，以此为理论基础，多年来都将 PN 当作胰腺炎的标准治疗措施。但最近的人类医学研究数据表明相较于 PN，EN 的耐受度更高，更为安全，相应的并发症更少，某些研究显示 EN 还可提高存活率(Petrov 等，2006；Spanier、Bruno 和 Mathus-Vliegen，2011；Guptaa 等，2003)。近年来，EN 已经成为 AP 患者营养治疗的新的金标准(Petrov 等，2006；Spanier 等，2011；Guptaa 等，2003；McClave，2004；Gianotti 等，2009)。目前也已达成共识，应尽早启动 EN 治疗(诊断后的 48 h 内启动最为理想)(Nathens 等，2004；Gionotti 等，2009)。

虽然前瞻性评估 AP 患病犬猫的 EN 耐受情况的研究有限，但有越来越多的证据支持给 AP 患病犬猫使用 EN。一项犬的诱导性 AP 的试验研究对比了早期空肠营养与 PN 的疗效，结果表明与 PN 组相比，早期空肠营养并不会影响血清淀粉酶浓度和溶酶体酶活性(Qin 等，2007；Qin 等，2002)。另外，与 PN 组相比，早期空肠营养组的血浆内毒素水平和细菌易位程度显著降低(Qin 等，2007；Qin 等，2002)。使用组织病理学方法评估回肠和横结肠的肠绒毛高度、黏膜和肠壁厚度，发现空肠营养组的肠道屏障也有所改善。这些研究者的其他研究评估了许多肠道激素对胰腺的激活作用。之前的理论假定胰腺炎时胰酶释放增多会引发胰腺的自体消化，但他们发现胃肠道激素水平升高不会引发胰酶释放增多（Qin 等，2003）。

最近的一项小型研究评估了 AP 患犬对幽门前 EN 的耐受性，与 PN 组相比，EN 组并没有出现疼痛加重或呕吐的情况（Mansfield 等，2011）。PN 组患犬出现呕吐和反流的频率高于 EN 组，这可能是由于 EN 可以改善肠道健康，减少肠梗阻和呕吐。另外，未发现 EN 组出现腹痛恶化的证据。但是，由于样本量太小（每组仅 5 只犬），应进行进一步研究来证实上述结果。

一项回顾性研究评估了鼻-胃饲管（nasogastric，NG）在 55 只 AP 患猫的使用效果。除了评估患猫接受或未接受一种氨基酸-葡萄糖液体的效果差异，这项研究还比较了一次性大量饲喂或恒速饲喂的效果（Klaus、Rudloff 和 Kirby，2009）。在这项研究中，NG 饲喂耐受性较好，并且饲喂前后的临床表现（包括呕吐频率、腹泻和过度流涎的发生率）在组间无显著差异。并发症一般是轻度的，且并发症的发生率较低。根据大量的人类医学研究结果和动物的临床及试验性研究结果，在可能的情况下，应考虑通过 EN 饲喂 AP 患病动物。

饲管及其通路

考虑到在 AP 患病动物的管理中 EN 会发挥重要作用，并且给动物单纯提供食物或诱食的可靠性较差，因此通常需要使用更有效的营养支持方式。饲管是一种有效的营养支持方式，有几种饲管可供选择。本书的其他章节（见第 4~6 章）讨论了各种饲管的选择和放置方法。

在局部麻醉的情况下，就可以放置鼻饲管，并不需要全身麻醉。因此，对于严重虚弱、不适合全身麻醉的患病动物，这是一种进行短期营养支持的适当方法。鼻饲管最主要的劣势是饲管直径过小，这意味着饲管容易堵塞，只能饲喂肠内营养流食。此外，目前已有的处方流食的脂肪含量相对较高（如占总能量的 45%），以此来增加能量密度，这并非伴发高脂血症的胰腺炎患犬的理想选择。虽然有部分人用流食的脂肪含量较低，但是这类食物所含的氨基酸种类不能全面满足动物的需要（特别是猫的需要），除非补充各种氨基酸（如精氨酸），否则并不适用于兽医临床。

虽然放置食道造口饲管需要短时间全身麻醉，但这对大多数体型的犬猫都是一个很好的选择，不仅可以饲喂全价流食，也允许根据个体情况更好地选择食物（如低脂食物）（图 23.1）。最近的一项研究表明犬患急

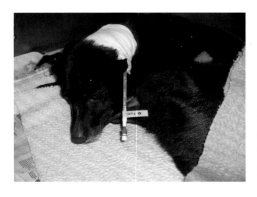

图 23.1 一只患急性胰腺炎的犬在接受使用食道造口饲管的营养支持。早先推荐让胰腺炎患病动物进行"肠道休息",现在则推荐使用早期肠内饲喂。

性 AP 时,通过食道造口饲管饲喂低脂日粮产品的效果很好(Mansfield 等,2011)。患病动物需要手术治疗时(如胰腺脓肿),放置胃造口饲管或空肠造口饲管可以确保给予患病动物肠内营养(见第 7 章)。两项回顾性兽医研究描述了手术干预治疗犬猫 AP 时空肠造口饲管的应用情况(Son 等,2010;Thompson、Seshadri 和 Raffe,2009)。这些研究评估了并发症和潜在的预后因子,但是并未详细描述与空肠造口饲管相关的并发症。

给犬放置鼻-空肠饲管时,透视法或内窥镜是一种侵入性最小的技术,但是并未得到广泛性应用(Papa 等,2009;Beal 和 Brown,2011)。空肠放置饲管的成功率可达 74%～78%,一项研究显示成功率甚至可达 100%,这个结果表明随时间发展这项技术会更加成熟。放置鼻-空肠饲管的主要并发症是饲管移位(少于 1/3 的病例)。一项研究提到使用透视引导为患犬放置鼻-空肠饲管的主要适应症是 AP(Beal 和 Brown,2011)。建议采用缓慢恒速输注流食的方式("缓慢饲喂"),因此空肠造口饲管仅适用于住院动物。

肠外营养

患病动物患严重 AP,表现顽固性呕吐且不能耐受 EN 时,肠外营养是预防营养不良的重要治疗方式,具体细节见其他章节(见第 11 章)。配制 PN 溶液需要专门的技术,只能在转诊中心开展,但是普通诊所可使用现成的用于 PN 的氨基酸/葡萄糖溶液,直到动物可以耐受放置饲管或主动进食(Gajanayake、Wylie 和 Chan,2013)。给 AP 试验性动物模型单纯使用 PN 时,出现了高感染风险和肠道萎缩,随后细菌易位和败血症风险也升高(Alverly、Ayos 和 Moss,1988)。但是,并没有临床调查表明给犬猫使用 PN 会导致感染或败血症的风险升高。在唯一一项给AP患犬使用PN的研究中，并未发现患犬出现败血性并发症（Freeman等，1995）。虽然在治疗初始阶段，大多数被安排接受肠外营养的动物表现不耐受EN，但是许多动物其实可以耐受定时的缓慢饲喂，并可逐步由PN过渡到EN。这有助于维持肠道完整性和功能。应尽可能早地进行肠内饲喂，建议在开始PN的24 h内就启动EN。已有证据表明早期的肠内饲喂可以使胃肠道动力尽早恢复，并终止呕吐（Wernerman，2005）。最新的研究发现危重病人进入ICU病房后，在前7天内进行PN可能是有害的，因此目前对开始PN的时间仍有争议（Casaer等，2011）。在兽医领域，并没有关于PN或PN联合EN的开始时间的相关研究，因此仍不能确定PN的启动时间，但关于PN的大多数研究的启动时间通常为住院的前3天（Chan等，2002；Gajanayake等，2013）。

使用PN时，关键步骤是选择或配制合适的营养液，这需要考虑患病动物的能量需求和可能存在的并发症。人用的PN溶液产品无法满足动物的需求，无法提供足够的营养支持（Campbell、Karriker和Fascetti，2006）。三合一PN溶液的主要能量来源是脂肪，但目前并没有证据证实高脂肪含量的PN不利于犬猫胰腺炎的管理控制。未出现高脂血症的急性胰腺炎患病动物可很好耐受高脂肪配方（Campbell等，2006）。目前仍不明确适用于胰腺炎和高甘油三酯血症患犬的理想溶液类型。

选择日粮的注意事项

进行肠内饲喂时，应选择一种合适的日粮。关于日粮对疾病进程影响的兽医研究较少，但通常推荐给患胃肠道疾病的动物饲喂易消化的日粮。多年来的共识是禁止给胰腺炎患病动物饲喂高脂食物，但是并未明确高脂食物和自然发生的胰腺炎之间的关系。某些品种的犬易患高甘油三酯血症，已证实这是胰腺炎的诱发因素之一，因此给这类患病动物饲喂限制脂肪含量的日粮有利于治疗胰腺炎（Verkest等，2008；Fleeman，2010）。虽然犬慢性胰腺炎的重要管理措施是限制日粮脂肪含量，但AP患犬未发生高甘油三酯血症时，限制脂肪的效果并不清楚。

猫的饮食需求与犬的差别显著，特别是对日粮的脂肪和蛋白质的需求方面，猫更易发生碳水化合物不耐受。猫对蛋白质的需求量很高，在饥饿期间更易出现蛋白质能量不足和肌肉丢失。猫可以消化和利用大量脂肪，目前并没有证据支持需要限制胰腺炎患猫的日粮脂肪含量。在一项给 AP 患猫使用鼻饲的回顾性研究中，猫可以耐受饲喂高脂（饲喂总能量的 45%）流食（Klaus 等，2009）。

免疫营养的新功能

人类医学目前认为在 AP 的代谢、炎症和免疫过程中，谷氨酰胺、精氨酸和脂肪酸等营养物质发挥着重要作用，现在常给危重患者（包括胰腺炎患者）使用这些特殊的营养物质。这些营养物质有多种益处，发生并发症的风险较小（Cetinbas、Yelken 和 Gulbas，2010；Ockenga 等，2002）。免疫营养的作用见第 18 章，而在 AP 的管理中，谷氨酰胺补充剂有特别作用，故在此处进行进一步的简短讨论。

谷氨酰胺是血浆中含量最高的氨基酸，在各种生理过程中都发挥着重要作用。胰腺的蛋白质转化率较高，给动物补充谷氨酰胺可以阻止胰腺腺泡细胞萎缩，改善胰腺外分泌功能及危重疾病的预后（Fan 等，1997；Helton 等，1990；Zou 等，2010；Belmonte 等，2007）。给患 AP 的人使用富含谷氨酰胺的 PN 溶液，可以显著改善 C- 反应蛋白（C-reactive protein，CRP）水平，降低患者对 PN 的依赖，减少感染性并发症和住院时长（Ockenga 等，2002）。谷氨酰胺在溶液中相对不稳定，通常需要使用二肽以维持稳定性，因此给予含有谷氨酰胺的 PN 是有难度的（Khan 等，1991）。在兽医领域，PN 溶液的常规配方中不含谷氨酰胺，没有评估谷氨酰胺对胰腺炎患病动物效果的文献。荟萃分析显示给危重患病动物使用可提高免疫力的日粮，可缩短住院时间，并降低感染率，且不会增加死亡率，是一种安全的治疗方式（Galban 等，2003）。但是，最近的一项大型多中心前瞻性安慰剂对照临床试验意外发现一种统计趋势，给危重患者使用谷氨酰胺和抗氧化剂时，存在更高的死亡风险（Heyland 等，2013）。这个试验的目标人群（即进行机械通气的休克病人）与胰腺炎患者有较大差别，这点值得注意。无论如何，这项最新的高品质研究的重大发现增加了人们对所有患者均采取这一治疗方式的合理性的疑问。目前仍未确定引起死亡率上升的确切的因果关系。

监测和并发症

采用何种饲喂方式决定了接受营养支持的 AP 患者的监测方式。所有不同类型的营养支持的监测要点都包括食物的耐受性以及代谢性、机械性和败血性并发症。目前并不明确是否需要连续监测犬胰脂肪酶样免

疫反应性 (canine pancreatic lipase immunoreactivity, cPLI), 以及连续监测是否有助于判断胰腺炎的转归情况。不同饲喂技术的监测要点请参考本书其他章节。

小结

越来越多的证据显示除了为 AP 患者提供能量和营养外, 早期的 EN (诊断出胰腺炎后的 48 h 内) 还可改善疾病预后。目前认为成功管理 AP 的关键和不可或缺的因素是营养支持。即使在兽医领域, 给危重 AP 患病动物使用肠内饲喂, 也是一种安全、有效和耐受良好的营养支持方式。给犬猫使用饲管是有效和安全的, 除非有特殊的禁忌症。目前尚未明确理想日粮的具体组分, 但是使用犬猫恢复期日粮的效果通常良好。对于大多数患病动物, 不需要禁止饲喂高脂日粮。尽管越来越多的证据显示管理 AP 患病动物时, 可有效使用 EN, 但仍有一部分动物无法耐受 EN, 需要使用某些形式的 PN。

要 点

- 营养支持是急性胰腺炎患病动物管理的重要组成部分。
- 应尝试饲喂所有心血管系统稳定的患病动物, 除非动物不耐受肠内饲喂, 否则不考虑使用 PN。
- 给急性胰腺炎患病动物提供营养支持时, 放置饲管应作为标准操作。
- 在急性胰腺炎患病动物的管理中, 肠外营养仍有一席之地, 但只应用于无法耐受肠内营养的患病动物。

参考文献

Alverdy, J., Ayos, E, and Moss, G. (1988) Total parenteral nutrition promotes bacterial translocation from the gut. *Surgery*, **104**, 185-190.

Beal, M.W. and Brown, A.J. (2011) Clinical experience utilizing a novel fluoroscopic technique for wire-guided nasojejunal tube placement in the dog: 26 cases (2006-2010). *Journal of Veterinary Emergency and Critical Care*, **21**, 151-157.

Belmonte, L., Coëffier, M, Le Pessot, F. et al. (2007) Effects of glutamine supplementation on gut barrier, glutathione content and acute phase response in malnourished rats during inflammatory shock. *World Journal of Gastroenterology* **13**, 2833-2840.

Casaer, M.P., Mesotten, D., Hermans, G. et al. (2011) Early versus Late Parenteral Nutrition in Critically Ill Adults. *New England Journal of Medicine*, **365**, 506-517.

Campbell, S.J., Karriker, M.J. and Fascetti, A.J. (2006) Central and peripheral parenteral nutrition. *Waltham Focus*, **16**, 22-30.

Cetinbas, F., Yelken, B. and Gulbas, Z. (2010) Role of glutamine administration on cellular immunity after total parenteral nutrition enriched with glutamine in patients with systemic inflammatory response syndrome. *Journal of Critical Care*, **25**, 61.e1-e6.

Chan, D.L., Freeman, L.M., Labato, M. et al. (2002) Retrospective evaluation of partial parenteral nutrition in dogs and cats. *Journal of Veterinary Internal Medicine*, **16**, 440-445.

Curtis, C.S. and Kudsk, K.A. (2007) Nutrition Support in Pancreatitis. *Surgical Clinics of North America*, **87**, 1403-1415.

Fan, B., Salehi, A., Sternby, B. et al. (1997) Total parenteral nutrition influences both endocrine and exocrine function of rat pancreas. *Pancreas*, **15**, 147-153.

Fleeman, L.M. (2010) Is hyperlipidemia clinically important in dogs? *Veterinary Journal*, **183**,10.

Freeman, L., Labato, M., Rush, J. et al. (1995) Nutritional support in pancreatitis: a retrospective study. *Journal of Veterinary Emergency Critical Care*, **5**, 32-41.

Gajanayake, I., Wylie, C.E. and Chan, D.L. (2013) Clinical experience with a lipid-free, ready-made parenteral nutrition solution in dogs: 70 cases (2006-2012). *Journal of Veterinary Emergency Critical Care*, **23**. doi: 10.1111/vec.12029.

Galbán, C., Montejo, J., Mesejo, A. et al. (2003) An immune-enhancing enteral diet reduces mortality rate and episodes of bacteremia in septic intensive care unit patients. *Critial Care Medicine*, **28**, 643-648.

Gianotti, L,, Meier, R,, Lobo, D.N. et al. (2009) ESPEN Guidelines on Parenteral Nutrition: Pancreas. *Clinical Nutrition*, **28**, 428-435.

Gukovskaya AS, Gukovsky I. (2012) Autophagy and pancreatitis. *American Journal of Physiology,Gastrointestinal Liver Physiology*, **303**, 993-1003.

Gukovsky, I,, Pandol, S.J., Gukovskaya, A.S. (2011) Organellar dysfunction in the pathogenesis of pancreatitis. *Antioxidant Redox Signalling*, **15**, 2699-2710.

Guptaa, R., Patela, K,, Calderb, P.C. et al. (2003) A randomised clinical trial to assess the effect of total enteral and total parenteral nutritional support on metabolic, inflammatory and oxidative markers in patients with predicted severe acute pancreatitis (APACHE II ⩾ 6).*Pancreatology*, **3**, 406-413.

Helton, W., Jacobs, D., Bonner-Weir, S., et al. (1990) Effects of glutamine-enriched parenteral nutrition on the exocrine pancreas. *Journal of Parententeral Enteral Nutrition*, **14**, 344-352.

Heyland, D., Muscedere, J., Wischmeyer, P.E. et al. (2013) A randomized trial of glutamine and antioxidants in critically ill patients. *New England Journal of Medicine*, **368**, 1489-1497.

Ioannidis, O,, Lavrentieva, A. and Botsios, D. (2008) Nutrition support in acute pancreatitis. *Journal of the Pancreas*, **9**, 375-390.

Khan, K,, Hardy, G,, McElroy, B, et al. (1991) The stability of L-glutamine in total parenteral nutrition solutions. *Clinical Nutrition*, **10**, 193-198.

Klaus, J., Rudloff, E. and Kirby, R. (2009) Nasogastric tube feeding in cats with suspected acute pancreatitis: 55 cases (2001-2006). *Journal of Veterinary Emergency Critical Care*, **19**, 337-346.

Mansfield, C.S., James, F.E., Steiner, J.M. et al. (2011) A pilot study to assess tolerability of early enteral nutrition via esophagostomy tube feeding in dogs with severe acute pancreatitis.*Journal of Veterinary Internal Medicine* **25**, 419-425.

McClave, S.A. (2004) Defining the new gold standard for nutritional support in acute pancreatitis. *Nutrition Clinical Practice*, **19**,1-4.

Nathens, A.B., Curtis, J.R., Beale, R.L. et al. (2004) Management of the critically ill patient with severe acute pancreatitis. *Critical Care Medicine*, **32**, 2524-2536.

Niederau, C., Niederau, M., Lüthen, R., et al. (1990) Pancreatic exocrine secretion in acute experimental pancreatitis. *Gastroenterology*, **99**, 1120-1127.

O'Keefe, S.J.D., Lee, R.B., Li, J. et al. (2005) Trypsin secretion and turnover in patients with acute pancreatitis. *American Journal Physiology, Gastrointestinal Liver Physiology*, **289**, 181-187.

Ockenga, J., Borchert, K., Rifai, K. et al. (2002) Effect of glutamine-enriched total parenteral nutrition in patients with acute pancreatitis. *Clinical Nutrition*, **21**, 409-416.

Pápa, K., Psáder, R., Sterczer. A. et al. (2009) Endoscopically guided nasojejunal tube placement in dogs for short-term postduodenal feeding. *Journal of Veterinary Emergency Critical Care*, **19**,554-563.

Petrov, M., Kukosh, M. and Emelyanov, N. (2006) A randomized controlled trial of enteral versus parenteral feeding in patients with predicted severe acute pancreatitis shows a significant reduction in mortality and in infected pancreatic complications with total enteral nutrition. *Digestive Surgery*, **23**, 336-345.

Qin, H.L., Su, Z.D., Gao, Q., et al. (2002) Early intrajejunal nutrition: bacterial translocation and gut barrier function of severe acute pancreatitis in dogs. *Hepatobiliary Pancreatic Disease International*, **1**, 150-154.

Qin, H.L., Su, Z.D., Hu, L.G., et al. (2007) Effect of parenteral and early intrajejunal nutrition on pancreatic digestive enzyme synthesis, storage and discharge in dog models of acute pancreatitis. *World Journal of Gastroenterology*, **13**, 1123-1128.

Qin, H.L., Su, Z.D., Hu, L.G. et al. (2003) Parenteral versus early intrajejunal nutrition: effect on pancreatitic natural course, entero-hormones release and its efficacy on dogs with acute pancreatitis. *World Journal of Gastroenterology*, **9**, 2270-2273.

Simpson, K, and Lamb, C. (1995) Acute pancreatitis. *In Practice*, **17**, 328-337.

Spanier, B.W.M., Bruno, M.J. and Mathus-Vliegen, E.M.H. (2011) Enteral nutrition and acute pancreatitis: a review. *Gastroenterology Research Practice*, **9**,10-12.

Son, T.T., Thompson, L., Serrano, S. et al. (2010) Surgical intervention in the management of severe acute pancreatitis in cats: 8 cases (2003-2007) *Journal of Veterinary Emergency Critical Care*, **20**, 426-435.

Thompson, L.J., Seshadri, R. and Raffe, M.R. (2009) Characteristics and outcomes in surgical management of severe acute pancreatitis: 37 dogs (2001-2007). *Journal of Veterinary Emergency Critical Care*, **19**, 165-173.

Verkest, K., Fleeman, L., Rand, J. et al. (2008) Subclinical pancreatitis is more common in overweight and obese dogs if peak postprandial triglyceridemia is >445 mg/dL. *Journal of Veterinary Internal Medicine*, **22**, 820.

Wernerman, J. (2005) Guidelines for nutritional support in intensive care unit patients: a critical analysis. *Current Opinion in Clinical Nutrition Metabolism Care*, **8**, 171-175.

Williams, D.A. (1995) Diagnosis and management of pancreatitis. *Journal of Small Animal Practice*, **35**, 445-454.

Zou, X., Chen, M., Wei, W. et al. (2010) Effects of enteral immunonutrition on the maintenance of gut barrier function and immune function in pigs with severe acute pancreatitis. *Journal of Parenteral and Enteral Nutrition*, **34**, 554-566.

第 24 章
机械通气患病小动物的营养支持

Daniel L. Chan

Department of Veterinary Clinical Sciences and Services, The Royal Veterinary College, University of London, UK

简介

长期(如 > 24 h)机械通气的患病小动物需要一系列的支持疗法(包括营养支持),才能保证治疗成功率,解决潜在疾病。保持营养状态对维持患病动物的免疫功能、伤口愈合以及肌肉功能有很重要的作用,并决定动物最后能否成功脱离机械通气。大部分呼吸肌属于骨骼肌,而营养不良对骨骼肌有负面影响。长期经机械通气的患病动物若发生营养不良,会导致肌肉无力、易疲劳和持久力下降,使动物更难脱离机械通气。呼吸功能下降会增加呼吸肌的做功,增加能量需求,进一步恶化分解代谢(Ravasco 和 Camilo,2003;Doley、Mallampalli 和 Sandberg,2011)。

让患者尽早(即住院 2 天内)接受营养支持,可降低发生院内感染的风险,减少机械通气的时间,提高整体疗效(Artinian、Krayem 和 Di Giovine,2006;Strack van Schijndel 等,2009;Reignier,2013)。但给此类患病动物提供营养支持的难度很高,需要采取一系列措施减少并发症的发生风险。需要考虑的问题包括何时开始提供营养支持、饲喂途径、日粮的成分以及其他可能影响营养管理的因素。为机械通气患病动物提供营养支持时,主要困难是动物不耐受肠内饲喂,保持气道通畅具有难度,以及实际上多数需要机械通气动物的心血管系统状态并不稳定。因此,应优先给可以立即受益的患病动物提供营养支持。心血管系统不稳定是肠内饲喂的一种相对禁忌症,很多机械通气的动物并不适合进行肠内饲喂(图 24.1)。人类医学的治疗原则建议在机械通气的第 3 天就开始给病人提供肠内营养,最近的研究则强调在机械通气 24 h 后,就应开始进食(Parrish 和 McCray,2003;Doley 等,2011)。

危重患病动物常常存在胃肠道动力紊乱,需要一系列的药物及营养对策来控制这些并发症(详见第 17 章)。此外,其他因素也会加大接受机械通气患病动物的营养支持难度。例如,机械通气动物食道的推进收缩频率、幅度及范围都会降低(Kölbel 等,2000)。这也解释了为何此类

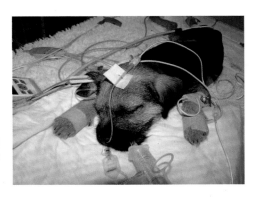

图 24.1 通常不会优先考虑机械通气患病动物的营养支持，但早期启动肠内营养或许对这类患病动物有益。

动物的食道容易积液，并引发反流。在食道动力紊乱引发的问题里，最令人担忧的是胃食道反流、食道炎以及继发的误吸（Nind 等，2005）。

人类危重患者常发生胃肠道不耐受，主要表现为胃残余量（gastric residual volume，GRV）升高（Mentec 等，2001）。已发表的人类喂食方案已尝试确定停止喂食的 GRV 阈值，并推荐了 GRV 的评估频率（Barr 等，2004）。若每次通气 GRV 达到 120～500 mL（假设是一位体重 70 kg 的成年人，则 GRV 为 1.7～7.1 mL/kg），则为超过阈值（Soroksky 等，2010）。GRV 阈值过低时，则难以实现肠内营养，主要原因包括需要频繁评估 GRV，未确定胃肠道容量、限制喂食量和喂食速度，最终导致总体能量摄入下降，无法达到能量目标值，增加肠外营养（肠外营养会对疗效产生负面影响）（Mentec 等，2001；McClave 等，1999）。最近，越来越多的数据质疑 GRV 的升高和吸入性肺炎之间的相关性，以及一天内多次检查 GRV 的必要性（McClave 等，2005；Soroksky 等，2010；Marik，2014）。根据这些数据，部分作者建议当 GRV 未超过 500 mL 时，不需要调整肠内喂食量，同时应减少 GRV 的测定次数，可减至一天一次或完全不检查（Soroksky 等，2010；Reignier 等，2013）。遗憾的是，在兽医领域，目前并没有关于机械通气动物的 GRV 以及饲喂风险的数据信息。一些作者（Haskins 和 King，2004）建议每次饲喂前均要检查 GRV，且 GRV 不能超过 10 mL/kg。尽管这些要求似乎合乎情理，但目前并没有数据证实这样的要求是必需的。Holahan 等（2010）并未发现经鼻-胃饲管饲喂的犬的 GRV 与胃肠并发症之间存在相关性，而研究中部分犬的 GRV 已＞200 mL/kg，但不知道这些犬是否处于机械通气状态。这些危重患犬的 GRV 中位数值（范围）是 4.5 mL/kg（0～213 mL/kg）（Holahan 等，2010）。人类医学的治疗指南（Bankhead 等，2009）指出除非 GRV＞500 mL（若是一位体重 70 kg 的成年人，则 GRV 约为 7 mL/kg），否则不应停止肠内喂食。因此给患病动物设定一个类似的 GRV 数值是比较明智的,若患病动物的 GRV> 10 mL/kg,则应使用促胃肠蠕动药物(详见第 17 章),并暂时停止饲喂。

营养管理方案

在人类医学领域,给予肠内营养的方式有经鼻-胃饲管或鼻-空肠饲管喂食。若患者的吸入性肺炎风险较高、不耐受胃饲管或多次发生高 GRV 时,推荐使用鼻-空肠饲管(McClave 等,2009)。遗憾的是,在兽医领域几乎没有关于机械通气患病小动物的营养支持数据。在有关动物的机械通气的临床研究、辅助饲喂和肠外营养的资料内,仅极简短地提到那些机械通气患病动物接受了某种形式的营养支持(King 和 Hendricks,1994;Reuter 等,1998;Beal 等,2001;Chan 等,2002;Pyle 等,2004;Lee 等,2005;Armitage-Chan、O'Toole 和 Chan,2006;Crabb 等,2006;Hopper 等,2007;Campbell 等,2010;Holahan 等,2010;Hoareau、Mellems 和 Silverstein,2011;Rutter 等,2011;Gajanayake、Wylie 和 Chan,2013;Queau 等,2013;Yu 等,2013;Edwards 等,2014)。根据可获取的信息,目前可以明确的是在某些研究中,只有部分(40%~50%)机械通气的患病动物接受了营养支持,且大部分(高达 38%)接受的是肠外营养,而接受肠内营养的动物中,由于发生反流、高 GRV 和异物性肺炎,不得不停止进行肠内营养支持的患病动物高达 60%(Hopper 等,2007;Rutter 等,2011)。因此,仅能依据其他物种的数据外推获得机械通气小动物的饲喂推荐。

首先需考虑启动营养支持的最佳时机。应根据营养评估(见第 1 章)以及动物的营养状态来决定营养支持的紧迫性。与其他危重患病小动物一样,仅当患病动物的心血管系统稳定后,才能给予营养支持;但应在进行机械通气后的 48~72 h 内,就考虑给予营养支持。避免给机械通气的动物进行肠内饲喂似乎合乎情理,但仅在出现肠内饲喂的禁忌症,如持续性呕吐或反流时,才使用肠外营养(见第 11 章)。可用于机械通气患病动物肠内营养的装置包括鼻-胃饲管(第 4 章)、食道造口饲管(第 5 章)、胃造口饲管(第 6 章)和鼻-空肠饲管(第 8 章)。鼻-胃饲管适用于大部分机械通气患病动物,但某些患病动物可能更适合使用置于幽门后的饲管。肠内饲喂可以是连续的或者间歇的,二者的并发症发生率无明显差异(Holahan 等，2010；Campbell 等，2010；Yu 等，2013)。

目前仍缺乏机械通气小动物的最优能量摄取量和日粮成分的相关数据。过度饲喂尤其是碳水化合物摄取过量会引起一系列并发症，如产生过多的二氧化碳和高血糖症，这分别会引发呼吸做功增加(使患病动物更难脱离呼吸机)和胃肠道动力紊乱。与其他危重患病动物一样，可设定机械通气动物的目标能量摄入量为 80%～100% 静息能量需求(resting energy requirement，RER)，且首日摄入量不应超过 50% RER。

人类医学的数据表明，食用富含 ω-3 脂肪酸和抗氧化剂的肠内食物，对急性肺损伤和急性呼吸窘迫综合征的患者有益(Gadek 等，1999；Singer 等，2006；Pontes-Arruda、Aragao 和 Albuquerque，2006)。在兽医领域尚无相关的数据，需进行更多研究证实。高热量的流食适用于大部分患病动物。

监测和并发症

一般需要密切监护机械通气的动物。实行营养支持后，应评估患病动物的营养状态，是否耐受肠内饲喂(包括是否出现反流或呕吐的症状)，是否出现腹围增大和 GRV 是否过高。与其他危重患病动物一样，也需要频繁评估机械通气动物的生化以及血气指标。

小结

需要进行机械通气的患病动物往往处于危重状态，病情复杂，诊治的兽医团队需要面对一系列的挑战。针对机械通气动物的营养管理方案的基本内容包括何时启动营养支持，采取何种营养支持方式，制定目标能量摄入量，选择合适的日粮成分，以及密切监测饲喂耐受度。

要点

- 为保证控制和解决机械通气患病小动物的潜在疾病，需要采取一系列支持措施(包括营养支持)。
- 保持营养状态良好，对维持免疫功能、伤口愈合以及肌肉功能是非常重要的，有助于动物成功脱离呼吸机。
- 给机械通气患病动物提供营养支持富有挑战性，可能的必要措施包括使用促胃肠蠕动药物和放置鼻-胃饲管或鼻-空肠饲管。
- 进行营养支持应考虑的因素包括何时启动、饲喂途径、日粮成分以及其他影响营养管理的管理措施。

- 在通气后的48~72 h内，需要给大部分需要长期机械通气的患病动物饲喂适用于危重患病动物的流食。
- 营养支持是成功管理机械通气动物的一项关键措施。

参考文献

Armitage-Chan, E.A., O'Toole, T. and Chan, D.L. (2006) Management of prolonged food deprivation, hypothermia and refeeding syndrome in a cat. *Journal of Veterinary Emergency and Critical Care*, **16**, S34-S41.

Artinian, V., Krayem, H. and DiGiovine, B. Effects of early enteral feeding on the outcome of critically ill mechanically ventilated medical patients. *Chest*, **129**, 960-967.

Bankhead, R., Boullata, J., Brantley, S. et al. (2009) A.S.P.E.N. enteral nutrition practice recommendations. *Journal of Parenteral and Enteral Nutrition*, **33**, 122-167.

Barr. J., Hecht, M., Flavin, K.E. et al. (2004) Outcomes in critically ill patients before and after the implementation of an evidence-based nutritional management protocol. *Chest*, **125**, 1446-1457.

Beal, M.W., Paglia, D.T., Griffin, G.M. et al (2001) Ventilatory failure, ventilator management, and outcome in dogs with cervical spinal disorders:14 cases (1991-1999). *Journal of the American Veterinary Medical Association*, **218**,1598-1602.

Campbell, J.A., Jutkowitz, A.L., Santoro, K.A. et al. (2010) Continuous versus intermittent delivery of nutrition via nasoenteric feeding tubes in hospitalized canine and feline patients: 91 patients (2002-2007). *Journal of Veterinary Emergency and Critical Care*, **20**, 232-236.

Chan, D.L., Freeman, L.M., Labato, M.A. et al. 2002. Retrospective evaluation of partial parenteral nutrition in dogs and cats. *Journal of Veterinary Internal Medicine*, **16**, 440-445.

Crabb, S.E., Chan, D.L., Freeman, L.M. et al. 2006. Retrospective evaluation of total parenteral nutrition in cats: 40 cases (1991-2003). *Journal of Veterinary Emergency and Critical Care*, **16**, S21-S26.

Doley, J.D., Mallampalli, A. and Sandberg, M. (2011). Nutrition management for the patient requiring prolonged mechanical ventilation. *Nutrition, Clinical Practice*, **26**, 232-241.

Edwards, T.H., Coleman, A., Brainard, B.M. et al. (2014) Outcome of positive-pressure ventilation in dogs and cats with congestive heart failure: 16 cases (1992-2012). *Journal of Veterinary Emergency and Critical Care*, **24**, 586-593.

Gadek, J.E., DeMichele, S.J., Karlstad, M.D. et al. (1999) Effect of enteral feeding with eicosapentaenoic acid, gamma-linolenic acid, and antioxidants on patients with acute respiratory distress syndrome. *Critical Care Medicine*, **27**, 1409-1420.

Gajanayake, I., Wylie, C.E. and Chan, D.L. 2013. Clinical experience using a lipid-free, ready-made parenteral nutrition solution in dogs: 70 cases (2006-2012). *Journal of Veterinary Emergency and Critical Care*, **23**, 305-313.

Haskins, S.C. and King, L.G. (2004) Positive pressure ventilation. in Textbook of Respiratory Diseases in Dogs and Cats (ed. L.G. King) Elsevier, St Louis, MO, pp. 217-229.

Holahan, M., Abood, S., Hauptman, C. et al. (2010) Intermittent and continuous enteral nutrition in criticallu ill dogs: a prospective randomized trial. *Journal of Veterinary Emergency and Critical Care*, **24**, 520-526.

Hopper, K., Haskins, S.C., Kass, P.H. et al. (2007) Indications, management and outcome of long-term positive-pressure ventilation in dogs and cats: 148 cases (1990-2001). *Journal of the American Veterinary Medical Association*, **230**, 64-75.

Hoareau, G.L., Mellema, M.S. and Silverstein, D.C. (2011) Indications, management, and outcome of brachycephalic dogs requiring mechanical ventilation. *Journal of Veterinary Emergency and Critical Care*, **21**, 226-235.

Lee, J.A., Drobatz, K.J., Koch, M.W. et al. (2005) Indications for and outcome of positive-pressure ventilation in cats: 53 cases (1993-2002). *Journal of the American Veterinary Medical Association*, **226**, 924-931.

King, L.G. and Hendricks, J.C. (1994) Use of positive-pressure ventilation in dogs and cats: 41 cases (1990-1992). *Journal of the American Veterinary Medical Association*, **204**, 1045-1052.

Kölbel, C.B., Rippel, K., Klar, H. et al. (2000) Esophageal motility disorders in critically ill patients: a 24-hour manometric study. *Intensive Care Medicine*, **26**, 1421-1427.

Marik, P.E. (2014) Enteral nutrition in the critically ill: myths and misconception. *Critical Care Medicine*, **42**, 962-969.

McClave, S.A., Lukan, J.K., Stefater, J.A. et al. (2005) Poor validity of residual volumes as a marker for risk of aspiration in critically ill patients. *Critical Care Medicine*, **33**, 324-330.

McClave, S.A., Martindale, R.G., Vanek, V.W. et al. (2009) Guidelines for the provision and assessment of nutrition support in the adult critically ill patient: Society of Critical Care Medicine.

McClave, S.A., Sexton, L.K., Spain, D.A., et al. (1999) Enteral tube feeding in the intensive care unit: factors impeding adequate delivery. *Critical Care Medicine*, **27**, 1252-1256.

Mentec, H., Dupont, H., BomLhetti, M. et al. (2001) Upper digestive intolerance during enteral nutrition in critically ill patients: frequency, risk factors, and complications. *Critical Care Medicine*, **29**, 1955-1961.

Nind, G., Chen, W-H., Protheroe, R. et al. (2005) Mechanisms of gastroesophageal reflux in critically ill mechanically ventilated patients. *Gastroenterology*, **128**, 600-606.

Parrish, C.R. and McCray, S.F. (2003) Nutrition support for the mechanically ventilated patient. *Critical Care Nurse*, **23**, 77-80.

Pontes-Arruda, A., Aragao, A.M. and Albuquerque, J.D. (2006) Effects of enteral feeding with eicosapentaenoic acid, gamma-linolenic acid, and antioxidants in mechanically ventilated patients with severe sepsis and septic shock. *Critical Care Medicine*, **34**, 2325-2333.

Pyle, S.C., Marks, S.L., Kass, P.H. et al. (2004) Evaluation of complication and prognostic factors associated with administration of parenteral nutrition in cats: 75 cases (1994-2001). *Journal of the American Veterinary Medical Association*, **225**, 242-250.

Queau, Y., Larsen, J.A., Kass, P.H. et al. (2013) Factors associated with adverse outcomes during parenteral nutrition administration in dogs and cats. *Journal of Veterinary Internal Medicine*, **25**, 446-452.

Ravasco, P. and Camilo, M.E. (2003) Tube feeding in mechanically ventilated critically ill patient: a prospective clinical audit. *Nutrition Clinical Practice*, **18**, 247-433.

Reignier, J. (2013) Feeding ICU patients on invasive mechanical ventilation: Designing the optimal protocol. *Critical Care Medicine*, **41**, 2825-2826.

Reignier, J., Mercier, E., Le Gouge, A. et al. (2013) Effect of not monitoring residual gastric volume on risk of ventilator-associated pneumonia in adults receiving mechanical ventilation and early enteral feeding. *Journal of the American Medical Association*, **309**, 249-256.

Reuter, J.D., Marks, S.L., Rogers, Q. R. et al. (1998) Use of total parenteral nutrition in dogs: 209 cases (1988-1995). *Journal of Veterinary Emergency and Critical Care*, **8**, 201-213.

Rutter, C.R., Rozanski, E.A., Sharp, C.R. et al. (2011) Outcome and medical management in dogs with lower motor neuron disease undergoing mechanical ventilation: 14 cases (2003-2009) *Journal of Veterinary Emergency and Critical Care*, **21**, 531-541.

Singer, P., Theilla, M., Fisher, H. et al. (2006) Benefit of an enteral diet enriched with eicosapentaenoic acid and gamma-linolenic acid in ventilated patients with acute lung injury. *Critical Care Medicine*, **34**, 1033-1038.

Soroksky, A., Lober, J., Klinowski, E. et al. (2010) A simplified approach to the management of gastric residual volumes in crtically ill mechanically ventilated patients: a pilot prospective study. *Israel Medical Association Journal*, **12**, 543-548.

Strack van Schijndel, R.J., Weijs, R.J., Koopmans, R.H. et al. (2009) Optimal nutrition during the period of mechanical ventilation decreases mortality in critically-ill, long term acute female patients: A prospective observation cohort study. *Critical Care*, **13**, R132.

Yu, M.K., Freeman, L.M., Heinse, C.R., et al. (2013) Comparison of complication rates in dogs with nasoesophageal versus nasogastric feeding tubes. *Journal of Veterinary Emergency and Critical Care*, **23**, 300-304.

第25章
异宠的营养支持

Jeleen A. Briscoe[1]、La' Toya Latney[2] 和 Cailin R. Heinze[3]

1 Animal Care Program, United States Department of Agriculture Animal and Plant Health Service, Riverdale, MD, USA
2 Exotic Companion Animal Medicine and Surgery, University of Pennsylvania School of Veterinary Medicine, Philadelphia, PA, USA
3 Department of Clinical Sciences, Tufts Cummings School of Veterinary Medicine, North Grafton, MA, USA

简介

对执业兽医来说,为异宠[1](exotic pet,EP)提供营养支持是一个独特的挑战。由于误导信息的存在和异宠营养需求相关研究的缺乏,异宠常发生营养不良。无论是急性外伤还是慢性感染性疾病,不充足的能量和营养素摄入都会对免疫系统造成长期损伤,影响创伤愈合,损害机体健康,进而影响疾病的康复。多数异宠都在笼养环境下生活,并没有达到和犬猫相同的驯化程度。有关这些动物生存的营养需要的研究很少,对同目甚至同属中不同种动物营养需求差异的研究更加缺乏。克服这一问题的一般方法包括从明确营养需求的相似物种中,推断目标动物的营养需求(这些物种应和目标动物具有相似的胃肠道形态结构),借鉴这些物种中自由生活个体饮食特点的研究成果,从这些物种的野外饮食或自然史推断或者从兽医(Koutsos、Matsos 和 Klasing,2001)、动物学家、馆长和其他动物管理人员的经验中获益。

除了雪貂和一些爬行动物,大部分异宠在自然界中都是被捕食者,因此它们会隐藏疾病的临床症状,直到疾病发展至比犬猫所表现的病情更严重时,才显现出来。异宠在新的环境中会改变它们的行为,尤其是在人们观察它们的时候(Pollock,2002),所以要对诊所的员工进行必要的训练,使他们能观察出多种异宠行为的微妙变化。执业兽医需要不断权衡积极治疗的操作会给动物带来的应激风险。除了在必要时辅助供应温热的氧气,成功治疗大多数就诊动物的关键因素包括低应激环境、恢复水合以及满足营养需求(图25.1),且重要性通常远远高于任何药物治疗方案。鸟类和小型哺乳动物的代谢速率高于犬猫,能量储存少。因此在治疗方案中,执业兽医需要优先考虑满足营养需求。鸟类和哺乳类异

图 25.1 在放有多种食物的氧气笼中的蓝顶亚马逊鹦鹉（*Amazona aestiva*）。对异宠，尤其是那些鸟类和小型哺乳动物等代谢速率高的物种来说，满足营养需求是首要的。

宠饲喂的基本原则是尽早、多次饲喂，尽快让动物在没有辅助的情况下，自主摄入营养全面的日粮。此外，除了监测食物摄入量外，使用适合的称量工具（也就是称量小于 1 kg 的动物时，使用精确到克的秤；称量大于 1 kg 的动物时，使用婴儿秤）定期和精确称量动物体重（最少每天 1 次），将为制定和调整患病动物的辅助饲喂策略提供很好的指导。在患病动物体重丢失 ≥ 5% 时，应酌情考虑使用辅助饲喂，动物体重丢失达 10% 或完全厌食超过半天时，需采用强制饲喂（Pollock，2002）。

考虑到操作的便捷性和可减少应激，最常用的辅助饲喂小型哺乳动物的方法是使用注射器饲喂，最常用的辅助饲喂鸟类和爬行类的方法是采用灌胃法饲喂。还有其他更具有侵入性的方法，比如留置鼻饲管或咽造口饲管，但因为动物可能无法忍受这些辅助饲喂方法，所以应综合考虑对动物自然行为的影响来决定是否使用。例如，给兔使用鼻饲管时，要求佩戴伊丽莎白圈，防止拉扯鼻饲管，但这将影响它们吞食软粪（caecotrophs），也有可能干扰它们的饮食习惯，导致厌食、胃肠菌群紊乱和失调，甚至引起死亡（图 25.2）。

图 25.2 给兔（*Oryctolagus cuniculus*）放置鼻饲管。异宠辅助饲喂的适应症和方法与家养动物类似，但它们并不一定能够耐受。鼻饲管会影响兔吞食软粪，也会影响正常的饮食习惯，导致内环境紊乱，甚至死亡。

给多种动物使用注射器饲喂或灌胃的基本原则是一样的：使用正常饲喂所用的定制饲料（也就是为食肉动物提供肉食，为食草动物提供素食），需确保食物稠度适当，可以轻松通过注射器或饲管，而不发生阻塞（对不熟悉的食物，可使用备用管做试验），根据动物的静息能量需求（resting energy requirement，RER），结合动物的健康状况计算初始能量摄入（Donoghue，1998）。对严重营养不良的动物，第一天的能量摄入为10%～20% RER，在随后的几天内以10%～25% RER 的量逐渐增加，直至达到100%RER。这种方法是为了减少"再饲喂综合征"的发生。再饲喂综合征指严重营养不良的动物在快速摄入过多能量后，胰岛素水平上升，使磷和钾随葡萄糖进入细胞，最终导致低磷血症、低钾血症，甚至死亡（de la Navarre，2006；Martinez-Jimenez 和 Hernandez-Divers，2007）。短期厌食的动物第一天可以耐受25%～100% 的RER。一般而言，起初少量饲喂，直至确定动物可以耐受，是最安全的。能量摄入量应以RER 为必需量，随后逐渐增加，直到能够维持机体体重。如果需要的话，可逐渐增加到能使体重缓慢增加的量。

注意事项：建立医院规程以满足异宠的营养需求

为了满足多种异宠的护理和营养需求，医院要配备专门的仓库和食物准备区域。理论上，肉类及其加工品需要有独立的准备区域，这些区域要配备环境卫生规程、贮存容器和食品容器（Crissey 等，2001；Schmidt、Travis 和 Williams，2006）。为了加强客户教育，提高客户配合度，增加潜在收入，执业兽医可以考虑售卖专业化的商品日粮（Fisher，2005）。在购入或者出售商品日粮之前，应深入调查日粮的质量，这对患病动物的健康和医院的信誉都是非常重要的，至少应调查和评估制造商信息、质量控制以及所有市场宣传的可信度（Schmidt 等，2006）。

建立一个满足住院异宠营养需求的规程需要有详细的计划。首先，需确定饲喂策略的类型和实施这些策略所需储备的基本食物（表25.1）。为了延长食物中营养成分的保质期，需要使用放干粮的防虫柜（图25.3）、专用于保存新鲜动物食物的冰箱以及储藏冷冻食品和干粮的冷冻柜（图25.4）。由于食品的营养价值会随着放置时间的延长而降低（Schmidt 等，2006），如牧草收割一年后，来自 β- 胡萝卜素的维生素 A 将丢失一半（Donoghue，1998），故应建立一个时间表定期更换这些食物，还应建立规程监控失效日期、检查冷冻食物（Crissey 等，2001）和丢弃变质、过期食物。

表 25.1 住院伴侣动物的推荐食物储备。应将干粮保存在密闭的、可再次密封的容器中，远离高温和潮湿。应将需要保鲜或者冷冻的食物和人类的食物隔开。除以下食物外，还需储备适用于多个物种的粉末状康复期日粮和手工饲喂日粮（如用于食草动物和食肉动物的 Oxbow Critical Care）[a]，以及猫和人的高能量流食（如 Clinicare[b] 和 TwoCal[b]）。

异宠	建议储备的食物
食草动物，包括兔、豚鼠、鹦鹉、鬣蜥、陆龟	• 不同物种的多种规格的商品化颗粒日粮（如 Mazuri Tortoise Diet[c]、Zupreem Nature's Promise™ Premium small mammal line[d]） • 长茎干草和块状干草：提摩西 (timothy)、苜蓿草和野草 • 生鲜产品：深色绿叶蔬菜（如甘蓝、叶甜菜和欧芹）；可刺激食欲的美味、亮色的水果和蔬菜（如草莓、芒果和蓝莓）[e]
食肉动物和食虫动物，包括雪貂、猛禽和龟	• 不同物种的商品化日粮（颗粒日粮和罐头）（如 Mazuri Insectivore Diet[c] 和 Marshall Premium Ferret Diet[f]） • 应将昆虫置于通风良好的容器中，并给予适当的营养基质 • 冷冻猎物[g]
食谷动物，包括雀形目鸟类和小型啮齿类动物	• 商品化的膨化/颗粒日粮，以及为多个物种设计的混合种子日粮。（如 ZuPreem FruitBlend™ Flavor Premium Daily Bird Food line[e,d] 以及 Kaytee Fiesta line[h]） • 用于刺激厌食的住院鸟类的食欲的可口的种子和坚果，如葵花籽、红花籽和供给小型鸟类的脱壳小米以及鸟类美食（如 Lafeber's Nutri-Berry line[i]）

a Oxbow Animal Health，Murdock，NE，USA。
b Abbott Laboratories，Abbott Park，IL，USA。
c PMI Nutrition，Henderson，CO，USA（Mazuri 的产品在欧盟的贸易名为"Nutrazu"）。
d ZuPreem，Shownee，KS，USA。
e 以下网站提供查询生鲜产品营养素含量的数据库：http://www.nal.usda.gov/fnic/foodcomp/search/。
f Marshall Pet Products Inc.，NY，USA。
g 不正确的解冻会增加微生物含量，加快脂质过氧化反应并降低营养素品质和适口性。推荐在冷藏条件下解冻（Crissey 等，2001）。
h Kaytee Products，Inc.，Chilton，WI，USA。
i Lafeber Company，Cornell，IL，USA。

图 25.3 为异宠储存的住院食物——干粮。为满足住院异宠的营养需求,需要合理地储存食品,并定期更换。

图 25.4 为异宠储存的住院食物——冰冻食品。为满足住院异宠的营养需求,需要合理地储存食品,并定期更换。

对那些需要特殊日粮的不常见品种,如果它们需要住院治疗,要告知主人携带异宠的食物和饲喂说明。

营养管理方案

爬行类

爬行类是变温动物,它们依靠外界环境维持体温。不同于鸟类和哺乳动物主要依靠生理反应产生热量和能量,爬行类的代谢调节受控于复杂的神经内分泌过程,且大部分是行为性的。它们必须不断地进出不同的温度区域来维持体温。爬行类仅会在身体需要更多能量时,如进行交配、领地防御、躲避天敌和进食时,进入更温暖的温区。这些习性使得爬行类异宠的日能量需求仅为同等体格哺乳动物的3%。同样地,只要它们能够将体温维持在调定点温度范围或体温调定点(体温在其左右时发生体温调节),则它们对食物的需求较少,且食物能量转化入机体组织的效率较高。这种体温范围称作最佳体温(preferred body temperature,PBT)或首选最适温度区(preferred optimum temperature zone，POTZ）(Donoghue，1998；Pough，2004；Rossi，2006）。

在满足住院爬行动物的营养需要之前，应将它们的环境温度控制在它们的 PBT 上限以下，让它们可在不同温度区域间移动。基于它们独特的生理学特点，爬行类动物可以在没有食物的情况下长距离爬行，但何时为爬行类提供食物或进行辅助饲喂，仍然是进行治疗时应首先考虑的问题之一。诸多因素会产生影响，包括体况、最后进食时间、动物的体温调节行为和水合状态。

食肉爬行动物(如蛇)具有相对短的、简单的胃肠道，胃肠道内的可发酵微生物活性有限。严格食肉动物的日粮应包含 30%～60% 的蛋白质(以代谢能为基础)，同时应添加脂肪以满足剩余的日常能量需求，并少量添加或不添加碳水化合物(Donoghue，1998)。整个猎物，无论脊椎动物或者无脊椎动物，都是食肉动物的理想食物。尽管有商品化的加工日粮，但动物的接受程度可能不佳。在饲喂无脊椎动物之前，应将无脊椎动物养在营养基质中，使其可以摄食(图 25.5)(Donoghue，1998；Mitchell，2004)。对于作为食虫动物猎物饲养的许多昆虫可进行营养分析，一些昆虫生活的基质会影响它们的钙含量(Latney 等，2009；Finke、Dunham 和 Kwabi，2005)。

图 25.5 饲养超级黄粉虫(*Zophobas molitor*)需要营养基质和湿度。超级黄粉虫是食虫类动物的食物。为食虫类异宠准备的无脊椎动物应养在营养基质(比如鸟类的手工饲喂配方)中，并需辅以合适的湿度(图中所示的湿润棉花)。

同其他食草动物一样，美洲鬣蜥(*Iguana iguana*)和刺尾蜥属(*Uromastyx* spp.)等食草爬行动物有能进行水解反应、较长的小肠和可进行发酵消化的大的、专门的后肠。食草爬行动物食物的碳水化合物含量高，脂肪含量低(<10% DM)(Donoghue，1998)。

杂食爬行动物，如鬃狮蜥(*Pogona vitticeps*)，需要采食食肉爬行动物和食草爬行动物日粮的混合物，并摄入中等含量的碳水化合物和蛋白质。在一些物种的个体发育过程中，需要转变饲喂策略(比如水龟)。因为它们的摄食习性会随时间改变，在成长期它们需要更多肉类，在成熟期则偏向杂食性或草食性(Donoghue，1998)。

爬行类的辅助饲喂

爬行类的辅助饲喂可采用注射器饲喂、强饲、咽造口饲管（图25.6）或胃造口饲管。强饲可使用强饲针或连接注射器的红色橡皮管。在其他资料中有这些方法的适应症和操作技术的详述（de la Navarre, 2006; Martinez-Jimenez 和 Hernandez-Divers, 2007; Sykes 和 Greenacre, 2006）。

图25.6 正在接受管饲的美洲鬣蜥（*Iguana iguana*）。给爬行类通过饲管进行强饲时，需要正确的操作技术和下颌的安全保定。可通过饲管给食草爬行类（如图中所示的鬣蜥）饲喂充分稀释的食草动物康复期饲粮（表25.1）。

爬行类RER的估算公式为RER（kcal/天）=10[体重（kg）]$^{0.75}$（Martinez-Jimenez 和 Hernandez-Divers, 2007）。可通过以下公式计算每日提供的食物量：RER÷食物的能量密度（kcal/mL）÷每日喂食次数（Martinez-Jimenez 和 Hernandez-Divers, 2007）。需注意这些计算公式是人为规定的、通用于多个物种，在未来可研究单个物种的生物能量学之前，都需考虑使用这种基本指导原则。应给所有住院的动物饲喂充足的食物，至少应维持动物的现有体重。

鸟类

鸟类胃肠道的解剖学因摄食习性不同而不同。这里将重点关注那些常被当作宠物的鸟类，比如鹦形目和雀形目的鸟类。这些物种的摄食习性分布从以食谷为主（比如雀类、澳洲鹦鹉和虎皮鹦鹉）到杂食性（比如灰鹦鹉和亚马逊鹦鹉），部分种类为食果性（比如金刚鹦鹉）或食蜜性（比如吸蜜鹦鹉）（Klasing, 1999）。尽管许多种类的鹦鹉可以接受肉类作为部分食物，但并未对其进行广泛评估。

常见鸟类的营养需求的相关信息很有限，尤其是种类繁多的笼养鸟。比如，一项对灰鹦鹉（*Psittacus erithacus*）的研究表明它的蛋白质需求为10%～15% DM，然而虎皮鹦鹉（*Melopsittacus undulatus*）的蛋白质需求为6.8%（McDonald, 2006）。完全复制野生状态下的食物是不现实的，因为相比在这些伴侣动物的自然栖息地中生长的野生植物，种植的植物果实通常含有较高的碳水化合物、水分和较低的营养价值，而籽实的脂肪含量较高、蛋白质和营养素含量较低。此外，由于活动减少，伴侣鸟类的能量需求通常比自由生活的鸟类低。由于雀类、鹦鹉和家禽（比如鸡和火鸡）的胃肠道结构有相似性，假设这些鸟类的营养需求是一样的，但这是错误的。尽管普遍使用商品化的籽实日粮，但缺乏多种必需营养素，包括氨基酸、钙、磷、钠、锰、锌、铁、维生素A、维生素D、维生素K、B族维生素、胆碱、碘和硒(Ullrey、Allen和Baer，1991)。在坚果和籽实类日粮中，脂肪提供的能量通常大于50%(Stahl和Kronfeld，1998)，并会导致肥胖。鹦形目和雀形目的商品化"全价"膨化颗粒日粮（最初是依据家禽的能量需要）(图25.7)已上市数十年，虽然这种日粮并不完美，但仍优于籽实日粮或者是籽实类加上水果和蔬菜的日粮。一项研究表明，相比于饲喂籽实类日粮，饲喂膨化颗粒日粮可提高数种鹦鹉雏鸟的育成率（饲喂膨化颗粒日粮的育成率为90%，饲喂籽实类为66%）(Ullrey等，1991)。另一项研究发现，几种商品化的挤压颗粒日粮要比籽实混合物的脂肪含量低（颗粒饲料的脂肪含量为8.6%，籽实混合物的为31.7%）。碳水化合物是颗粒日粮的主要能量来源，而不是脂肪(Werquin、De Cock和Ghysels，2005)。尽管营养价值不佳，籽实类日粮仍是一种可口的食物，住院鸟类可能更愿意采食。

图25.7 站在盛有商品化的膨化颗粒日粮的食盆上的澳洲鹦鹉(*Nymphicus hollandicus*)。相对于籽实类饲粮，商品化的膨化颗粒日粮的维生素、矿物质含量较高，脂肪含量较低。

鸟类的辅助饲喂

鸟类的辅助饲喂方法包括注射器饲喂，使用强饲针将饲料填喂入嗉囊(图25.8)，以及使用食道造口饲管饲喂和使用十二指肠造口饲管饲喂(这种方法很少使用)。在其他资料中已详述了这些方法的适应症和操作技术(Powers，2006a；de Matos 和 Morrisey，2005；Lennox，2006)。可将鹦鹉的粉末状康复期日粮或雏鸡手工饲喂日粮与人肠内营养液相混合，以增加能量含量。但应用水充分稀释全部混合物，确保能顺利通过饲管。不建议长期饲喂健康的成年鸟恢复期和手工饲喂日粮(Lennox，2006)。

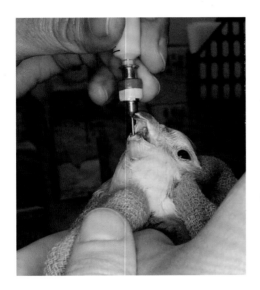

图 25.8 对澳洲鹦鹉(*Nymphicus hollandicus*)进行强饲。通过一个专门的金属强饲管将食物辅助填喂至嗉囊，这需要正确的操作和专业的技术，但确实是一种简便而有效的方法，可满足住院、厌食鸟类的营养需求。

鸟类自然生活所处的环境气候决定了鸟类的能量需求。热带鹦鹉 RER 的推荐计算公式为 RER=73.6[体重(kg)]$^{0.73}$，然而由于较大的环境温度变化，温带地区生活的种类的能量需求应高出21%(Koutsos 等，2001)。由于这些公式较为复杂，许多执业兽医一般参考鸟类的自主采食量和嗉囊能容纳食物的量，每次按 20~50 mL/kg 的量饲喂，来满足鸟类的能量需求(Powers，2006b)；这并没有考虑日粮的能量密度。无论最初确定的饲喂量是多少，应密切监测体重，调整饲喂量，这对保证充足的能量供给是必不可少的。

小型哺乳动物

食草哺乳动物通常采食植物，它们需要大肠中的特殊微生物菌群来分解纤维，吸收日粮中的营养物质。后肠发酵的单胃食草动物的日粮必须含有纤维，比如兔、豚鼠和毛丝鼠。低纤维日粮会减弱盲结肠蠕动，这会导致梭状芽孢杆菌（*Clostridia*）和大肠杆菌（*E. coli*）过度繁殖（Cheeke，1987），并造成微生物菌群失调。因此，推荐给所有种类的食草哺乳动物提供足量的提摩西或其他干草，不为兔供应颗粒日粮，但应为豚鼠和毛丝鼠提供部分颗粒日粮，因为它们吃干草比兔慢，仅食用干草无法满足营养需求（Donnelly 和 Brown，2004）。与非人灵长类一样，豚鼠必须从日粮中摄入维生素 C（Donnelly 和 Brown，2004）。不同体型大小的豚鼠所需的维生素 C 剂量范围为每日每千克体重 10 mg 至每日 50 mg。

由于在生物医学研究中广泛应用小型啮齿动物（如大鼠、小鼠和沙鼠），已出版了这类动物的营养需求（National Research Council，1995）。然而，这些指南是为实验动物设计的，可能并不适用于与其营养目标不同的伴侣动物。实验动物的营养指南通常是为优化哺乳或繁殖性能而设计，目标并不是让动物健康和长寿。很容易购得商业化的"啮齿动物食物"和其他配合日粮，它们至少含有 16% 的蛋白质和 4%~5% 的脂肪（干物质基础）（Kupersmith，1998）。可以在这些日粮中补充添加少量的籽实、坚果或生鲜食品。同时，专业化的以植物蛋白为基础的啮齿动物块状饲料也已面市，随着研究的增加，现认为这种日粮可能更适合超重的动物、生长期动物或那些患有某些疾病的动物。

雪貂是纯食肉动物，因此它们的肠道和结肠相对较短（长度大约只有猫的一半），并且缺乏盲肠和回盲瓣。由于胃肠道的排空时间只有 3~4 h（Kupersmith，1998；Bixler 和 Ellis，2004），因此应给雪貂使用非常容易消化的（也就是低纤维）日粮。雪貂日粮至少应含有 30%DM 的高品质蛋白质，并且含最低限度的碳水化合物。

小型哺乳动物的辅助饲喂

由于后肠发酵动物需要持续摄入食物来促进正常的胃肠道蠕动（Cheeke，1987），并且雪貂胃肠道的排空时间非常短，因此在动物食欲下降或厌食时，只要体况稳定，就应尽快进行辅助饲喂。小型哺乳动物的辅助饲喂方法包括注射器饲喂（图 25.9）和留置鼻饲管或食道造口饲管。在其他资料中已详细叙述了这些方法的适应症和操作技术（Bixler 和 Ellis，2004；Brown，1997a,b；de Matos 和 Morrisey，2006；Graham，2006；Klaphake，2006；Paul-Murphy，2007；Powers，2006c）。可使用猫的罐装康复期日粮饲喂雪貂，可用于自由采食（图 25.10），也可根据需要与水或商品化的猫肠内营养液相混合，以使食物顺利通过注射器或饲管。还可使用专为食肉哺乳动物设计的商品化粉末状日粮。也可用水或人肠内营养液稀释食草哺乳动物的类似日粮，根据需要获得合

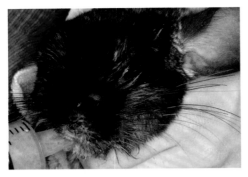

图 25.9 给毛丝鼠(*Chinchilla laniger*)进行注射器饲喂。单胃后肠发酵动物(如兔、毛丝鼠和豚鼠)出现厌食时,应使用注射器饲喂食草动物康复期饲粮,以刺激胃肠道蠕动,使动物恢复健康。

图 25.10 给雪貂(*Mustela putorius furo*)辅助饲喂罐装康复期日粮。与小型食草哺乳动物不同,雪貂不太可能忍受注射器饲喂时的保定,所以最理想的情况是鼓励它们在不采取保定的状态下自主采食罐装日粮。

适的浓度,以使食物顺利通过注射器或饲管(Bixler 和 Ellis,2004;Powers,2006c)。需要进一步的研究来明确人肠内营养液的单糖对这些物种的影响,但异宠兽医已广泛应用这些产品,未观察到不良反应。

可用以下公式估算大多数哺乳动物的 RER,RER=70[体重(kg)]$^{0.75}$。住院期间,应当调整能量的摄入以维持体重。许多执业兽医更依赖于一般性原则,通过维持食物摄入来/刺激胃肠道蠕动,而未精确地计算和满足动物的能量需求。饲喂雪貂时,可让它们尽可能多吃(通常每次 12~25 mL,每天 2~4 次)(Bixler 和 Ellis,2004)。食草/杂食哺乳动物每日可饲喂 20 mL/kg,根据它们自主采食的量,每日饲喂次数可达到 4 次。每日称重对保证适当的能量摄入是很重要的。

小结

只要遵循以下原则,就能满足异宠的营养需求:在适当的地方储藏和准备安全的食物、监控有效期和及时替换产品。医务人员需要具备如下能力:(i)了解异宠的不同饲喂方案及饲喂方法;(ii)了解物种特异性的行为模式和摄食特点;(iii)察觉异宠的体况和体重超出正常范围的轻微变化。当前,大多是根据家养动物来推断异宠的营养需求,但是更多研究的开展以及对行为学和胃肠道比较形态学认知的扩展，将提高我们满足不同物种异宠营养需求的能力。

> **要 点**
> - 理想状况下，对异宠营养需求的确定应基于物种特异性研究，但资料有限。
> - 只要遵循以下原则，就能满足异宠的营养需求：在适当的地方储藏和准备安全的食物、监控有效期和及时替换产品。
> - 医务人员需要具备如下能力：（ⅰ）了解异宠的不同饲喂方案及饲喂方法；（ⅱ）了解物种特异性的行为模式和摄食特点；（ⅲ）察觉异宠的体况和体重超出正常范围的轻微变化。
> - 成功治疗住院异宠的一个目标就是无须帮助，异宠就可自主采食适宜的日粮。如果它们出现厌食，尤其是高代谢速率的物种，比如鸟类和小型哺乳动物，就必须补充营养。相对其他侵入性较高的方法，如留置鼻饲管和咽造口饲管，推荐使用易于操作、应激较小的强饲和注射器饲喂。
> - 应从异宠的野外摄食习惯及行为学角度考虑住院异宠的日粮。易购得专门为食草动物和食肉动物设计的康复期日粮，也容易饲喂。

注释

1 异宠是指小动物（不包括犬猫这类常被当作宠物的动物），包括鸟类（如金丝雀和鹦鹉）、爬行动物、两栖动物和小型哺乳动物（如兔、豚鼠、雪貂、毛丝鼠和大鼠）。

参考文献

Bixler, H. and Ellis, C. (2004) Ferret care and husbandry. *Veterinary Clinics Exotic Animal Practice*, **7**, 227-255.
Brown, S. A. (1997a) Clinical techniques in rabbits. *Seminars Avian and Exotic Pet Medicine*, **6**, 86-95.
Brown, S. A. (1997b) Clinical techniques in domestic ferrets. *Seminars Avian and Exotic PetMedicine*, **6**, 75-85.
Cheeke, P. R. (1987) *Rabbit Feeding and Nutrition*. Harcourt Brace Jovanovich Publishers (Academic Press), Orlando.
Crissey, S. D., Slifka, K. A., Shumway, P. and Spencer, S. B. (2001) *Handling Frozen/Thawed Meat and Prey Items Fed to Captive Exotic Animals: A Manual of Standard Operating Procedures.* U. S. D.A. AWIC, Beltsville, MD.
de la Navarre, B. J. S. (2006) Common procedures in reptiles and amphibians. *Veterinary Clinics Exotic Animal Practice*, **9**, 237-267.
de Matos, R. and Morrisey, J. K. (2005) Emergency and critical care of small psittacines and passerines. *Seminars Avian and Exotic Pet Medicine*, **14**, 90-105.
de Matos, R. and Morrisey, J. K. (2006) Common procedures in the pet ferret. *Veterinary Clinics Exotic Animal Practice*, **9**, 347-365.
Donnelly, T. M. and Brown, C. J. (2004) Guinea pig and chinchilla care and husbandry. *Veterinary Clinics Exotic Animal Practice*, **7**, 351-373.
Donoghue, S. (1998) Nutrition of pet amphibians and reptiles. *Seminars Avian and Exotic Pet Medicine*, **7**, 148-153.
Finke, M. D., Dunham, S. and Kwabi, C. (2005) Evaluation of four dry commercial gut loading

products for improving the calcium content of crickets, *Acheta domesticus*. *Journal of Herpetological Medicine and Surgery*, **15**, 7-12.

Fisher, P. G. (2005) Equipping the exotic mammal practice. *Veterinary Clinics Exotic Animal Practice*, **8**, 405-426.

Graham, J. (2006) Common procedures in rabbits. *Veterinary Clinics Exotic Animal Practice*, **9**, 367-388.

Klaphake, E. (2006) Common rodent procedures. *Veterinary Clinics Exotic Animal Practice*, **9**, 389-413.

Klasing, K. C. (1999) Avian gastrointestinal anatomy and physiology. *Seminars Avian and Exotic Pet Medicine*, **8**, 42-50.

Koutsos, E. A., Matson, K. D. and Klasing, K. C. (2001) Nutrition of birds in the order Psittaciformes: A review. *Journal of Avian Medicine and Surgery*, **15**, 257-275.

Kupersmith, D. S. (1998) A practical overview of small animal nutrition. *Seminars Avian and Exotic Pet Medicine*, **7**, 141-147.

Latney, L. V., Toddes, B. T., Wyre et al., (2009) Improving the nutrition of insectivorous animals: evaluation of the nutrient content of Tenebrio molitor and Zophobas morio fed four different diets. Proceedings of the Association of Zoo Veterinarians Nutritional Advisory Group. October 24 to 28, Tulsa, OK, USA. pp. 22-23.

Lennox, A. M. (2006) Common procedures in other avian species. *Veterinary Clinics Exotic Animal Practice*, **9**, 303-319.

Martinez-Jimenez, D. and Hernandez-Divers, S. J. (2007) Emergency care of reptiles. *Veterinary Clinics Exotic Animal Practice*, **10**, 557-585.

McDonald, D. (2006) Nutritional considerations: nutrition and dietary supplementation. in *Clinical Avian Medicine* (eds G. J. Harrison and T. L. Lightfoot) Spix Publishing, Inc., Palm Beach, pp. 86-107.

Mitchell, M. A. (2004) Snake care and husbandry. *Veterinary Clinics Exotic Animal Practice*, **7**, 421-466.

National Research Council, B. o. A. C. o. L. N., Subcommittee on Laboratory Animal Nutrition (1995) *Nutrient Requirements of Laboratory Animals*. National Academy Press, Washington, D.C.

Paul-Murphy, J. (2007) Critical care of rabbit. *Veterinary Clinics Exotic Animal Practice*, **10**, 437-461.

Pollock, C. (2002) Postoperative management of the exotic animal patient. *Veterinary Clinics Exotic Animal Practice*, **5**, 183-211.

Pough, F. H. (2004) Herpetology as a field of study. in *Herpetology*, 3rd edn, (eds F. H. Pough, R. M. Andrews, J. E. Cadle et al., Pearson Education, Inc., Upper Saddle River, pp. 1-228.

Powers, L. V. (2006a) Techniques for drug delivery in psittacine birds. *Journal of Exotic Pet Medicine*, **15**, 193-200.

Powers, L. V. (2006b) Common procedures in psittacines. *Veterinary Clinics Exotic Animal Practice*, **9**, 287-302.

Powers, L. V. (2006c) Techniques for drug delivery in small mammals. *Journal of Exotic Pet Medicine,* **15**, 201-209.

Rossi, J. V. (2006) General husbandry and management. in *Reptile Medicine and Surgery*, 2nd edn, (eds S.J. Divers and D.R. Madar) Elsevier, St. Louis. pp. 25-41.

Schmidt, D. A., Travis, D. A. and Williams, J. J. (2006) Guidelines for creating a food safety HACCP program in zoos or aquaria. *Zoo Biology*, **25**, 125-135.

Stahl, S. and Kronfeld, D. (1998) Veterinary nutrition of large psittacines. *Seminars Avian and Exotic Pet Medicine*, **7**, 128-134.

Sykes, J. M. and Greenacre, C. B. (2006) Techniques for drug delivery in reptiles and amphibians. *Journal of Exotic Pet Medicine*, **15**, 210-217.

Ullrey, D. E., Allen, M. E. and Baer, D. J. (1991) Formulated diets versus seed mixtures for psittacines. *Journal of Nutrition*, **121**, S193-S205.

Werquin, G. J., De Cock, K. J. and Ghysels, P. G. (2005) Comparison of the nutrient analysis and caloric density of 30 commercial seed mixtures (in toto and dehuled) with 27 commercial diets for parrots. *Journal of Animal Physiology and Animal Nutrition*, **89**, 215-221.

索 引

注意：名词后的数字如为*斜体*表明该词在图注中；如为**粗体**表明该词在表格中

acid–base balance 酸碱平衡, 193
acid–base disorders 酸碱平衡紊乱, 193, 194, 197
acidosis, consequences of 酸中毒，结果, 193, 194, 195
acute hepatotoxicosis 急性肝中毒, 205
    management 管理, **206**
acute infection, stress response to 急性感染，应激反应, 210
acute lung injury（ALI）急性肺损伤（ALI）, 173, 231
    mechanical ventilation 机械通气, 228–32
    nutritional management strategies 营养管理方案, 230–231
        antioxidants 抗氧化剂, 231
        tube feeding 饲管饲喂, 231
acute kidney injury 急性肾损伤, 193–8
acute pancreatitis 急性胰腺炎, 219–27
    enteral feeding 肠内营养, 220–222
    management strategies 管理方案, 220–223
    parenteral nutrition 肠外营养, 222–3
    pathophysiology 病理生理学, 219
acute phase proteins 急性期蛋白, 103, 120
    C-reactive protein（CRP）C-反应蛋白（CRP）, 224
adverse food reactions 食物不良反应, 42, 136–51
    gastrointestinal disease 胃肠道疾病, 112
acute kidney injury 急性肾损伤, 193–8
acute respiratory distress syndrome（ARDS）急性呼吸窘迫综合征（ARDS）, 231
albumin 白蛋白
    as antioxidant 抗氧化剂, 174
    indicator of nutrition status 营养状况的指标, 1, 153
    negative acute phase protein 负急性期蛋白, 120
amino acids 氨基酸
    branched-chain 支链, 124
    conditionally essential 条件性必需, 123, 176
    essential 必需, 102

    in superficial necrolytic dermatitis 表皮坏死性皮炎, 187, 190
amino acid solutions 氨基酸溶液
    for parenteral nutrition 肠外营养, 102–3
    for hepatocutaneous syndrome 肝脏-皮肤综合征, 187, 190
ammonia 氨
    decreased production 产生减少, 202
    increased concentration 浓度增加, 201–4
anemia 贫血, 153, 156, 159, 161, 162, 175, **185**
anorexia 厌食, 2, 51, 74, 89, 101, 112, 117–30, 132–4, 159, 160, 170, 178, 195–6
    in rabbits 兔, 235
    in ferrets 雪貂 243
antioxidants 抗氧化剂, 172–5
    benefits of 益处, 201, 172–5
    supplementation 补充, 201
appetite stimulants 食欲刺激剂, 128–33, 189, 195
arachidonic acid（AA）花生四烯酸, 87, 124, 173, 186, 195
ARDS *see* acute respiratory distress syndrome ARDS 见急性呼吸窘迫综合征
arginine 精氨酸, 176, 196
    supplementation 补充, 221, 224
aspiration 误吸
    complication 并发症, 5, 38, 66, 165, 196, 214, 229
    dysmotility disorders 动力障碍（紊乱）, 165, 229
    pneumonia 肺炎, 214, 229
    tube feeding 饲管饲喂, 5, 14, 16, 17, 21, 50, 51, 230
assisted feeding 辅助饲喂
    in birds 鸟类, 242
    in reptiles 爬行类, 240
    in small mammals 小型哺乳动物, 243-4
azotemia 氮质血症, 87, 193, 194
    complication of parenteral nutrition 肠外营

养的并发症, 112

BCAAs *see* branch chain amino acids BCAAs 见支链氨基酸
body condition score 体况评分, 120, **121**, 194
body mass index(BMI)体重指数(BMI), 161
branch chain amino acids(BCAAs)支链氨基酸(BCAAs), 86, 124, **124**
burns 烧伤, 10, 122
B vitamins B 族维生素, 125, 162, 203
    in parenteral nutrition 肠外营养, 104
    supplementation 补充, 205
        in birds 鸟类, 241

cachexia 恶病质, 117, 125–6
    cancer 癌症, 118
    pathophysiology of 病理生理学, 117–9
calories 能量
    defined 评估, 7
calorimetry *see* indirect calorimetry 测热法见间接测热法
cancer 癌症, 118, 121, 124, 132
    cachexia 恶病质, 118
capnography 二氧化碳浓度监测仪, 24, 25, 34, 35
carbohydrates 碳水化合物, 84, 88, 103, 215
    in ferrets 雪貂, 243
    in parenteral nutrition 肠外营养, 103
    in reptiles 爬行动物, 239
    respiratory quotient 呼吸商, 8
    role in refeeding syndrome 在再饲喂综合征中的作用, 161
cardiovascular disease 心血管疾病, 119, 128, 130, 159, 160, 196
cardiovascular instability 心血管系统不稳定, 42, 101, 177, 213, 216, 228, 230
carnitine *see also* L-canitine 肉碱参见 *L*- 肉碱
catabolic state in uremia 尿毒症的分解代谢情况, 194
catheters 饲管(导管), 14, 18, 102
    acute complications 急性并发症, 26, 37
    selection for parenteral nutrition 肠外营养, 92–3
    central venous catheters 中心静脉导管, 94–7
central parenteral nutrition(CPN)中心静脉营养(CPN), 18, 196
central venous access 中心静脉通路, 18, 92, 93
cholecystokinin(CCK)胆囊收缩素, 130, 200
cholesterol 胆固醇, 200
cholestyramine 消胆胺, 155
cirrhosis 肝硬化, 183, 199–204, **206**, 207
coagulopathy 凝血障碍, 30, **30**, 39, 42, **43**, 52, 93, 120, 203
colon 结肠, 153, 155, 169, 220
    in small animals 小动物, 242, 243
colonic microflora 结肠微生物群落, 88, 178, **213**
colonic motility 结肠运动性, 165–166
compounding, parenteral nutrition 混合,肠外营养, 106, **106**, 107, 222
congestive heart failure(CHF)充血性心力衰竭(CHF), 112, 175
copper 铜
    in hepatic disease 肝脏疾病, 200–201, **206**
    in parenteral nutrition 肠外营养, 104, **206**, 207
corticosteroids 皮质类固醇, 118, 194
CPN *see* Central parenteral nutrition(CPN)CPN 见中心静脉营养(CPN)
creatinine kinase 肌酸激酶, 2
critical illness 危重疾病, 4, 86, 97, 118, 174, 210–25, 229
CRP *see* C-reactive protein(CRP)CRP 见 C-反应蛋白
cutaneous adverse food reactions(CAFR)皮肤性食物副反应, 136
    description of 简介, 136, **136**, 137
    management 管理, 138–149
    pathophysiology 病理生理学, 137–8
cytokines 细胞因子
    in critical illness 危重疾病, 118–19
    in inflammatory conditions 炎症, 173, 174
    in relation to anorexia 厌食相关, 129
    in sepsis 败血症, 211, 212

dehydration 脱水, 153
dextrose 葡萄糖, 102, 103, 196, 222, 223
    contribution to osmolality 渗透压形成, 106
    hyperglycemia 高血糖, 103
dextrose solutions, for parenteral nutrition 葡萄糖溶液,肠外营养, 102–5, 107
DHA *see* docosahexaenoic acid(DHA)见二十

二碳六烯酸
Diabetes mellitus 糖尿病, 186, 188
diarrhea 腹泻, 54, 120, 136, 153
 in adverse food reactions 食物不良反应, 136, 139, 150
 in dysmotility disorders 胃肠道动力紊乱, 166, 168, 170
 in enterally fed patients 肠内饲喂病患, 17, 19, 26, 38, 50, 71, 74, 85, 89, 221
 in kidney failure 肾功能衰竭, 89, 195–7
 in liver disease 肝脏疾病, 200
 in short bowel syndrome 短肠综合征, 152, 153, 155, 156
 management of 管理, 138–9, 154–6
 osmoic 渗透性, 153
 probiotics 益生菌, 179
Diet history 饮食史
 in elimination diet trial 日粮排除试验, **140**, 148–50
digestibility 消化率, 139, 153, 155, 168, 169
doxosahexaenoic acid（DHA）二十二碳六烯酸（DHA）, 82, 87, **124**, 124–5, 173–4

EFAs *see* essential fatty acids（EFAs）EFAs 见必需脂肪酸（EFAs）
eicosapentaenoic acid（EPA）二十碳五烯酸（EPA）, 87, **124**, 124–5, 173–4
electrolytes 电解质
 deficiencies 耗竭, 160, 161
 disturbances 紊乱, 89, 112
 in parenteral nutrition 肠外营养, 102, 104
 monitoring 监测, 112, 159, 204
 refeeding syndrome 再饲喂综合征, 51, 159, 162
 short bowel syndrome 短肠综合征, 153
elimination diets 排除日粮
 for adverse food reaction 食物不良反应, 138–40, *138*
elizabethan collar 伊丽莎白圈
 in exotic animals 异宠, 235
 in tube feeding 饲管（导管）饲喂, 14, *15*, 23, *24*, 48, 70, 113
EN *see* enteral nutrition EN 见肠内营养
Encephalopathy *see* hepatic encephalopathy 脑病见肝性脑病
energy 能量, 118, 119, 204, 210, 211, 214–16
 calculation of energy requirements 能量需要的计算, 10, 114
  in birds 鸟类, 242
  in reptiles 爬行类, 240
 balance 平衡, 129
 expenditure 消耗, 7, 8, 122, 125, 160, 194
  methods of determination 测定方法, 8–9, 10–11
 requirements 需要量, 7–11
  calculation 计算, 10, 231
  in birds 鸟类, 242
  in mammals 哺乳动物, 244
  in reptiles 爬行类, 240
enteral nutrition（EN）肠内营养
 accidental intravenous administration prevention 防止意外注入静脉的措施, 26
 benefits of 好处, 213
 complications 并发症, 16, 17, 26–7, 65
  aspiration pneumonia 吸入性肺炎, 5, 16, 66, 214, 229
  mechanical 机械性, 14, 15
 contraindications 禁忌症, 29
 diet choices 日粮选择, 80, 88, 89
  elimination diets 排除日粮, 139–50, **142–147**
  liquid diets 流食, 88, 221
early enteral nutrition 早期肠内营养, 168, 210, 212–14, *229*
 feeding devices 饲喂装置, 230
  esophagostomy feeding tube 食道造口饲管, 29, 31, 37–8
  esophagostomy 食道造口术, 29–39
  gastrostomy feeding tubes 胃造口饲管, 50, 52
  jejunal feeding tubes 空肠饲管, 62, 66, 71, 74, 75
  nasoesophageal feeding tubes 鼻–食道饲管, 195
  post pyloric 幽门后, 76
 in acute pancreatitis 急性胰腺炎, 219, 220–222
 in adverse food reactions 食物不良反应, 138–50
 in combination with parenteral nutrition 与肠外营养联合应用, 18
 in reptiles 爬行类, 239
 in birds 鸟类, 241
 in small mammals 小型哺乳动物, 243

in hepatic disease 肝脏疾病, 204
in kidney failure 肾功能衰竭, 194–6
in sepsis 败血症, 213–15
intolerance to 不耐受, 229
osmolality of enteral feeds 肠内营养的渗透压, 84, 86, 88, 90
residual volume 残余量, 229
transition to 过渡至肠内营养, 113
EPA see eicosapentaenoic acid（EPA）EPA 见二十碳五烯酸（EPA）
esophageal motility disorders 食道动力障碍（紊乱）, 165, 229
esophagitis 食道炎, 21, 27, 30, 38, 42, 197, 229
esophagostomy feeding tubes 食道造口饲管, 29–40, 195, 221, 222
 in birds 鸟类, 242
 in small mammals 小型哺乳动物, 243
essential amino acids 必需氨基酸, 86, 102
essential fatty acids 必需脂肪酸, 87, 88, 103, 184, 187

fasting 绝食, 118
 alterations in metabolism during 代谢的改变, 118
fat 脂肪
 absorption of 吸收, 168
 in pancreatitis management 胰腺炎管理, 221, 223
 in parenteral nutrition 肠外营养, 103–4
 in sepsis 败血症, 211, 214
fat-soluble vitamins, see also vitamins 脂溶性维生素, 参见维生素; 125
fatty acids see also polyunsaturated fatty acids 脂肪酸参见多不饱和脂肪酸
 absorption 吸收, 153
 metabolism of 新陈代谢, 173–4
 omega-3 ω-3, 124, 173, 174, 195, 215
 omega-6 ω-6, 124, 173
feeding 饲喂
 complications 并发症, 27, 37–8, 49–52, 62, 71, 74, 76
  tube blockage 饲管堵塞, 27
 delivery methods 喂食方法
  continuous rate infusion 恒速输注, *36*, 98
  intermittent boluses 间歇性大量饲喂, 14, 169

feeding tubes 饲管
 esophagostomy 食道造口饲管，29–39
 gastrostomy 胃造口饲管，41–52
 jejunostomy 空肠造口饲管，54–63
 nasoenteric 鼻-肠道饲管，21–8
 post-pyloric 幽门后饲管，65–77
feline idiopathic hepatic lipidosis 猫特发性脂肪肝, 184, 199, 204–5
fiber 纤维, 62, 207
 fermentable 可发酵的, 153–5
 In small mammals 小型哺乳动物, 242, 243
 short bowel syndrome management and 短肠综合征管理, 154
 soluble 可溶性, 89
fish oils 鱼油, 61, 87, 210
fluid balance 体液平衡, 85, 162, 196, 197
fluid requirements 液体需要量, 85
fluoroscopic nasojejunal tube 透视引导鼻-空肠饲管, 67
food allergy see also cutaneous adverse food reaction（CAFR）食物过敏参见皮肤性食物不良反应（CAFR）, 136, **136**, 137
food aversion, in cats 厌食, 猫, 128, **129**, 204
food hypersensitivity see food allergy 食物超敏反应见食物过敏
free radicals 自由基, 201

gastric emptying 胃排空, 165–70
gastric residual volume 胃残余量, 229, 230
 management, 管理 230
 tube feeding, 饲管饲喂 14, 167
 ventilated patients 使用通气的病患, 229–30
gastroesophageal reflux 胃食道反流, 31, 38, 165, 229
gastrointestinal disease 胃肠道疾病
 feeding recommendations 饲喂建议, 230-1
 intestinal permeability 肠道通透性, 65, 177, 213
 adverse food reactions 食物不良反应, 136–149
 inflammatory bowel disease 炎性肠病, 137
 protein-losing enteropathy 蛋白丢失性肠病, 138
 short bowel syndrome 短肠综合征, 152–7
gastrojejunostomy tubes 胃-空肠造口饲管, 17, 66
gastrostomy feeding 胃造口饲喂, 41–52

complications 并发症, 49–52
disadvantages 缺点, 42
low profile 低位, 41, *42*, **42**, 52
overview 简介, 41–42
placement 留置, 43–48
glucagon-like peptide 1（GLP-1）胰高血糖素样肽 1（GLP-1）, 166
glucagon-like peptide 2（GLP-2）胰高血糖素样肽 2（GLP-2）, 156
gluconeogenesis 糖异生, 7, 118, 211
glucose 葡萄糖
administration, excess of 给予，过量, **109**
homeostasis 体内平衡, 88, 111, 118
metabolism 代谢, 125
glutamine 谷氨酰胺
depletion 消耗, 176
fuel for enterocytes and immune cells 肠细胞和免疫细胞的底物, 176
in enteral feeding 肠内饲喂, 155–6, 177
gastrointestinal health 胃肠道健康, 177
supplementation 补充, 124, 156, 176
in critical care 重症监护, 86, 176, 215, 224
glutathione（GSH）谷胱甘肽（GSH）, 201
glycogen 糖原, 118, 211
depletion in liver disease 肝脏疾病时的损耗, 199, 200
growth hormone 生长激素, 118, 156
GSH see glutathione（GSH）GSH 见谷胱甘肽（GSH）
gut function 肠道功能
altered barrier function 屏障功能的改变, 88, 124, 176, 179, 220
bacterial translocation 细菌易位, 65, 220, 222
gut dysmotility 肠动力障碍（紊乱）, 165–8, 170, 231
immune system 免疫系统, 172, 234

HCS see hepatocutaneous syndrome（HCS）HCS 见肝脏 - 皮肤综合征
hepatic encephalopathy 肝性脑病, 202–3
management 管理, 202–3
portosystemic shunts 门静脉短路, 202–3
protein restriction 蛋白质限制, 202–3
hepatic lipidosis 脂肪肝, 204
assessment of coagulation 血凝的评估, 199
feeding tubes 饲管, 204
management 管理, 204

hepatitis 肝炎, 199, 205, 206
hepatobiliary disease 肝胆疾病, 200
feline idiopathic hepatic lipidosis 猫特发性脂肪肝, 29, 130, 199, 201, 204, 205, 206
hepatic encephalopathy 肝性脑病, 203
liver failure 肝衰竭, 199, 207
hepatocutaneous syndrome 肝脏 - 皮肤综合征, 183
hydrolyzed protein diets 水解蛋白日粮, 141, **142–147**
in elimination diet trial 排除试验日粮, 139
hyperammonemia in liver failure 肝衰竭时的高血氨, 204
hyperbilirubinemia 高胆红素血症, 112
hyperglycemia 高血糖
as complication of parenteral nutrition 肠外营养的并发症, 103, 109, 111
in critical illness 危重病, 118, 210, 211
in refeeding syndrome 再饲喂综合征, 159, 162
hyperkalemia 高钾血症
associated with parenteral nutrition 肠外营养相关, 111
hyperphosphatemia 高磷血症, 193–5
hypoalbuminemia 低白蛋白血症, 49, 120, 153
hypoallergenic diet 低敏性日粮, 142–147
hypocaloric feeding 低能量饲喂, 214
hypoglycemia 低血糖, 101, 214, 211
hypokalemia 低钾血症, 111
in refeeding syndrome 再饲喂综合征, 111, 159, 161, 163, 236
hypomagnesemia 低镁血症, 112
in refeeding syndrome 再饲喂综合征, 112, 159, 160, 161, 163
hypophosphatemia 低磷血症, 112
in refeeding syndrome 再饲喂综合征, 159, 161, 162, 163, 236
in hepatic lipidosis 脂肪肝, 204
in parenteral nutrition 肠外营养, 104, 111

IBD see inflammatory bowel disease（IBD）IBD 见炎性肠病（IBD）
IED see immune-enhancing diet（IED）IED 见免疫增强性日粮（IED）
IgE mediated type I hypersensitivity IgE 介导的 I 型超敏反应, 136, **136**
Ileus 肠梗阻, 4, 29, 42, 50, 165, 166, **170**, 212

intestinal dysmotility 肠道动力障碍, 167
    management 管理, 51, 177
    nutritional strategy 营养管理方案, 221
illness factors 疾病因素系数, 10
    relationship to complications 和并发症之间关系, 10, 11
immune-enhancing diet (IED) 免疫增强性日粮(IED), 86, 178, 224
Immunomodulating nutrients 免疫调节性营养素, 180, 215, 216
    arginine 精氨酸, 81, **82**, 84, 86, 122–3, **124**,176, 196, 221, 223
    glutamine 谷氨酰胺, **82**, 86, 89, 118, 123–4, **124**, 155–8, 172, 176–8, 210, 215, 224
    nucleotides 核苷酸, 178, 215
    omega-3 fatty acids ω-3 脂肪酸, 172–6
indirect calorimetry 间接测热法, 9–10, 194
    measurement 测量, 8–9, 194
infectious complications 感染性并发症, 39, 101, 211–12, 222, 224
    catheter related 导管(饲管)相关, 65, 92, 94, 97–8, **98**, 113
    feeding tube stomas 饲管造口处, 15–16, 38, 50, 62, 66, 74, 75
inflammation 炎症, 10, 38, 66, 87, 174, 219
    manipulation of 减轻(调节), 169, 172, 180
    response to omega-3 fatty acids 对 ω-3 脂肪酸反应, 173–4, 195
inflammatory bowel disease (IBD) 炎性肠病, 137, 148
    diagnosis 诊断, 137, 138
    management recommendation 营养管理建议, 138–48
insulin 胰岛素, 118, 129
    requirement in parenteral nutrition 肠外营养中应用, 103
    resistance 抵抗, 88, 118, 122, 194, 211
    role in refeeding syndrome, 再饲喂综合征中作用 111, 159–61, 163, 236
    therapy 疗法, 211, 215
intensive insulin therapy 胰岛素强化治疗, 215
intestinal permeability 肠道通透性, 177, **213**
intralipids 脂肪乳剂, 187, 188

jejunal feeding tubes 空肠饲管, 62, 220, 230–231
    complications 并发症, 62
    indications 适应症, 54, 220, 230
    placement techniques 留置技术, 17, 55

ketone 酮体, 205
    bodies 酮体, 118
    in starvation 饥饿, 118, 119
kidney disease 肾脏疾病, 103, 112, 128, 172, 193, 197
    acid-base balance 酸碱平衡, 193–7, 198
    acute kidney injury(AKI) 急性肾损伤(AKI), 193
    chronic kidney failure 慢性肾功能衰竭, 195
    electrolyte abnormalities 电解质异常, 193
    nutritional management 营养管理, 193–7
    omega-3 fatty acids ω-3 脂肪酸, 195
    phosphorus 磷, 172, 195
    potassium 钾, 195
    protein 蛋白质, 195
Kleiber's energy equation "Kleiber"能量公式, 9–10

L-carnitine L- 肉碱, 84, 204, 205
lipid emulsions for parenteral nutrition 应用于肠外营养的脂肪(脂质)乳剂, 103–4, 107
Lipids 脂质(脂肪)
    emulsion 乳剂, 103–4, 107
    metabolic alterations in liver disease 肝脏疾病中的代谢变化, 200
    metabolism 代谢, 119, 120, 194
lipoprotein lipase 脂蛋白脂肪酶, 119, 211
liquid diets for enteral nutrition 应用于肠道营养的流食, 25, 36, 42, 61–2, 76, 80, 82–83, 84–90, 168, 221–2, 231, 237
Liver see hepatobiliary diseases 肝脏见肝胆疾病
long-chain fatty acids 长链脂肪酸, 87, 104, 173
lower esophageal sphincter 食道下端括约肌, 27, 168

magnesium 镁
    in refeeding syndrome 再饲喂综合征, 51, 112, 159–62, **163**
maintenance energy requirement (MER) 维持能量需要(MER), 200

malnutrition 营养不良, 1–5, 103–4, 114, 117, 119–122, 125, 159, 161, **198**, 210, 220–223, 228, 234
    cachexia 恶病质, 117–18, *120*, 121, 124, 125, **125**, 130
    indicators of 指标, 1–3, 120–1
    management 管理, 121–5
    pathophysiology 病理生理学, 117–19
    protein-calorie 蛋白质能量, 193
    protein-energy 蛋白质能量, 223
    uremia 尿毒症, 193–4
medium-chain triglycerides (MCT) 中链甘油三酯 (MCT), 88, 104
megaesophagus 巨食道症, 21, 30, 42
MER see maintenance energy requirement (MER) MER 见维持能量需要 (MER)
metabolic acidosis 代谢性酸中毒, 193
metabolic epidermal necrosis (MEN) 代谢性表皮坏死 (MEN), 183
metabolizable energy 代谢能, 239
metoclopramide 胃复安, 71, **168**
microminerals see trace minerals 微量元素参见微量矿物质
milk thistle extract 水飞蓟提取物, 202
minerals see also trace minerals 矿物质参见微量矿物质, 89, 162, 207
    in parenteral nutrition 肠外营养, 104
motility disorders 动力紊乱, 66, 165–70, 214, 229
muscle mass 肌肉组织, 3, 197
    scoring system 评分系统, 3–4, **4**

N-acetylcysteine *N*-乙酰半胱氨酸, 205
n-3 fatty acids *see also* Omega-3 fatty acids *n*-3 脂肪酸参见 *ω*-3 脂肪酸, 124, 130, 172–4, 195, 215, 231
    mechanism of action 作用机制, 173
    ratio to *n*-6 与 *n*-6 的比率, **124**
nasoenteral feeding *see* nasoesophageal feeding 鼻饲见鼻 - 食道饲喂
nasoesophageal feeding 鼻 - 食道饲喂, 14
    complications 并发症, 26–7
    overview 简介, 14
    placement technique 放置技巧, 22–4
nasojejunal feeding 鼻 - 空肠饲喂, 17, 54, 66, 222, 230, **231**
    complications 并发症, 71

overview 简介, 65–6, **77**
    placement technique 放置技巧, 67–70
    uses 用途, 66
nausea 恶心, 37, 54, 55, 128, 166, 193
    antiemetics for 止吐药, 132
necrolytic migratory erythema (NME) 坏死松解性游走性红斑 (NME), 183
neoplasia 肿瘤, 21, 42, 66, 121, 128, 130
niacin 烟酸, 105
nitric oxide 一氧化氮, 176
    arginine 精氨酸, **82**, 84, 86, 122, 123, 176, **188**, 196, 221, 224
nitrogen balance 氮平衡, 119, 124, **126**, 194, 212
NME *see* necrolytic migratory erythema (NME) NME 见坏死松解性游走性红斑 (NME)
nonesterified fatty acids 非酯化脂肪酸, 212
nonprotein calorie to nitrogen ratio 非蛋白质能量与氮比率, 103
nonprotein calories 非蛋白质能量, 103
nutritional assessment 营养评估, 1–5
    body condition score 体况评分, 1
nutraceuticals 营养保健品, 201

omega-3 fatty acids *ω*-3 脂肪酸, 124, **124**, 130, 173, 195, 215, 231
    immunonutrition 免疫性营养素, 172–4, 176
    in respiratory failure 呼吸衰竭, 231
    mechanism of action 作用机制, 173–4
omega-6 fatty acids *ω*-6 脂肪酸, 125
    n-6 to *n*-3 ratio *n*-6 和 *n*-3 的比率, 124
osmotic diarrhea 渗透性腹泻, 85, 153
overfeeding 过度饲喂, 10, 214, 231
    complications 并发症, 8, 10, 105, 106, 214, 231
    consequences 结果, 214
oxidative stress 氧化应激, 10, 104, 174–5, 177, 195

pancreatitis 胰腺炎, 17, 128, 219–25, 174–5, 189, 213
    nutritional management 营养管理, 42, 66, 88, 220–225
    parenteral nutrition for 肠外营养, 222–3
    pathophysiology 病理生理学, 219
parenteral nutrition 肠外营养, 100–114
    administration 实施, 107–10

catheter care 导管维护, 97–8
catheter placement 导管放置, 93–7
catheter selection 导管选择, 93
common solutions 普通溶液, 102–7
compared with enteral nutrition 和肠道营养的比较, 100–101
complications 并发症, 111–113
    mechanical 机械性, 112
    metabolic 代谢性, 111–112
    septic 败血性, 113
components of 成分
    carbohydrates 碳水化合物, 103
    electrolytes 电解质, 104
    fat 脂质, 103
    protein 蛋白质, 102–3
    trace minerals 微量矿物质, 104
    vitamins 维生素, 104
compounding 混合, 105–8
concurrent enteral feeding 同时进行肠道饲喂, 113
energy requirements 能量需求, 105, **106**
formulation calculations 计算公式, 105
monitoring 监护, 110
nomenclature 术语, 101
patient selection 病例选择, 100–101
peripheral administration 外周静脉给予, 101–102
worksheet 工作表, **106**
percutaneous endoscopically guided 经皮内窥镜引导
    gastrostomy (PEG) tube 胃管, 41–52, 71, 72
    complications 并发症, 49–52
    overview 简介, 41–2
    placement technique 留置, 43–8
    removal 移除, 49
peripheral parenteral nutrition (PPN) 外周静脉营养 (PPN), 18,101–3, 109, 196
peritonitis see septic peritonitis 腹膜炎见败血性腹膜炎
pharyngostomy feeding 通过咽造口饲管饲喂, 235, 239, 240
phosphorus 磷, **82**, 89, 104, 111, 195
    in refeeding syndrome 再饲喂综合征, 51, 159, 160, 236
    monitoring 监测, 162
polyenylphosphatidylcholine (PEP) 多不饱和磷脂胆碱 (PEP), 201, **206**

polyunsaturated fatty acids (PUFAs) 多不饱和脂肪酸 (PUFAs), 87, 173, **180**
portosystemic shunts 门静脉短路, 202, 203
    diets 饮食, 202–3
    hepatic encephalopathy 肝性脑病, 202, 203
    nutritional management 营养管理, 202
    protein restriction 蛋白质限制, 202
potassium 钾, **80**
    depletion 耗竭, 160, 161
    in acute kidney failure 急性肾功能衰竭, 195
    in parenteral nutrition 肠外营养, 104
    in refeeding syndrome 再饲喂综合征, 51, 112, 159, 160, 236
    supplementation 补充, 162
PPN see peripheral parenteral nutrition (PPN) PPN 见外周肠外营养
Prebiotics 益生元, 88
Probiotics 益生菌, 88–9, 178, 179
ProcalAmine 产品名，一种肠外营养的商品混合溶液, 107, 109
prokinetic 促进肠动力, 113
    agents 药剂, 168
    in dysmotility disorders 胃肠动力障碍, 51
    in ventilated patients 使用通气设备的病患, 230, **231**
protein 蛋白质, 7, **123**, 124, 175
    acute phase 急性期, 103, 120
    allergy to 过敏, 137
    calorie malnutrition 能量不足, 193–4, 223
    C-reactive protein C-反应蛋白, 224
    in kidney disease 肾脏疾病, 172, 194
    in elimination diets 排除日粮, 139–41
    in hepatic encephalopathy 肝性脑病, 199, 202,205,*207*
    in hepatic lipidosis 脂肪肝, 199, 204
    in gastrointestinal disease 胃肠道疾病, 168
    in parenteral nutrition 肠外营养, 110
    in superficial necrolytic dermatitis 表皮坏死性皮炎, 187
    hydrolyzed 水解, 139, 140, **147**
    requirements 需要量, 105
    in critical illness 危重疾病, 61, 103, 122, 215
    respiratory quotient 呼吸商, 8
    restriction 限制
        for acute kidney disease 急性肾脏疾病, 195
        for hepatic encephalopathy 肝性脑病,

199, 203, **207**
protein-energy malnutrition 蛋白质能量不足, 223
protein hydrolysate diets, for IBD 水解蛋白日粮, 适用于 IBD, **140**
   in adverse food reactions 食物不良反应, 127, **140**, 141
protein-losing enteropathies 蛋白丢失性肠病, 138
protein-losing nephropathies 蛋白丢失性肾病, 138

reactive oxygen species (ROS) 活性氧自由基 (ROS), 174, 201
   antioxidants, for management of 抗氧化剂, 管理, 201
   modulation of 减轻, 174
refeeeding syndrome 再饲喂综合征, 51, 88, 159–63
   carbohydrates 碳水化合物, 88
   electrolytes 电解质, 159–60
      derangements 紊乱, 111, 159
   insulin 胰岛素, 159, 160, 236
   management 管理, 161–2
   prevention strategy 预防措施, 161, 204, 236
   risk factors 风险因素, 161–2
   starvation 饥饿, 160, 161
   thiamine supplementation 硫胺素的补充, 161
renal failure *see* kidney failure 肾功能衰竭见肾功能衰竭
RER *see* Resting Energy Requirements (RERs) RER 见静息能量需求 (RERs)
residual volume *see also* gastric residual volume 残余量参见胃残余量, 167
respiratory quotient (RQ) 呼吸商 (RQ), 8
Resting Energy Requirements (RER) 静息能量需求 (RER)
   calculation 计算, 10, 11, 105, 109, 244
   feeding plans 饲喂计划, 37, 49, 61, 122, 204, 231
   formulas 公式, 10, **11**
   illness factors 疾病因素系数, 10, 122
ROS *see* reactive oxygen species (ROS) ROS 见活性氧自由基 (ROS)

S-adenosylmethionine (SAMe) *S*- 腺苷甲硫氨酸, 201, 205, **206**
   supplementation for cirrhosis 肝硬化时补充, 201
SCFA *see* short-chain fatty acids (SCFA) SCFA 见短链脂肪酸 (SCFA)
Sepsis 败血症, 118, 210–216
   complications of parenteral nutrition 肠外营养的并发症, 92,97, 113
   enteral nutrition 肠内营养, 121-2, 173
   feeding strategies 饲喂方案, 214
   nutritional management 营养管理, 173, 174, 212–16
   protein requirements 蛋白质需要量, 215
short bowel syndrome (SBS) 短肠综合征 (SBS), 152-7
   feeding recommendations 饲喂建议, 154–6
   intestinal adaptation 肠适应, 155–6
   pathophysiology 病理生理学, 153–4
short-chain fatty acids (SCFAs) 短链脂肪酸 (SCFAs), 153, 154
silymarin 水飞蓟素, 201, 202, 205
skin testing 皮试, 1
small intestinal disease 小肠疾病
   adverse food reactions 食物不良反应, 42, 136–50
   inflammatory bowel disease 炎性肠病, 137, 148
   proteinlosing enteropathies 蛋白丢失性肠病, 138
   short-bowel syndrome 短肠综合征, 152-7
sodium 钠, 86
   disorders 失调, 25, 89, 153
soybean oil 大豆油, 87, 103
starvation 饥饿
   malnutrition 营养不良, 117–26
superficial necrolytic dermatitis (SND) 表皮坏死性皮炎 (SND), 183–90
   amino acid infusion 补充氨基酸, 187–8
   clinical presentation 临床症状, 184
   diagnosis 诊断, 185
   treatment 治疗, 188
superoxide dismutase 超氧化物歧化酶, 89, 174
supplements 补充剂, 89, 117, 122, 124, 205
systemic inflammatory distress syndrome (SIRS) 全身性炎症反应综合征, 175

taurine 牛磺酸, 80, 81, 86, 89, 155, **188**, 196
thiamin 硫胺素
    supplementation 补充, 105, 162, 203
    in hepatic lipidosis 脂肪肝, 204
    in refeeding syndrome 再饲喂综合征, 111, 112, 160, 161

TNA *see* total nutrient admixture (TNA) TNA 见全营养混合液 (TNA)
total nutrient admixture (TNA) *see* parenteral nutrition 全营养混合液 (TNA) 见肠外营养
total parenteral nutrition (TPN) *see* parenteral nutrition 全部肠外营养 (TPN) 见肠外营养
trace elements 微量元素, 89
trace minerals 微量矿物质, 104, 162
    in parenteral nutrition 肠外营养, 104
triglycerides 甘油三酯
    excess of 过量, 105, 119, 120, 211, 223
    in acute pancreatitis 急性胰腺炎, 223
    recommendations when increased 针对升高时的建议, 110
tube feeding *see* enteral nutrition 饲管饲喂见肠内营养
    complications 并发症, 16, *17*, 26–7, 65
    feeding tubes 饲管
        esophagostomy 食道造口饲管, 29, *31*, 37, 38
        gastrostomy 胃造口饲管, 50, 52
        jejunal 空肠饲管, 62, 66, 71, 75
        nasoesophageal 鼻 - 食道饲管, 195
        pharyngostomy 咽造口饲管, 235, 240, **245**

uremia 尿毒症, 193–5, 197, 198
ursodiol 熊去氧胆酸, 202, 206

ventilated patients 进行机械通气的病患, 173, 224, 228
    nutritional management 营养管理, 230, 231

vitamins 维生素, 89
    deficiency 缺乏, 153, 159
    fat soluble 脂溶性, 125
    for parenteral nutrition 肠外营养, 104
    supplements 补充, 81, 89
    water soluble 水溶性, 195, 203
vitamin A 维生素 A, 89, 236, 241
vitamin B_{12} 维生素 B_{12}, 153, 205
    deficiency 缺乏, 153, 205
    treatment 治疗, 155–6
    supplementation 补充, 203, 205
vitamin B complex 复合维生素 B
    in parenteral nutrition 肠外营养, 125
vitamin C 维生素 C, 89, 174, 243
vitamin D 维生素 D, 241
vitamin E 维生素 E, 89, 125, 174, 175
    as antioxidant 作为抗氧化剂, 201, 202
    supplementation 补充, 201, **206**
vitamin K 维生素 K, 203, 205, 241
    deficiency 缺乏, 203
    supplementation 补充, 205, **206**
    in hepatic lipidosis 脂肪肝, 205
vomiting 呕吐
    as complication 作为并发症, 8, 15–17, 27, 30, 37–8, 51, 231
    in enterally fed patients 肠内饲喂的病患, 4, 14, 42, 50

water soluble vitamins 水溶性维生素, 195, 203
weight gain 体重增加, 132, 236
weight loss 体重减轻, 110, 119, 125
weir equation "weir" 公式, 9

zinc 锌, 187
    in copper-associated hepatopathies 铜相关性肝病, 200, 201
    requirements 需要量, 201
    supplementation 补充, 187, 201, **206**